# 工程制图与3D建模

主 编 张 贺 郭维城
副主编 朱 爽 宗宇鹏

北京理工大学出版社
BEIJING INSTITUTE OF TECHNOLOGY PRESS

## 内 容 简 介

本书以培养"应用型高级工程技术人才"的目标为依据，遵循"以应用为目的，以必需、够用为度"的原则进行编写。全书共八章，包括：制图的基本知识与技能，投影基础，组合体，机件的常用表达方法，标准件与常用件，零件图，装配图，AutoCAD 二维绘图简介。为方便学生学习使用，编写有配套的《工程制图与 3D 建模习题集》。

本书可作为高等学校机械类和近机类各专业制图课程的教材，也可作为其他类型学校相关专业的教学用书，亦可作为工程技术人员参考用书。

**版权专有　侵权必究**

### 图书在版编目（CIP）数据

工程制图与 3D 建模 / 张贺，郭维城主编. —北京：北京理工大学出版社，2019.7（2021.8 重印）

ISBN 978-7-5682-7354-1

Ⅰ. ①工⋯　Ⅱ. ①张⋯　②郭⋯　Ⅲ. ①工程制图-计算机辅助设计-高等学校-教材　Ⅳ. ①TB237

中国版本图书馆 CIP 数据核字（2019）第 167671 号

| | |
|---|---|
| 出版发行 / | 北京理工大学出版社有限责任公司 |
| 社　　址 / | 北京市海淀区中关村南大街 5 号 |
| 邮　　编 / | 100081 |
| 电　　话 / | （010）68914775（总编室） |
| | （010）82562903（教材售后服务热线） |
| | （010）68944723（其他图书服务热线） |
| 网　　址 / | http：//www.bitpress.com.cn |
| 经　　销 / | 全国各地新华书店 |
| 印　　刷 / | 三河市天利华印刷装订有限公司 |
| 开　　本 / | 787 毫米×1092 毫米　1/16 |
| 印　　张 / | 16 |
| 字　　数 / | 359 千字 |
| 版　　次 / | 2019 年 7 月第 1 版　2021 年 8 月第 3 次印刷 |
| 定　　价 / | 44.00 元 |

责任编辑 / 徐春英
文案编辑 / 赵　轩
责任校对 / 杜　枝
责任印制 / 李志强

**图书出现印装质量问题，请拨打售后服务热线，本社负责调换**

# 前言

随着科学技术的不断进步和我国高等教育教学改革的不断深入，制图课程作为高等院校工科各专业一门重要的专业技术基础课，其课程体系、教学内容、教学手段和方法等都有较大改变。为满足应用型专业人才培养的需要，本书以培养"应用型高级工程技术人才"的目标为依据，遵循"以应用为目的，以必需、够用为度"的原则，根据教育部高等学校工程图学教学指导分委员会制定的"高等学校本科工程图学课程教学基本要求"及近年来最新发布的《机械制图》《技术制图》等国家标准编写而成。

本书的特点是：

（1）在内容的组织上，本教材把3D建模与投影理论相结合，将3D建模方法融入教材的各个章节中，从绘图和读图两个方面提高学生3D设计的思维能力，让学生获得更好的学习效果；

（2）根据应用型本科教学内容和课程体系改革的需要，以"掌握概念、强化应用、培养技能"为重点，力图做到"精选内容、降低利率、加强技能、突出应用"；

（3）章节安排符合学生的认识过程和接受能力，符合由浅入深、由易到难、循序渐进的认识规律。

本书由沈阳工程学院张贺、郭维城任主编，沈阳工程学院朱爽、沈阳职业技术学院宗宇鹏任副主编。参加本书编写的有：张贺（第5章、第6章、第7章、第8章、附录）、郭维城（第3章以及第5、6章的3D建模部分）、朱爽（第4章）、宗宇鹏（第1章、第2章）。此外，航空工业沈阳飞机工业（集团）有限公司的杨雨东、潘良对工程图内容的编写给予了大力支持，在此致以诚挚谢意。

本书的编写与出版得到了沈阳工程学院教务处，以及机械学院相关人员的大力支持和帮助，在此一并表示感谢。

由于时间仓促，加之编者水平有限，书中错误在所难免，在此，敬请广大读者批评指正。

编 者

2019年3月

# 目录

## Contents

**第1章　制图的基本知识与技能** (1)
　§1.1　国家标准《技术制图》《机械制图》的有关规定 (1)
　§1.2　几何作图 (10)
　§1.3　平面图形的分析与绘图步骤 (18)
　§1.4　徒手绘图 (20)

**第2章　投影基础** (23)
　§2.1　投影法的基本知识 (23)
　§2.2　几何元素的投影 (25)
　§2.3　基本体的三视图 (31)
　§2.4　3D建模基础 (43)

**第3章　组合体** (55)
　§3.1　组合体的组成形式与表面连接关系 (55)
　§3.2　组合体的三视图 (57)
　§3.3　组合体读图 (60)
　§3.4　组合体的尺寸标注 (65)
　§3.5　组合体的3D建模 (72)
　§3.6　轴测图 (75)

**第4章　机件的常用表达方法** (82)
　§4.1　视图 (82)
　§4.2　剖视图 (87)
　§4.3　断面图 (97)
　§4.4　其他表达方法 (100)

**第5章　标准件与常用件** (106)
　§5.1　螺纹及螺纹紧固件 (106)
　§5.2　键、销、滚动轴承 (119)
　§5.3　弹簧 (124)

§5.4 齿轮 ……………………………………………………………………………… (127)
§5.5 标准件与常用件的3D建模 …………………………………………………… (131)

第6章 零件图 ……………………………………………………………………………… (136)
§6.1 零件图概述 ……………………………………………………………………… (136)
§6.2 零件图的视图选择和尺寸标注 ………………………………………………… (138)
§6.3 零件的工艺结构简介 …………………………………………………………… (148)
§6.4 零件图的技术要求 ……………………………………………………………… (150)
§6.5 读零件图 ………………………………………………………………………… (161)
§6.6 典型零件的3D建模 …………………………………………………………… (163)

第7章 装配图 ……………………………………………………………………………… (168)
§7.1 装配图的作用和内容 …………………………………………………………… (168)
§7.2 装配图的表达方法 ……………………………………………………………… (169)
§7.3 装配图的尺寸标注和技术要求 ………………………………………………… (171)
§7.4 装配图的零件序号和明细栏 …………………………………………………… (172)
§7.5 常见的装配工艺结构 …………………………………………………………… (174)
§7.6 由零件图画装配图 ……………………………………………………………… (175)
§7.7 读装配图，由装配图拆画零件图 ……………………………………………… (182)

第8章 AutoCAD 二维绘图简介 ………………………………………………………… (187)
§8.1 AutoCAD 基础知识简介 ……………………………………………………… (187)
§8.2 AutoCAD 二维绘图实例 ……………………………………………………… (200)

附录 ………………………………………………………………………………………… (205)

参考文献 …………………………………………………………………………………… (243)

# 第1章 制图的基本知识与技能

## §1.1 国家标准《技术制图》《机械制图》的有关规定

### 1.1.1 图纸幅面及图框格式（GB/T 14689—2008）

**1. 幅面尺寸**

图纸幅面是指绘制图样时所选用图纸的尺寸规格。GB/T 14689—2008 规定图纸幅面分为基本幅面和加长幅面，基本图纸幅面有 5 种：A0、A1、A2、A3、A4，其尺寸和边框尺寸如表 1-1 所示。

表 1-1 基本幅面尺寸及边框尺寸

（单位：mm）

| 幅面代号 | A0 | A1 | A2 | A3 | A4 |
| --- | --- | --- | --- | --- | --- |
| $B \times L$ | 841×1 189 | 594×841 | 420×594 | 297×420 | 210×297 |
| $a$ | 25 | | | | |
| $c$ | 10 | | | 5 | |
| $e$ | 20 | | 10 | | |

注：必要时，可以加长幅面，加长幅面是按基本幅面的短边成整数倍增加。

**2. 图框格式**

图框必须采用粗实线绘制，格式共有两种：留有装订边和不留装订边，如图 1-1 所示。同一种产品的图样必须采用同一种格式，图框尺寸按表 1-1 中的数据选取。学生的制图作业建议采用有装订边的图框格式，标题栏可采用如图 1-2 所示的简化格式。

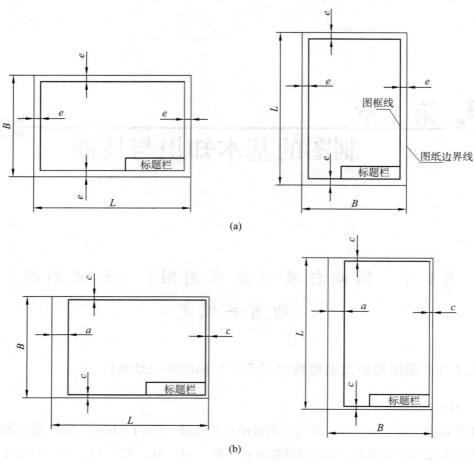

图 1-1 图框格式

(a) 不留装订边的图框格式；(b) 留装订边的图框格式

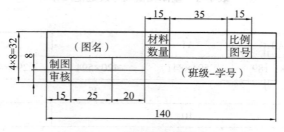

图 1-2 标题栏简化格式

### 1.1.2 比例（GB/T 14690—1993）

比例是指图形与实际形体相应要素的线性尺寸之比。GB/T 14690—1993 规定比例有若干系列，绘制图样时应在这些系列中优先选取不带括号的比例，表 1-2 所示为常用的比例系列。

表 1-2　常用的比例系列

| 原值比例 | 1∶1 |
|---|---|
| 放大比例 | 2∶1　(2.5∶1)　(4∶1)　5∶1　$1×10^n∶1$　$2×10^n∶1$　$(2.5×10^n∶1)$<br>$(4×10^n∶1)$　$5×10^n∶1$ |
| 缩小比例 | (1∶1.5)　1∶2　(1∶2.5)　(1∶3)　(1∶4)　1∶5　(1∶6)<br>$1∶1×10^n$　$(1∶1.5×10^n)$　$1∶2×10^n$　$(1∶2.5×10^n)$　$(1∶3×10^n)$<br>$(1∶4×10^n)$　$1∶5×10^n$　$(1∶6×10^n)$ |

注：$n$ 为正整数。

为使读图和加工方便，应优先选择 1∶1 的比例进行机械图样的绘制。无论选择何种比例，都必须在标题栏的比例一栏填写。需要说明的是，图样上所标注的尺寸都是形体的实际尺寸，与选用的比例大小无关，如图 1-3 所示。

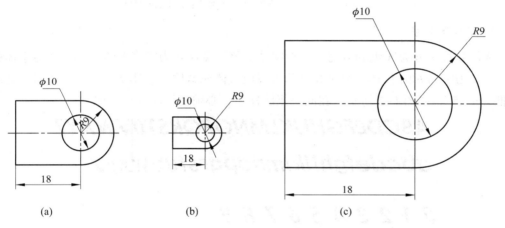

图 1-3　不同比例的图样表达
（a）原值比例 1∶1；（b）缩小比例 1∶2；（c）放大比例 2∶1

## 1.1.3　字体（GB/T 14691—1993）

字体包括汉字、字母和数字，在图纸上进行书写时必须选用合适的字号，字体高度（用 $h$ 表示，简称字高）即字体的号数，字体高度的公称尺寸系列为：1.8 mm、2.5 mm、3.5 mm、5 mm、7 mm、10 mm、14 mm、20 mm。若要书写更大的字，字体高度按照 $\sqrt{2}$ 的倍数递增。

**1. 汉字**

汉字应写成长仿宋体字，并应采用国家正式颁布推行的《汉字简化方案》中规定的简化字。汉字的高度 $h$ 不应小于 3.5 mm，汉字的宽度一般为 $h/\sqrt{2}$。书写每一个汉字的要求是：字体工整、笔画清楚、间隔均匀、排列整齐，如图 1-4 所示。

轴承 座体 带轮
(a)

尺寸标注 公差 端盖 键
(b)

技术要求 螺钉 挡圈 配合 组合体
(c)

轴测图 铣刀 倒角 圆柱销 基轴制 装配图 手柄
(d)

**图 1-4 长仿宋体汉字的书写及字号**

(a) 10 号字；(b) 7 号字；(c) 5 号字；(d) 3.5 号字

2. 字母及数字

字母和数字分为 A 型和 B 型。A 型字体的笔画宽度 $d$ 为字高 $h$ 的 1/14，B 型字体的笔画宽度 $d$ 为字高 $h$ 的 1/10。数字和字母可写成直体或斜体，斜体字字头向右倾斜，与水平基准线成 75°，如图 1-5 所示。在同一张图样上，必须使用同一种字体。

*ABCDEFGHIJKLMNOPQRSTUVWXYZ*
(a)

*abcdefghijklmnopqrstuvwxyz*
(b)

*0 1 2 3 4 5 6 7 8 9*

Ⅰ Ⅱ Ⅲ Ⅳ Ⅴ Ⅵ Ⅶ Ⅷ Ⅸ Ⅹ
(c)

**图 1-5 数字和字母的书写**

(a) 大写斜体字母；(b) 小写斜体字母；(c) 斜体数字

### 1.1.4 图线（GB/T 17450—1998、GB/T 4457.4—2002）

1. 图样中的基本线型

在绘制机械图样时，经常应用的基本线型有 9 种：粗实线、细实线、粗虚线、细虚线、粗点画线、细点画线、细双点画线、双折线、波浪线，基本线型的说明及应用如表 1-3 所示。

表 1-3　基本线型的说明及应用

| 图线名称 | 线型 | 线宽 | 主要用途及线素长度 |
|---|---|---|---|
| 粗实线 | ———— | $d$ | 可见轮廓线 |
| 细实线 | ———— | $0.5d$ | 尺寸线、尺寸界线、剖面线、重合断面的轮廓线及指引线等 |
| 细虚线 | – – – – | $0.5d$ | 不可见轮廓线（长 $12d$，间隔长 $3d$） |
| 粗虚线 | – – – – | $d$ | 允许表面处理的表示线（长 $12d$，间隔长 $3d$） |
| 细点画线 | —·—·— | $0.5d$ | 轴线、对称中心线等（长画长 $24d$，间隔长 $3d$） |
| 粗点画线 | —·—·— | $d$ | 限定范围表示线（长画长 $24d$，间隔长 $3d$） |
| 细双点画线 | —··—··— | $0.5d$ | 极限位置的轮廓线、相邻辅助零件的轮廓线等（长画长 $24d$，间隔长 $3d$） |
| 波浪线 | ∼∼∼ | $0.5d$ | 断裂处边界线，视图与剖视图的分界线 |
| 双折线 | —⋀—⋀— | $0.5d$ | 断裂处边界线，视图与剖视图的分界线 |

注：在一张图样上一般采用一种线型，即采用波浪线或双折线。

2. 图线的宽度

机械制图的图线通常分为粗、细两类，粗线的宽度 $d$ 是细线的 2 倍，粗线的宽度 $d$ 应根据图样的复杂程度及大小在下列数值中选择：0.25 mm、0.35 mm、0.5 mm、0.7 mm、1 mm、1.4 mm、2 mm，优先选取 $d=0.5$ mm 和 $0.7$ mm。如图 1-6 所示为常用线型的应用举例。

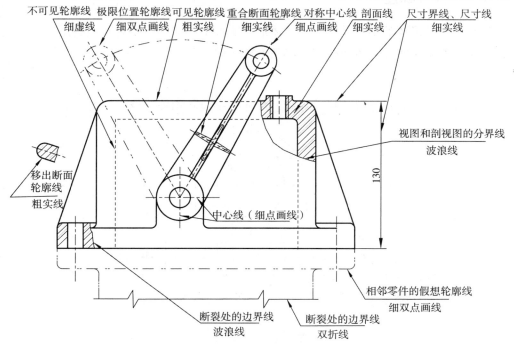

图 1-6　常用线型的应用举例

### 3. 图线的画法

（1）在同一图样中，同一类型的图线宽度必须一致。点画线及虚线各自的线段及间隙长度应一致，点画线长画的长度应为 15～30 mm，点长度大约为 1 mm，两端空隙长度各为 1 mm；虚线线段的长度为 2～6 mm，空隙长度为 1 mm。

（2）点画线及虚线在与其他图线相交时，必须以长画或线段相交，不可以在点或空隙处相交。当虚线在粗实线的延长线上时，分界处应留有空隙，如图 1-7（a）所示。

（3）绘制圆的对称中心线时，圆心必须为长画的交点。细点画线的首尾必须是长画而不可以是点，而且两端应超出图形的轮廓 2～5 mm。在很小的图形上很难绘制细点画线和细双点画线时，可以用细实线来代替它们，如图 1-7（b）所示。

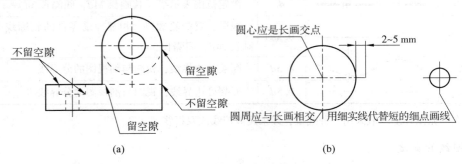

**图 1-7　绘制图线的注意事项**
（a）细虚线的画法；（b）细点画线的画法

## 1.1.5　尺寸标注

图样只能表达形体的结构及形状，形体形状的大小和结构的相对位置是用尺寸来确定的。尺寸是生产加工零件的重要依据，必须准确无误。

### 1. 尺寸要素

组成尺寸的要素有尺寸线、尺寸界线、尺寸数字及其相关符号，如图 1-8 所示。

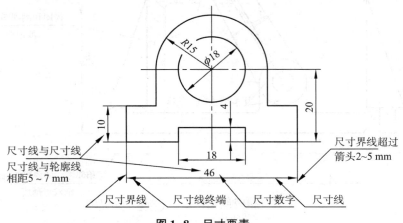

**图 1-8　尺寸要素**

（1）尺寸线。尺寸线表示尺寸度量的方向，必须用细实线来绘制尺寸线。尺寸线一定要单独绘制，不可以用其他图线来代替，也不可以绘制在其他图线的延长线上。尺寸线必须带有终端符号，通常用箭头和斜线来表示，如图1-9所示，机械图样中一般采用箭头作为尺寸线的终端。

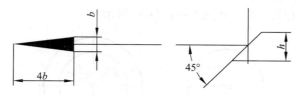

**图1-9 箭头和斜线的规定画法**

（2）尺寸界线。尺寸界线用来确定标注尺寸的起止范围，尺寸界线必须用细实线绘制，可以在图样的轮廓线、对称中心线或轴线处引出，也可以利用轮廓线、对称中心线或轴线来代替尺寸界线。尺寸界线通常与尺寸线垂直，必要时也可以倾斜。尺寸界线要求超出尺寸线2～5 mm，尺寸线之间的间距、尺寸线与轮廓线之间的间距应等于$\sqrt{2}$倍字高。

（3）尺寸数字。尺寸数字是用来表示尺寸大小的数值，尺寸数字不能被任何图线穿过，否则必须将图线断开。

2．尺寸的注法

1）线性尺寸的注法

线性尺寸的尺寸数字通常书写在尺寸线的上方，也可以书写在尺寸线的中断处，字头向上；竖直方向的尺寸数字要书写在尺寸线的左侧，字头向左，如图1-10（a）所示；倾斜方向的尺寸数字要保持字头朝上的趋势，但要避免在图1-10（b）所示30°范围内标注尺寸，当无法避免时，可按图1-10（b）所示的方式标注。

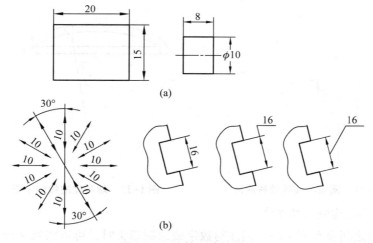

**图1-10 线性尺寸的注法**

(a) 水平、竖直方向注法；(b) 倾斜方向注法

2) 直径与半径的尺寸注法

标注整圆或者大于半圆的圆弧时，尺寸线要经过圆心，把圆周作为尺寸界线，尺寸数字前要标注直径符号"φ"，如图1-11（a）所示。

标注等于或者小于半圆的圆弧时，尺寸线自圆心出发引向圆弧，只绘制一个箭头，尺寸数字前要标注半径符号"R"，如图1-11（b）所示。

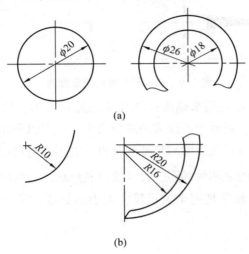

**图1-11　直径和半径的注法**
（a）直径的注法；（b）半径的注法

当圆弧的半径过大或者在图纸范围内不能确定其圆心位置时，需要采取折线形式；如果圆心位置不必注明时，尺寸线允许只画靠近箭头的一部分，如图1-12所示。

标注球的半径或直径时，必须在半径符号"R"或直径符号"φ"前加注符号"S"，如图1-13所示。

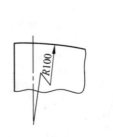

**图1-12　圆弧半径的特殊注法**　　**图1-13　球半径的特殊注法**

3) 图形中小结构的尺寸注法

当尺寸界线之间没有充足的空间注写数字或绘制箭头时，可以将数字或者箭头放在尺寸界线的外侧；若干个小尺寸连续标注而没有充足的空间画箭头时，尺寸界线内的箭头可用实心圆点或者斜线来代替，如图1-14（a）所示。小圆或者小圆弧的尺寸标注如图1-14（b）所示。

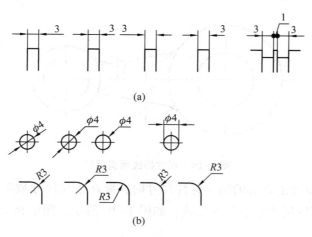

(a)

(b)

**图 1-14 小尺寸图形注法**

(a) 小尺寸的注法；(b) 小圆或小圆弧的注法

4) 角度、弦长、弧长的注法

标注角度时，尺寸界线要沿径向引出，尺寸线绘制成圆弧，标注角度的尺寸数字必须水平书写，通常写在尺寸线的上方、外端或中断处，必要时可引出标注，如图 1-15 所示。

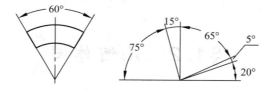

**图 1-15 角度的注法**

标注弦长或弧长的尺寸界线要平行于该弦的垂直平分线。弧长的尺寸线为同心弧，而且要在尺寸数字的上方标注符号"⌒"，如图 1-16 所示。

5) 其他注法

对称形体的图样只绘制一半或略大于一半时，垂直于对称中心线的尺寸线要稍微超过对称中心线或者断裂处的边界线，只在尺寸线的一端绘制箭头，如图 1-17 所示。

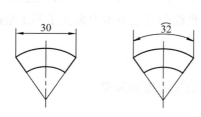

**图 1-16 弦长和弧长的注法**

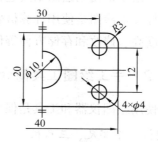

**图 1-17 对称形体的注法**

尺寸界线通常要垂直于尺寸线，必要时允许倾斜；标注形体光滑过渡处的尺寸时，规定用细实线将轮廓线延长，并从交点处引出尺寸界线，如图 1-18 所示。

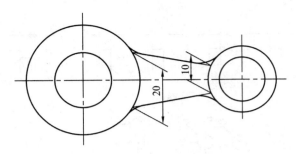

图 1-18 尺寸界线倾斜标注

在给形体的剖面为正方形的结构标注尺寸时，要在边长尺寸数字前加注符号"□"，或者写成"尺寸数字×尺寸数字"的形式，如图 1-19 所示，图中相交的两条细实线是平面符号。

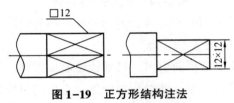

图 1-19 正方形结构注法

## §1.2 几何作图

### 1.2.1 图样绘制方法

在现代的机械图样设计中，主要采用三种方法进行图形的绘制：徒手绘图、手工绘图和计算机绘图。徒手绘图是指在不使用任何绘图工具的情况下，依靠目测、估计、按大致比例徒手绘制图形的方法，这种方法的特点是方便、快速，适用于现场测绘、方案设计等场合。手工绘图是使用绘图工具进行绘图的方法，它要求绘图人员能熟练、正确地使用绘图工具。计算机绘图是使用计算机软件绘制、修改、编辑图样的方法，计算机绘图具有速度快、精度高、修改和存储方便等优点，因此，计算机绘图已经基本上取代了手工绘图。

### 1.2.2 手工绘图工具简介

正确使用绘图仪器和工具是保证绘图效率和绘图质量的重要因素。

1. 图板、丁字尺、三角板

图板是用来铺垫图纸的，所以图板表面必须平整光滑，左右两个导边必须平直，如图 1-20 所示。

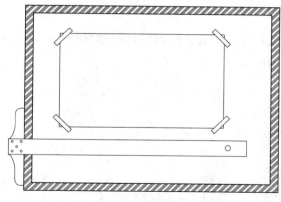

图 1-20 图板

丁字尺是用来画水平直线的，它由尺头和尺身组成，其头部必须紧靠图板的左导边，使尺头与左导边垂直。使用过程中，左手移动丁字尺头沿导边上下滑动，当把丁字尺滑动到适当的位置时，左手按住丁字尺进行图线绘制。绘制水平直线时应从左向右绘制，铅笔与前进方向倾斜约 30°，如图 1-21 所示。

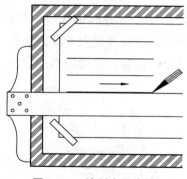

图 1-21 绘制水平直线

三角板包括 30°和 45°两种，用三角板配合丁字尺能够绘制垂直线及 15°倍角的斜线；也可以用两块三角板配合画任意角度的垂直线或平行线，如图 1-22 所示。

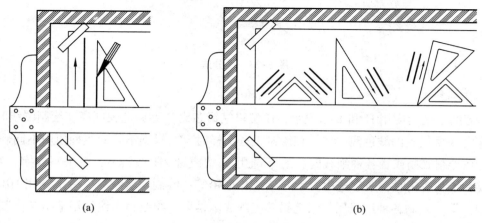

(a)　　　　　　　　　　　　　　　(b)

图 1-22 三角板和丁字尺配合使用

（a）绘制垂直线；（b）绘制各种角度的垂直线或平行线

2. 圆规

圆规是用来绘制圆弧和圆的工具，绘制图样时要尽量使铅芯和钢针同时垂直于纸面，钢针要比铅芯稍微长一些，如图1-23所示。

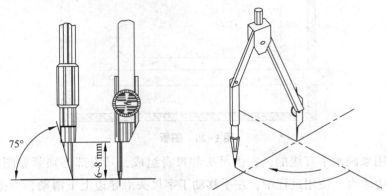

图1-23　圆规的用法

3. 分规

分规的主要作用是量取线段尺寸、等分已知线段，使用分规时要将两个针尖调整平齐。用分规测量尺寸时，应使分规两腿分开至大于被测量尺寸的距离，再逐渐缩小距离至被测量尺寸的大小；使用分规等分线段时，经常应用试分法，如图1-24所示。

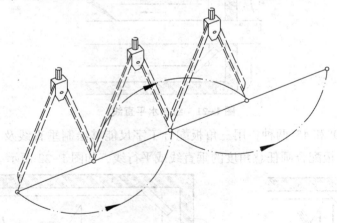

图1-24　试分法

4. 绘图铅笔

铅芯的软硬程度用H和B来表示，H型铅笔铅芯比B型铅笔硬度高，绘制图线时，H型铅笔比B型铅笔的颜色浅一些。在绘制工程图样时，要根据不同的线型使用不同硬度的铅笔：在绘制底稿或者各种细线时，通常选用H型或者2H型铅笔；在书写汉字、数字、字母或者绘制箭头时，通常选用H型或者HB型铅笔；绘制粗实线时，一般选用HB型或者B型铅笔。绘制各种细线用的铅笔铅芯应削成圆锥形，绘制粗实线的铅笔铅芯要削成长方形，如图1-25所示。

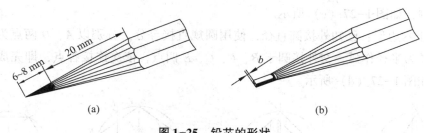

**图 1-25　铅芯的形状**

（a）圆锥形；（b）长方形

### 1.2.3　几何作图

**1. 等分线段**

过已知线段的一端作任意角度和长度的线段，在新作出的线段上截取对应等分数量的等长度的直线段，连接最远处等分点与已知线段的另一端，作平行于连接线段的平行线，即可完成已知线段的等分。

图 1-26 所示为将已知线段 AB 五等分，具体步骤为：过线段 AB 的任一端点作一条与 AB 成任意角度的线段，如过 A 点作线段 AC，并在 AC 上连续截取等长度的 5 段，然后将 B 点与等分点 5 连接，并分别过点 4、点 3、点 2、点 1 作 5B 的平行线交 AB 于点 4′、3′、2′、1′，即完成线段 AB 的五等分。

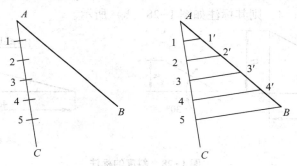

**图 1-26　等分线段**

**2. 正多边形**

在已知正多边形的外接圆的情况下，配合使用三角板和圆规可以快速、准确地完成正多边形的绘制。

（1）正三角形：直接使用 30°的三角板，借助外接圆的中心线完成绘制，如图 1-27（a）所示。

（2）正四边形：直接使用 45°的三角板，借助外接圆的中心线完成绘制，如图 1-27（b）所示。

（3）正五边形：首先在外接圆半径 ON 上作出其中点 M，以 M 点为圆心、线段 AM 为半径画弧，与水平中心线交于 H 点，以 AH 为弦长将圆周 5 等分，依次连接各点完成正五边形的绘制,如图 1-27（c）所示。

（4）正六边形：已知外接圆直径，使用圆规直接等分。分别以 A、D 两点为圆心，以外接圆半径为半径作弧，交外接圆于 B、F、C、E 四点，依次连接各点，即完成正六边形的绘制，如图 1-27（d）所示。

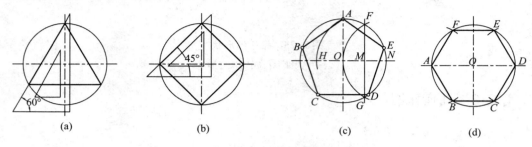

**图 1-27 正多边形的绘制**
（a）正三角形；（b）正四边形；（c）正五边形；（d）正六边形

3. 斜度与锥度

1) 斜度

斜度是指一直线或一平面相对于另一直线或平面的倾斜程度。斜度的大小用倾斜角的正切值来表示，在图样中以 $1:n$ 的形式标注，即斜度 $=\tan\alpha=H:L=1:n$。斜度符号用"∠"表示，符号倾斜方向与斜度方向相同，其中 $h$ 为字高，如图 1-28（a）所示。如果已知斜面的斜度为 1:4，则其标注如图 1-28（b）所示。

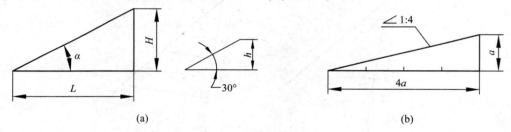

**图 1-28 斜度的标注**
（a）斜度符号；（b）标注示例

2) 锥度

锥度是指圆锥底圆直径 $D$ 与其高度 $L$ 之比，在图样中以 $1:n$ 的形式标注，即锥度 $=2\tan\alpha=D:L=(D-d):l=1:n$。锥度符号用"◁"表示，锥度符号方向与锥度方向相同，其中 $h$ 为字高，如图 1-29（a）所示。如果已知物体的锥度为 1:4，则其标注如图 1-29（b）所示。

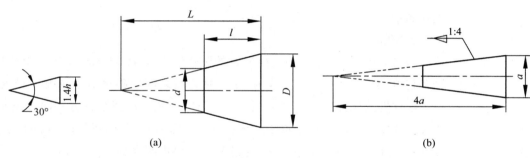

图 1-29 锥度的标注

（a）锥度符号；（b）标注示例

4. 椭圆

绘制椭圆的方法主要有两种：同心圆法、四心圆法。同心圆法作椭圆的精确度低，适合徒手绘制椭圆，在这里不作过多介绍。本节只介绍利用四心圆法绘制椭圆，如图 1-30 所示，具体步骤如下。

（1）作椭圆两条对称中心线交于 $O$ 点，$O$ 点为椭圆圆心。分别在两条对称中心线上截取长轴 $AB$、短轴 $CD$。

（2）以 $O$ 为圆心、线段 $OA$ 为半径作弧，交短轴 $CD$ 的延长线于 $E$ 点；连接 $A$、$C$ 两点，以 $C$ 为圆心、$CE$ 长为半径作弧，交 $AC$ 于 $E_1$ 点。

（3）作线段 $AE_1$ 的垂直平分线，分别交长轴 $AB$ 于 $O_1$，交短轴 $CD$ 的延长线于 $O_2$，利用圆规找出 $O_1$、$O_2$ 关于点 $O$ 的对称点 $O_3$、$O_4$。

（4）分别以 $O_1$、$O_2$、$O_3$、$O_4$ 为圆心，以 $O_1A$、$O_2C$、$O_3B$、$O_4D$ 为半径作弧，四条圆弧相切于 $K$、$K_1$、$N_1$、$N$ 四点，最后擦除多余的图线，光滑连接四条圆弧，完成椭圆的绘制。

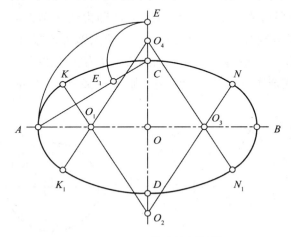

图 1-30 四心圆法绘制椭圆

5. 圆弧连接

形体表面的轮廓曲线可以看作由若干圆弧组成，圆弧连接总体分为三类：连接两条相交直线、连接一条直线和一条圆弧、连接两条圆弧。圆弧连接的重点在于准确找到连接圆弧的圆心及切点的位置。

1）连接两条相交直线

已知两条相交直线 $A$、$B$，要求作一条半径为 $R$ 的圆弧使直线 $A$、$B$ 光滑连接。绘图方法如下：分别作两条已知直线 $A$、$B$ 的平行线 $C$、$D$，平行线之间的距离等于圆弧半径 $R$，两条直线 $C$、$D$ 的交点 $O$ 即为圆弧的圆心，如图 1-31（a）所示；过圆心 $O$ 分别向直线 $A$、$B$ 作垂线，交直线 $A$ 于点 1，交直线 $B$ 于点 2，点 1 与点 2 即为圆弧与直线 $A$、$B$ 的切点，如图 1-31（b）所示；以 $O$ 为圆心、$R$ 为半径绘制圆弧，起止两点为 1、2 两点，擦掉多余的图线，这样连接圆弧绘制就完成了，如图 1-31（c）所示。

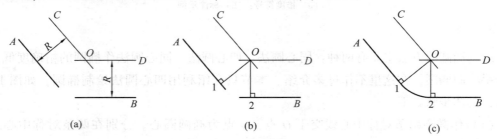

**图 1-31　圆弧连接两条相交直线**

（a）找到圆心 $O$；（b）找出切点；（c）连接圆弧绘制完成

2）连接两条圆弧

用圆弧光滑连接两条已知圆弧，情况有三种：连接圆弧与两条已知圆弧相互外切，连接圆弧与两条已知圆弧相互内切，连接圆弧与一条圆弧外切、与另一条圆弧内切。

若连接圆弧与两条已知圆弧相互外切时，连接圆弧的半径为 $R$，两条已知圆弧的半径分别为 $R_1$、$R_2$，圆心分别为 $O_1$、$O_2$。以 $O_1$ 为圆心、$R+R_1$ 为半径作弧，再以 $O_2$ 为圆心、$R+R_2$ 为半径作弧，两条圆弧相交于一点 $O$，点 $O$ 即为连接圆弧的圆心。分别连接 $OO_1$、$OO_2$，与两条已知圆弧分别交于 1、2 两点，1、2 两点即为连接圆弧与两条已知圆弧的切点，如图 1-32（a）所示。最后，以点 $O$ 为圆心、$R$ 为半径作弧，起止两点为 1、2 两点，擦掉多余的图线，就完成了连接圆弧的绘制，如图 1-32（b）所示。

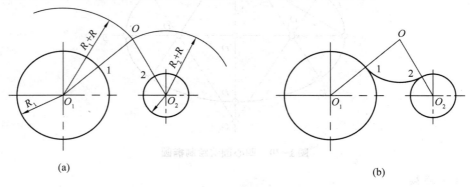

**图 1-32　外切连接两条圆弧**

（a）找出连接圆弧的圆心；（b）连接圆弧绘制完成

连接圆弧与两条已知圆弧相互内切时，以 $O_1$ 为圆心、$R-R_1$ 为半径作弧，再以 $O_2$ 为圆心、$R-R_2$ 为半径作弧，两条圆弧相交于一点 $O$，点 $O$ 即为连接圆弧的圆心。分别连接 $OO_1$、$OO_2$ 并延长至与两条已知圆弧分别交于 1、2 两点，1、2 两点即为连接圆弧与两条圆弧的切点，如图 1-33（a）所示。最后，以点 $O$ 为圆心、$R$ 为半径作弧，起止两点为 1、2 两点，擦掉多余的图线，就完成了连接圆弧的绘制，如图 1-33（b）所示。

连接圆弧与一条已知圆弧内切、与另一条已知圆弧外切的作图方法与以上两种方法类似，可以参考以上两种方法进行这类连接圆弧的绘制。

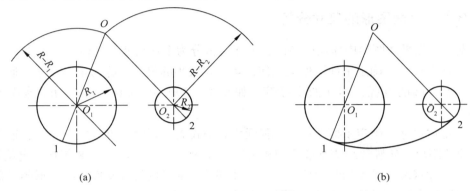

图 1-33 内切连接两条圆弧

(a) 找出连接圆弧的圆心；(b) 连接圆弧绘制完成

3）连接一条圆弧与一条直线

用圆弧光滑连接一条已知圆弧和一条已知直线，情况分为两种：连接圆弧与已知直线相切，与已知圆弧外切；连接圆弧与已知直线相切，与已知圆弧内切。现以连接圆弧（半径为 $R$）与已知直线相切、与已知圆弧（半径为 $R_1$）外切为例，说明圆弧光滑连接一条圆弧与一条直线的作图步骤（如图 1-34 所示）：以 $O_1$ 为圆心、$R+R_1$ 为半径作弧，然后作直线 $l$ 的平行线，与 $l$ 的距离为 $R$，与辅助圆弧相交于点 $O$，点 $O$ 即为连接圆弧的圆心，连接 $OO_1$ 与圆交于点 1，并过点 $O$ 向直线 $l$ 做垂线，垂足为点 2；最后以 $O$ 为圆心、$R$ 为半径作弧，连接点 1 与点 2，连接圆弧的绘制就完成了。

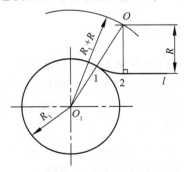

图 1-34 光滑连接一条圆弧与一条直线

圆弧与一条直线相切、与一条圆弧内切的作法可参考内切连接两条圆弧与圆弧连接两条相交直线的作法。

## §1.3 平面图形的分析与绘图步骤

平面图形是由线段（直线、曲线、圆弧等）通过多种连接方式组合而成的，而一个平面图形是否可以准确绘制出来，是由图样中所标注的尺寸是否正确、完整所决定的。因此，要想明确平面图形的绘图步骤，首先要进行平面图形的尺寸分析与线段分析。

### 1.3.1 平面图形的尺寸分析

根据尺寸在平面图形中作用的不同，尺寸通常分为定形尺寸和定位尺寸两类。

（1）定形尺寸。确定平面图形上几何元素形状大小的尺寸，称为定形尺寸，通常包括直线的长度、圆的直径、圆弧的半径等。如图1-35所示，$\phi16$、$R48$、$R8$等均为定形尺寸。

（2）定位尺寸。确定平面图形上几何元素相对位置的尺寸，称为定位尺寸，通常包括圆心之间的距离、轮廓线距离基准线的距离等。如图1-35所示，75、8等均为定位尺寸。

（3）尺寸基准。尺寸的起始位置称为尺寸基准，常见的尺寸基准包括图形的对称中心线、重要的轮廓线或面、底面等，如图1-35所示。

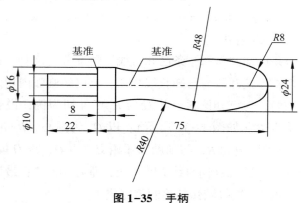

**图1-35 手柄**

### 1.3.2 平面图形的线段分析

在平面图形中，确定一条线段通常要具备三个条件：一个定形尺寸和两个定位尺寸。根据这三个条件是否齐全，将线段分为三种：已知线段、中间线段、连接线段。

（1）已知线段。一个定形尺寸和两个定位尺寸都已知的线段称为已知线段。在绘制平面图形时，已知线段可以直接绘制出来。

（2）中间线段。定形尺寸已知，只知道一个定位尺寸的线段称为中间线段。中间线段可以根据已知的尺寸及其与相邻线段的连接关系绘制。

（3）连接线段。定形尺寸已知，定位尺寸未知的线段称为连接线段。连接线段可以根据已知的定形尺寸及其与两端相邻已知线段的连接关系绘制。

## 1.3.3 平面图形的绘图步骤

在绘制平面图形前,首先要进行平面图形的线段分析,找出并归类平面图形中所有的已知线段、中间线段、连接线段。绘图时,先绘制所有的已知线段,然后根据线段之间的连接关系绘制中间线段,最后绘制连接线段。现以图 1-35 所示的手柄为例,将绘制平面图形的步骤归纳如下。

(1)绘制图形的基准线,绘制所有已知线段,如图 1-36(a)所示。

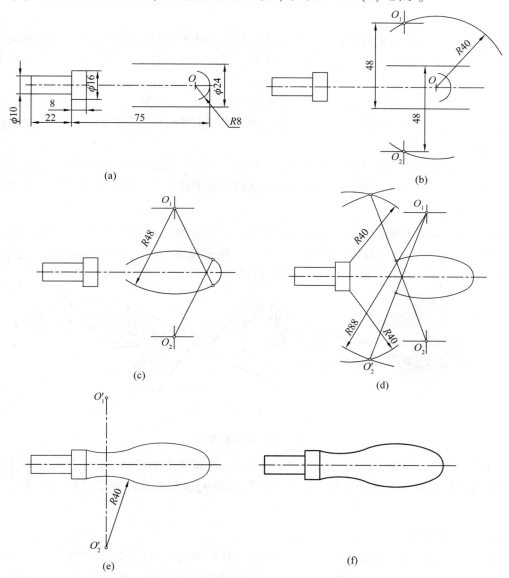

**图 1-36  手柄的绘制步骤**

(2)绘制中间线段。经线段分析,$R48$ 圆弧为中间线段,圆心的定位尺寸只有在垂直方向上是已知的,圆心的位置需要通过 $R48$ 圆弧和 $R8$ 圆弧的内切关系找到,然后完成

$R48$ 圆弧的绘制，如图 1-36（b）、（c）所示。

（3）绘制连接线段。经线段分析，$R40$ 圆弧为连接线段，$R40$ 圆弧一端经过圆弧左边线段的交点，另一端与 $R48$ 圆弧相外切，其绘制过程如图 1-36（d）、（e）所示。

（4）擦除多余的图线，检查无误后加深加粗，如图 1-36（f）所示。

## §1.4 徒手绘图

徒手绘图是利用目测在不借用任何绘图仪器的条件下进行绘图的方法，所绘制的图形也称作草图。徒手绘图是动手能力的综合体现，只有多看、多练才能培养出较好的徒手绘图能力。

徒手绘图要求图线基本平直、粗细分明（图线种类）、长短大致符合比例标准，图形能定性地表达形状，尺寸标注准确、清晰。草图作为图板绘图和计算机 CAD 绘图的依据时，称为原图。

手工绘图包括徒手绘图和图板绘图，工程技术人员在设计构思、参观记录、技术交流时，往往需要徒手绘图。徒手绘图是图形表达的重要手段之一，要注意学习和加强训练。

1. 握笔的方法

握笔时手不要太靠近笔尖，手应该握在笔尖往上约 25～45 mm 的位置，以利于运笔和观察目标（目测），笔杆与纸面成 45°～60°角，执笔稳而有力，笔尖在纸面上匀速运动，一次画完一条线，中间不抬笔，如图 1-37 所示。

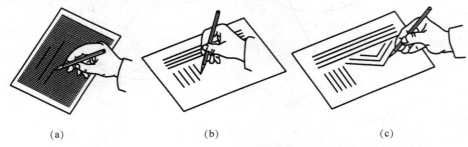

(a)      (b)      (c)

图 1-37 握笔的方法

徒手绘图并不仅仅是视觉上的经验，它还是一种触觉上的经验。徒手绘图是要体会对纸、绘图板的感觉。更进一步地说，徒手绘制线条的过程就是一种手眼相互协调的协作过程。

2. 直线的画法

（1）运笔要放松，眼看线尾，目测到线尾至笔尖的中点，该点为画直线的目标，笔尖在纸面上一定要匀速运动，一次画完一条线，中间不停笔、不抬笔，切忌分小段往复描绘。

（2）在画过长的直线时，可断开分段画，注意在线条搭接处不重叠（出小点）、不断开。

（3）宁可局部小弯，但求整体平直。

（4）先轻轻地试画一次，观察直线的缺陷，再轻轻地进行修改，直到满意后再选较理想的线画。

画带角度的直线的方法与画直线相同，只是目测的线尾不同。画 90°、45°、30°、60° 斜线的方法，如图 1-38 所示。

图 1-38　斜线的画法

3. 曲线的画法

1）圆的画法

徒手画圆时先定圆心，再加画十字中心线。在中心线上，目测画出等于半径的 4 个点，过 4 个点画圆，如图 1-39（a）所示。画大圆时根据半径定出 8 个点，然后逐段光滑连线，如图 1-39（b）所示。画小圆时可不画出中心线。

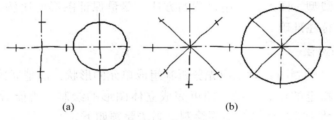

(a)　　　　　　　　(b)

图 1-39　圆的画法

2）圆弧的画法

画圆弧（圆角）的方法与画圆相同，圆弧是圆的 1/4 或一部分。绘制利用正方形、相切的原理，先定出弧的位置，一定要先确定圆弧的起、落两点再画图，如图 1-40（a）、(c) 所示。

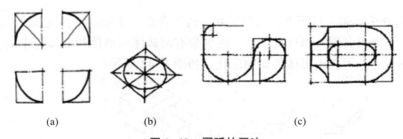

(a)　　　　(b)　　　　(c)

图 1-40　圆弧的画法

3）椭圆的画法

椭圆的画法与圆弧的画法原理相同。画椭圆时，先画出椭圆的特殊点，一般用矩形和菱形确定椭圆的位置，在矩形和菱形内充填曲线画出椭圆，如图 1-40（b）所示。

4）一般曲线的画法

绘制一般曲线的方法是：找到曲线的特殊点，按曲线的性质光滑连线，先轻轻地画出曲线的大致轨迹，仔细观察、修改后描深。抛物线、双曲线一定要画出最高点，一般曲线可以用圆弧近似代替。

## 4. 平面图形的画法

在徒手绘制平面图形时，要先确定图形中、图线上的关键点位置。在绘制圆孔时，应先用细点画线画出圆的中心线，再用细实线画圆，目测修正后加深图线成图。在绘制平面图形时，应先画出主要的形状如孔等，再画连线，最后加深图线成图，如图1-41所示。

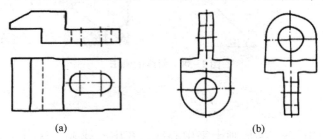

图1-41 徒手绘制图形的定性表达

在徒手绘制图形时，必须清楚地表达每条线是直线还是圆弧、每条线的起落点、圆弧的圆心、每条线的线型。图形大小用目测的方法，尽量保证图形的比例关系和形状不变，具体的尺寸数值应标注准确。

## 5. 立体图形的画法

在画立体图形（轴测图）时，应先分析其组成单元的形状，清楚立体图形是由哪些形体组成的，分别在指定的位置绘制，即可完成立体图形的绘制。为能看清立体形状的全貌，应将能反映形体特征的面摆在前面绘制。画法要领如下。

（1）定出组合体的长、宽、高三个方向，高度方向的线均画成铅垂线，长、宽方向的线均画成与水平线成30°角的直线。

（2）在组合体上互相平行的直线，在立体图形上仍然互相平行。

（3）在画不平行于长、宽、高的斜线时，只能先按坐标定出它的两个端点，然后连线。

（4）认真分析形体，目测大致比例关系，选择合适的作图顺序，完成全图。

先用底稿线画出各部分形体的轮廓。在画带有回转体的形体的立体轮廓时，要先画出回转体的空间位置，再画出形体的轮廓形状，如图1-42所示。

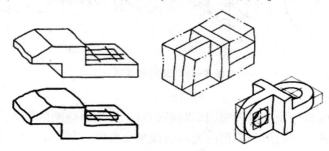

图1-42 立体图形的徒手画法

# 第 2 章 投影基础

## §2.1 投影法的基本知识

利用投射线在投影面上产生物体投影的方法称为投影法，投影法分为两类：中心投影法和平行投影法。

1. 中心投影法

如图 2-1 所示，投射中心位于有限远处，投射线交于一点的投影法，称为中心投影法，所得到的投影为中心投影。利用中心投影法得到的视图具有很强的立体感，广泛应用于建筑行业。

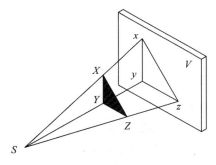

**图 2-1　中心投影法**

2. 平行投影法

如图 2-2 所示，若投射中心位于无限远处，则投射线可视为互相平行。投射线相互平行的投影法，称为平行投影法，所得到的投影称为平行投影。

平行投影法又分为斜投影法和正投影法。投射线与投影面相倾斜的平行投影法称为斜投影法，所得到的投影称为斜投影，如图 2-2（a）所示；投射线与投影面相垂直的平行投影法称为正投影法，所得到的投影称为正投影，如图 2-2（b）所示。

工程图样主要采用正投影法,为叙述简便,将正投影简称为投影。

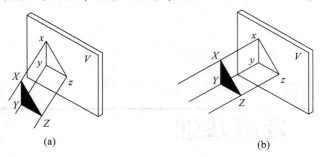

图 2-2 平行投影法

(a) 斜投影法;(b) 正投影法

3. 正投影的基本特性

正投影的基本特性见表 2-1。

表 2-1 正投影的基本特性

| 基本特性 | 具体描述 |
| --- | --- |
| (1) 实形性 | 直线或平面平行于投影面时,其投影反应直线的实长或平面图形的实形 |
| (2) 积聚性 | 直线或平面垂直于投影面时,直线或平面图形的投影积聚为一点或一条直线 |
| (3) 类似性 | 直线或平面倾斜于投影面时,直线的投影仍为直线且比实长短;平面图形的投影与平面图形类似,且小于平面图形实形 |
| (4) 从属性 | 线上的点的投影一定在该线的投影上;面上的点或线的投影一定在该面的投影上 |

· 24 ·

续表

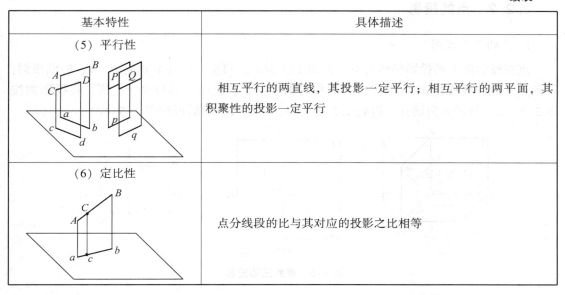

| 基本特性 | 具体描述 |
|---|---|
| （5）平行性 | 相互平行的两直线，其投影一定平行；相互平行的两平面，其积聚性的投影一定平行 |
| （6）定比性 | 点分线段的比与其对应的投影之比相等 |

## §2.2 几何元素的投影

点、直线和平面是构成形体的基本几何元素，本节对它们在三投影面体系中的投影作简要介绍。

### 2.2.1 多面正投影

一般情况下，用正投影法绘制的单个视图不能准确、完整地表达出形体的结构和形状，如图 2-3 所示。通常情况下，把形体放在三个互相垂直的平面所组成的投影面体系中，从三个不同方向向投影面进行投影，能够准确、完整地表达出形体的结构和形状，这个体系称为三投影面体系，如图 2-4 所示。其中，正立位置的投影面称为正立投影面（简称正面，用 $V$ 表示）；水平位置的投影面称为水平投影面（简称水平面，用 $H$ 表示）；侧立位置的投影面称为侧立投影面（简称侧面，用 $W$ 表示）。三个投影面的交线称为投影轴，用 $OX$、$OY$、$OZ$ 表示，三条投影轴的交点为原点 $O$。

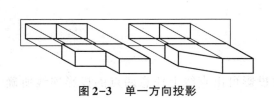

图 2-3　单一方向投影　　　　图 2-4　三投影面体系

## 2.2.2 点的投影

**1. 点的三面投影**

点在投影面上的投影仍然为点。如图 2-5 所示，将空间点 $A$ 分别向 $H$、$V$、$W$ 面投射，得到点 $A$ 的三面投影 $a$、$a'$、$a''$，分别称为水平投影、正面投影和侧面投影。将投影面按图 2-5（a）所示方向展开，得到图 2-5（b），去掉投影面后得到图 2-5（c）。

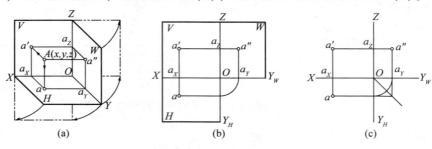

图 2-5　点的三面投影

**2. 点的三面投影规律**

从图 2-5（a）可证明，点的三面投影具有以下规律。

（1）点的投影连线垂直于投影轴，即 $aa' \perp OX$，$a'a'' \perp OZ$。

（2）点的投影到投影轴的距离等于该点到相邻投影面的距离，即 $a'a_X = a_Z O = a''a_Y = Aa =$ 点 $A$ 到 $H$ 面的距离，$aa_X = a_Y O = a''a_Z = Aa' =$ 点 $A$ 到 $V$ 面的距离，$a'a_Z = a_X O = aa_Y = Aa'' =$ 点 $A$ 到 $W$ 面的距离。

（3）点的坐标反映了点到某一投影面的距离。

根据点的投影特性，已知点的两面投影，即可求作其第三面投影。

【例 2-1】如图 2-6 所示，已知点 $M$ 的两面投影 $m'$ 和 $m''$，求作 $m$。

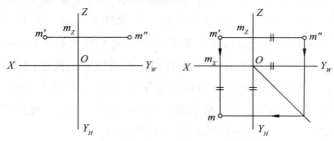

图 2-6　求作点的第三面投影

解：根据点的投影特性，$mm' \perp OX$，$mm_X = m''m_Z$，过 $m'$ 作垂直于 $OX$ 轴的直线，并在该直线上截取 $mm_X = m''m_Z$，即可求作出 $m$。

## 2.2.3 直线的投影

**1. 直线的投影**

一般来说，直线的投影仍为直线，直线的投影可由直线上任意两点的投影连线所确定，如图 2-7 所示。

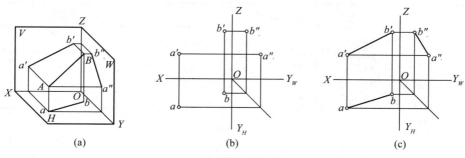

图 2-7　直线的三面投影

2. 各种位置直线的投影特性

根据直线在三投影面体系中相对于投影面的位置不同，直线可分为三类：投影面平行线、投影面垂直线和一般位置直线。前两类直线为特殊位置直线，各种位置直线的投影特性见表 2-2。

表 2-2　各种位置直线的投影特性

| 直线分类 | | 轴测图 | 投影图 |
|---|---|---|---|
| 投影面平行线 | 水平线（平行于 $H$ 面，倾斜于 $V$、$W$ 面） | | |
| | 正平线（平行于 $V$ 面，倾斜于 $H$、$W$ 面） | | |
| | 侧平线（平行于 $W$ 面，倾斜于 $H$、$V$ 面） | | |
| 投影特性 | | （1）在所平行的投影面上的投影反映实长<br>（2）在其他两面上的投影平行于相对应的投影轴<br>（3）反映实长的投影与投影轴的夹角等于空间直线与对应投影面的倾角 | |

续表

| 直线分类 | 轴测图 | 投影图 |
|---|---|---|
| 投影面垂直线 — 铅垂线（垂直于 $H$ 面，平行于 $V$、$W$ 面） | | |
| 投影面垂直线 — 正垂线（垂直于 $V$ 面，平行于 $H$、$W$ 面） | | |
| 投影面垂直线 — 侧垂线（垂直于 $W$ 面，平行于 $H$、$W$ 面） | 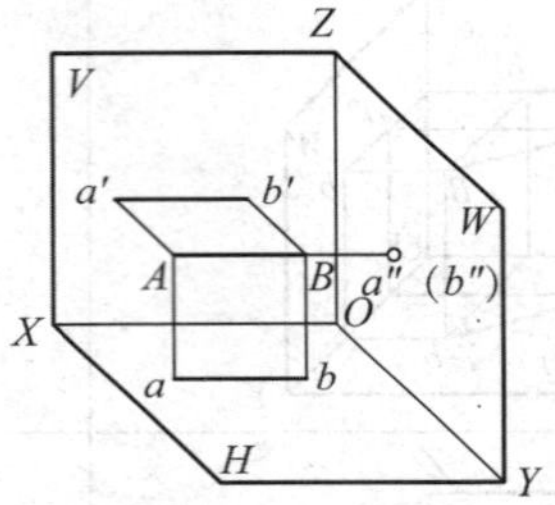 | 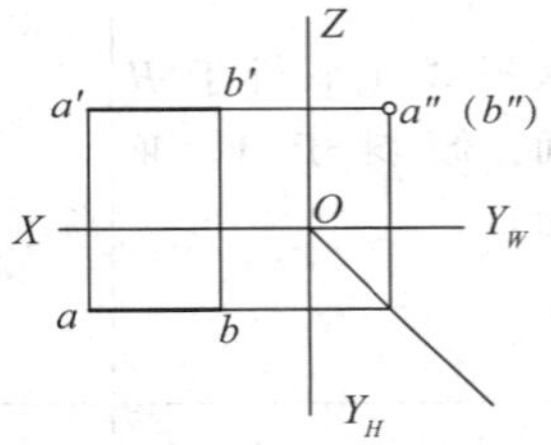 |
| 投影特性 | （1）在所垂直的投影面上的投影积聚为点<br>（2）在其他两面上的投影反映线段的实长，且垂直于相对应的投影轴 | |
| 一般位置直线（与三个投影面都倾斜） | | |
| | 其三面投影与投影轴都倾斜，三面投影表现为类似形 | |

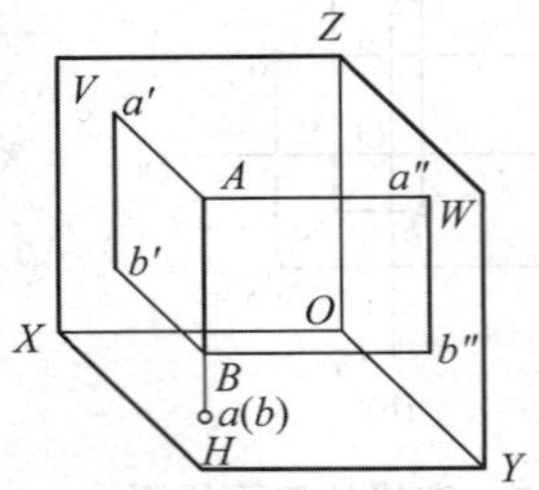

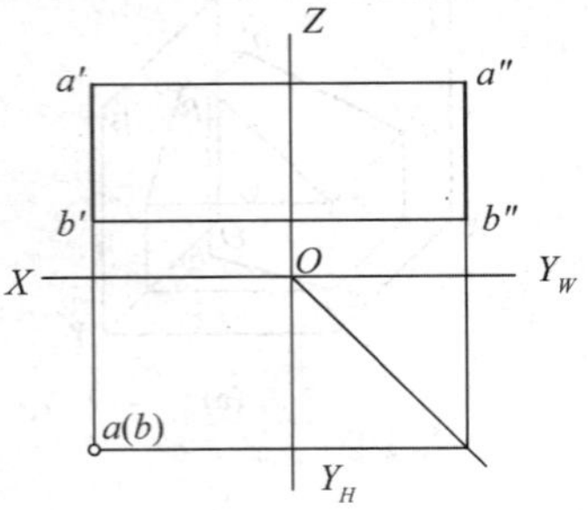

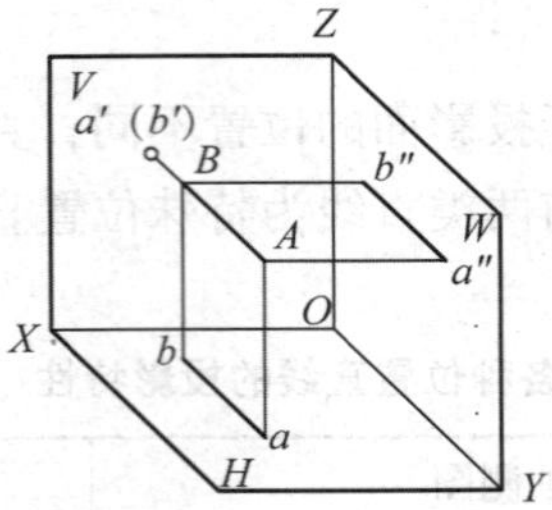

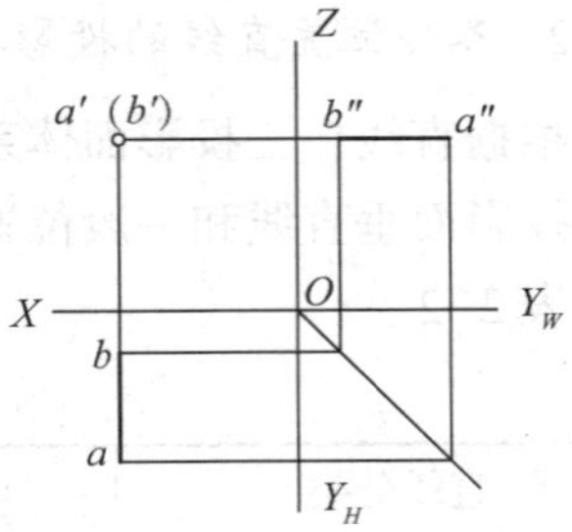

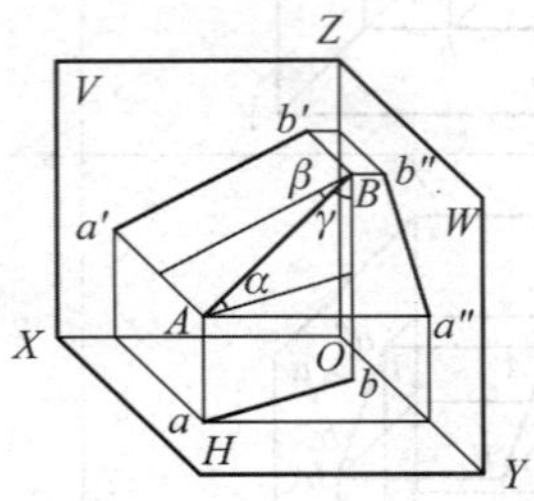

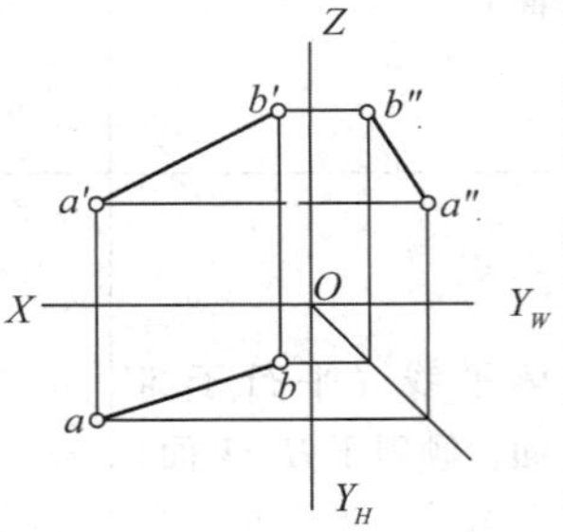

## 2.2.4 平面的投影

**1. 平面的表示法**

平面的投影可以用以下任何一组几何要素的投影来表示，如图2-8所示。由于围成立体的表面都是有范围的，在投影图中，常用平面图形［图2-8（e）］来表示空间平面。求作出平面图形各顶点的投影，然后将各点的同面投影顺次连线，即可得到平面图形的投影。

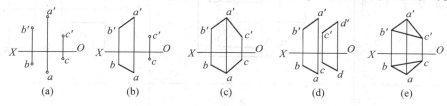

**图 2-8 平面的表示法**

（a）不在同一直线上的三点；（b）一直线与直线外一点；（c）相交两直线；（d）平行两直线；（e）几何平面图形

**2. 各种位置平面的投影特性**

根据平面在三投影面体系中相对于投影面的位置不同，平面可分为三类：投影面垂直面、投影面平行面和一般位置平面。前两类平面为特殊位置平面，各种位置平面的投影特性见表2-3。

**表 2-3 各种位置平面的投影特性**

| 直线分类 | | 轴测图 | 投影图 |
|---|---|---|---|
| 投影面垂直面 | 铅垂面（垂直于 $H$ 面，倾斜于 $V$、$W$ 面） | | |
| | 正垂面（垂直于 $V$ 面，倾斜于 $H$、$W$ 面） | | |
| | 侧垂面（垂直于 $W$ 面，倾斜于 $H$、$W$ 面） | | |
| 投影特性 | | （1）在所垂直的投影面上的投影积聚为线<br>（2）在其他两面上的投影表现为类似形 | |

续表

| 直线分类 | 轴测图 | 投影图 |
|---|---|---|
| 投影面平行面 — 水平面（平行于 $H$ 面，垂直于 $V$、$W$ 面） | 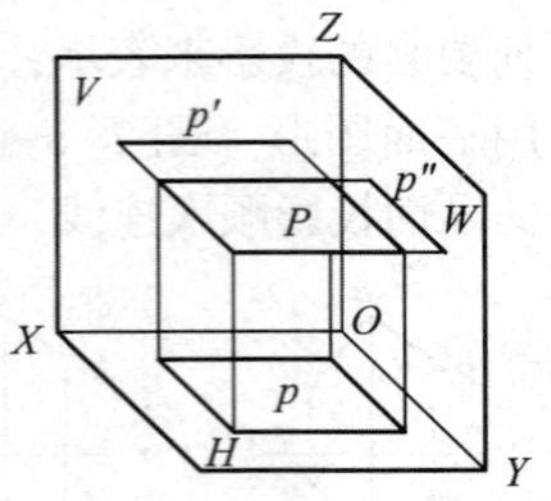 | 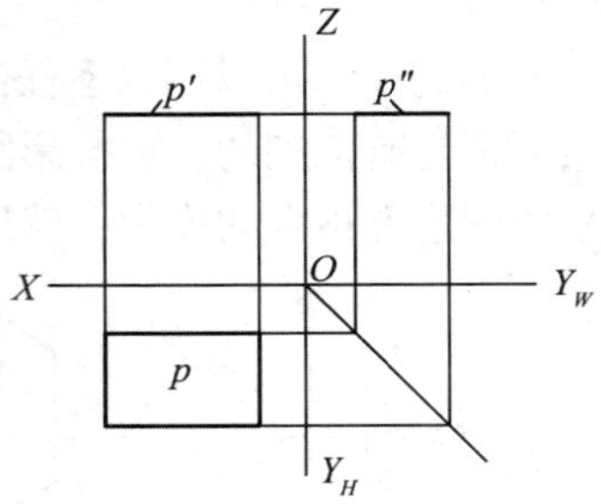 |
| 投影面平行面 — 正平面（平行于 $V$ 面，垂直于 $H$、$W$ 面） | | |
| 投影面平行面 — 侧平面（平行于 $W$ 面，垂直于 $H$、$V$ 面） | | |
| 投影特性 | （1）在所平行的投影面上的投影为实形<br>（2）在其他两面上的投影积聚为线，且平行于相对应的投影轴 | |
| 一般位置平面（与三个投影面都倾斜） | 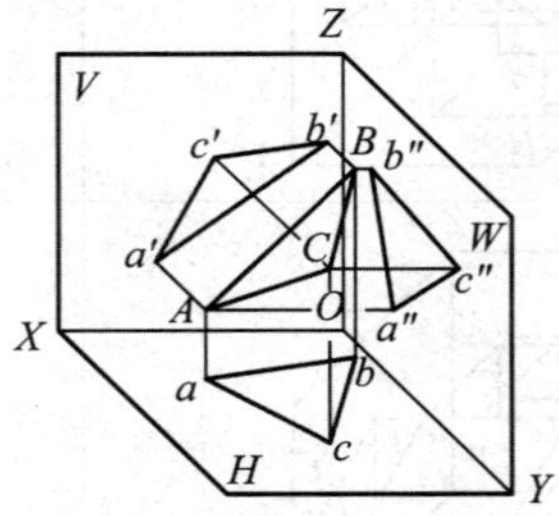 | 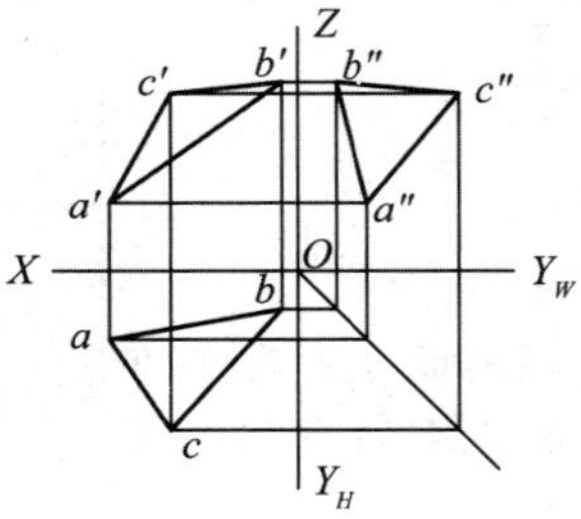 |
| | 其三面投影与投影轴都倾斜，三面投影表现为类似形 | |

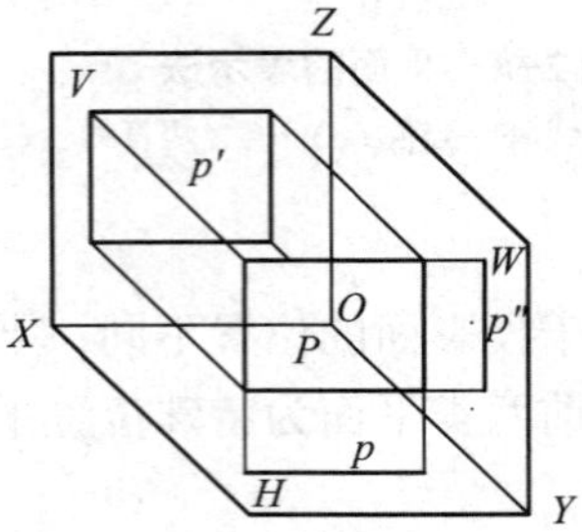

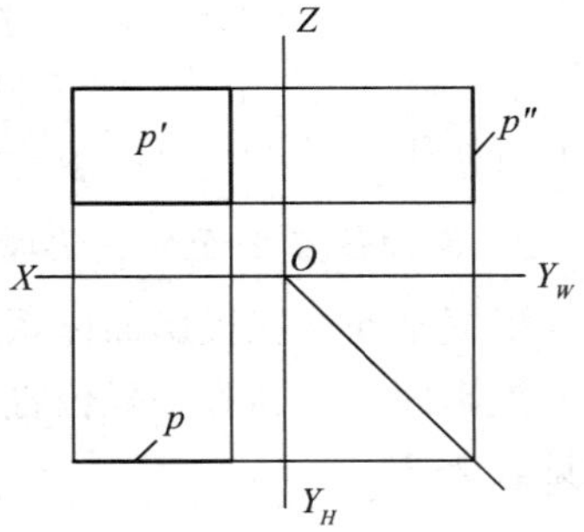

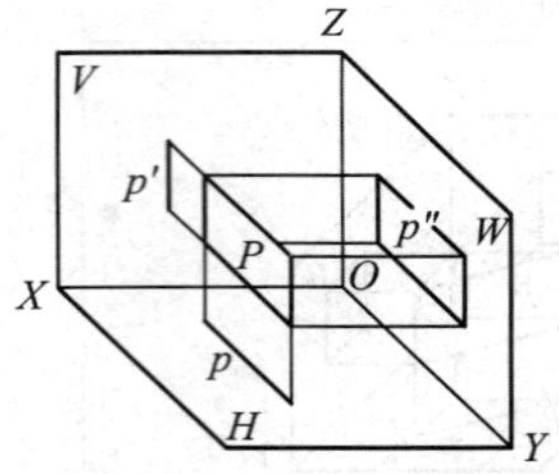

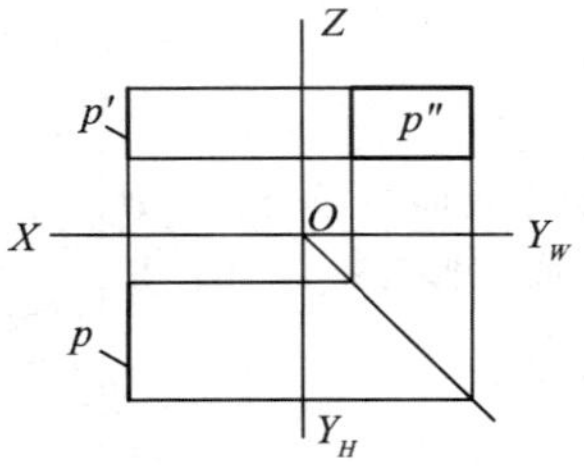

## §2.3 基本体的三视图

### 2.3.1 三视图的形成及其投影规律

**1. 三视图的形成**

将立体放入三面投影体系中，采用正投影法分别向三个投影面作投影，同时获得三个投影图形：在 $V$ 面上形成的投影叫作主视图，在 $W$ 面上形成的投影叫作左视图，在 $H$ 面上形成的投影叫作俯视图。把投影体系按一定规则展开，如图2-9（a）所示，便得到立体的三视图。在工程图上，视图主要用来表达物体的形状，而没有必要表达物体与投影面间的距离，因此在绘制视图时不必画出投影轴；为了使图形清晰，也不必画出投影间的连线，如图2-9（b）所示。视图间的距离通常可根据图纸幅面、尺寸标注等因素来确定。

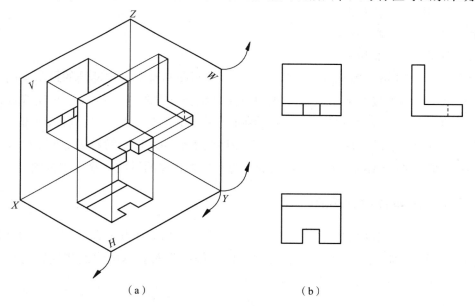

（a）　　　　　　　　　　（b）

**图 2-9　三视图的形成**

（a）三视图的形成及展开；（b）三视图

**2. 三视图的投影规律**

三视图的位置关系为：俯视图在主视图的下方、左视图在主视图的右方。按照这种位置配置视图时，国家标准规定一律不标注视图的名称。

对照图2-9（a）和图2-10，还可以看出：

主视图反映了物体上下、左右的位置关系，即反映了物体的高度和长度；

俯视图反映了物体左右、前后的位置关系，即反映了物体的长度和宽度；

左视图反映了物体上下、前后的位置关系，即反映了物体的高度和宽度。

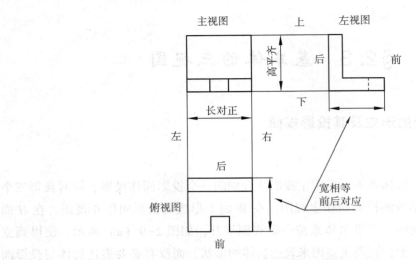

图 2-10 三视图的位置关系和投影规律

由此可以得出三视图之间的投影规律为：

主、俯视图——长对正；

主、左视图——高平齐；

俯、左视图——宽相等。

"长对正、高平齐、宽相等（三等关系）"是画图和看图必须遵循的最基本的投影规律。不但整个物体的投影要符合这个规律，而且物体局部结构的投影也必须符合这个规律。在应用这个投影规律作图时，要注意物体的上、下、左、右、前、后六个部位与视图的关系，特别要注意前、后两个部位：如俯视图的下面和左视图的右边都反映物体的前面（远离主视图），俯视图的上面和左视图的左边都反映物体的后面（靠近主视图）。

### 2.3.2 基本体的三视图

根据围成立体的表面的性质，通常将基本体分为平面立体和曲面立体。平面立体由若干平面图形围成，常见的平面立体有棱柱、棱锥等；曲面立体由曲面或曲面与平面所围成，常见的曲面立体有圆柱、圆锥、球体等。

1. 平面立体

1）正棱柱

（1）正棱柱的投影分析。正棱柱是由全等的矩形侧面和上下底面组成。将正棱柱正立放置在投影体系中，正棱柱的上、下底面平行于水平投影面，故上、下底面在水平投影面上的投影反映实形，在另外两个投影面上的投影积聚成一条直线。正棱柱侧面垂直于水平投影面，故侧面在水平投影面上的投影积聚成一条直线。

（2）正棱柱的三视图。以正三棱柱的三面投影为例，把正三棱柱正立放置在三面投影体系中，上、下底面与 $H$ 面平行，一个侧面与 $V$ 面平行，进行投影表达，如图 2-11（a）所示。绘制正三棱柱三视图的方法和步骤如下。

①确定三视图在图纸上的位置，先画出形状特征的视图。本例中，上、下底面与 H 面平行，在俯视图中反映实形，所以先画俯视图正三角形，其主视图和左视图积聚为直线，如图 2-11（b）所示。

②画三棱柱侧面的投影。三棱柱的侧面是由三个全等的矩形组成，根据"长对正、高平齐、宽相等"的规律完成正三棱柱侧面的投影视图，如图 2-11（c）所示。

③检查无误后擦除作图辅助线，描深图线，如图 2-11（d）所示。

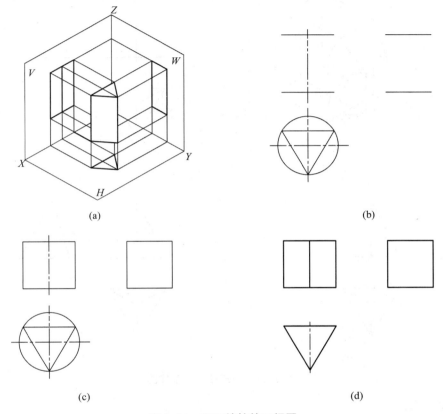

图 2-11 正三棱柱的三视图

2）正棱锥

（1）正棱锥的投影分析。正棱锥的底面是正多边形，侧面由若干等腰三角形组成。将正棱锥正立放置在三面投影体系中，底面平行于水平投影面，所以俯视图反映实形；正棱锥在正投影面和侧投影面上的投影外轮廓均为三角形，轮廓内部存在其他棱线的投影，三角形的高等于棱锥的高。

（2）正棱锥的三视图。以正三棱锥的三面投影为例，把正三棱锥正立放置在三面投影体系中，底面与 H 面平行，一条侧棱与 W 面平行，进行投影表达，如图 2-12（a）所示。绘制正三棱锥三视图的方法和步骤如下。

①确定三视图在图纸上的位置，先画形状特征的视图。本例中，正三棱锥底面与 H 面平行，在俯视图中反映实形，所以先画俯视图外轮廓为正三角形，内部存在侧棱的投影与

角平分线重合且交于一点，如图 2-12（b）所示。

②确定三棱锥高的位置及尺寸，根据三视图的投影规律完成正三棱锥三视图，如图 2-12（c）所示。

③检查无误后加深图线，如图 2-12（d）所示。

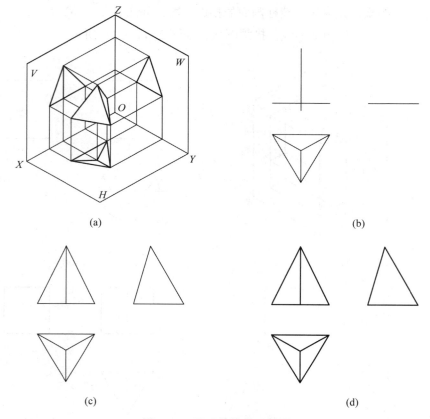

图 2-12　正三棱锥的三视图

2. 曲面立体

常见的曲面立体包括圆柱、圆锥、球体等回转体，也包括一些表面不规则的曲面体，如凸轮等。本节重点分析具有规则表面的曲面立体（回转体）的三视图。

1）圆柱的三视图

将圆柱放入三面投影体系中，圆柱的轴线与 $H$ 面垂直，圆柱上、下底面与 $H$ 面平行，俯视图反映实形为圆形，如图 2-13（a）所示。圆柱在 $V$ 面上的投影为矩形，矩形的上、下两边是圆柱上、下底面的投影，左、右两边是柱面相对于 $V$ 面的转向轮廓线（圆柱前后和左右方向可见部分与不可见部分的分界线）的投影，这两条转向轮廓线在俯视图的投影积聚为圆的最左和最右两点；圆柱的左视图与主视图相同，但是左视图左、右两边是柱面相对于 $W$ 面的转向轮廓线的投影，这两条转向轮廓线在俯视图的投影积聚为圆的最前和最后两点，如图 2-13（b）所示。

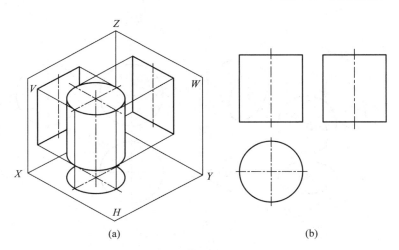

图 2-13 圆柱的三视图

2）圆锥的三视图

将圆锥放入三面投影体系中，圆锥的轴线与 $H$ 面垂直，圆锥底面与 $H$ 面平行，如图 2-14（a）所示。俯视图反映实形为圆形，圆锥顶点的投影不画（点无大小）；圆锥主视图和左视图的投影均为等腰三角形，等腰三角形底边为圆锥底面的投影，等腰三角形的腰为锥面转向轮廓线的投影，如图 2-14（b）所示。

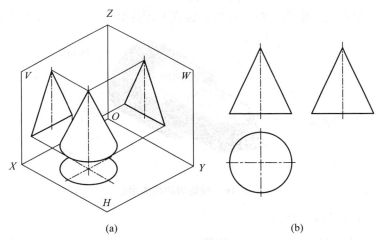

图 2-14 圆锥的三视图

3）球体的三视图

球体的三面投影视图均为圆形，是球面对投影面的转向轮廓线的投影，且圆形的直径与球体的直径相等，如图 2-15 所示。

· 35 ·

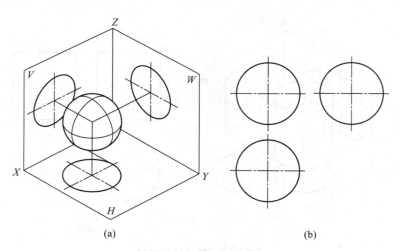

图 2-15 球体的三视图

### 2.3.3 截切体的投影

如图 2-16 所示的顶尖，由大圆柱、小圆柱和圆锥三个基本体组合而成，被两个平面所截切。被截断后的立体称为截切体，截断该立体的平面称为截平面，截平面与立体表面的交线称为截交线，截交线围成的平面称为截断面。截交线具有封闭性和共有性的特性，所以求截切体的投影就是求截交线的投影，也就是求作截平面与立体表面的交线。

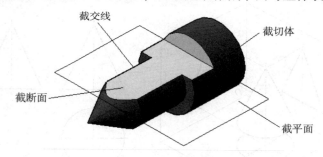

图 2-16 截切体的相关术语

1. 平面与平面立体表面相交

【例 2-2】求作开槽正三棱柱的三视图。

将开槽正三棱柱正立放置于三面投影体系中，如图 2-17（a）所示，开槽的位置在上底面，槽的俯视图为左右对称图形。

（1）确定三视图在图纸中的位置，先绘制俯视图，按照三等关系确定开槽在各个视图中的位置绘制其他视图，如图 2-17（b）所示。

（2）将俯视图槽的位置投影到主视图上，确定槽深后直接画出槽的形状，根据三等关系绘制开槽左视图的投影，如图 2-17（c）所示。

（3）检查无误后加深图线，如图 2-17（d）所示。

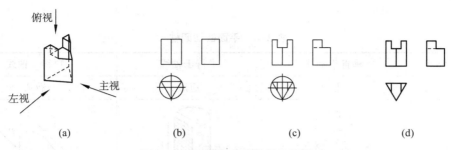

图 2-17 开槽正三棱柱的三视图

【例 2-3】求作开槽正三棱锥的三视图。

将切掉顶角的正三棱锥开槽后正立放置在三面投影体系中，如图 2-18（a）所示，开槽的位置在上底面，槽的俯视图为左右对称图形。

（1）绘制正三棱锥基本体的三视图，确定顶角截断面位置后，先绘制开槽前的三棱锥的主视图和俯视图，将截断面棱线的交点投影到俯视图上，绘制截断面的俯视图，如图 2-18（b）所示。

（2）确定开槽底面所在的位置，在主视图上绘制开槽的形状；在俯视图上确定开槽底面所在的平面，将槽底面各点投影到俯视图上，绘制槽的俯视图；根据三等关系，在左视图上绘制槽的投影，如图 2-18（c）所示。

（3）将辅助线擦除，检查无误后加深图线，如图 2-18（d）所示。

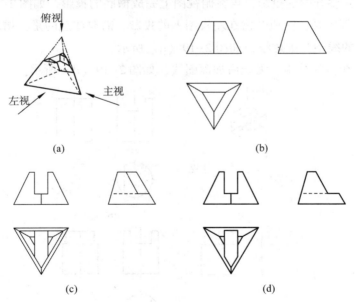

图 2-18 开槽正三棱锥的三视图

2. 平面与曲面立体表面相交

1）圆柱的截切

根据截平面与圆柱轴线的相对位置不同，平面截切圆柱的截交线有三种情况，如表 2-4

所示。

表 2-4 平面截切圆柱

| 截平面位置 | 垂直于轴线 | 平行于轴线 | 倾斜于轴线 |
| --- | --- | --- | --- |
| 截交线形状 | 圆 | 矩形 | 椭圆 |
| 轴测图 | | | |
| 投影图 | | | |

【例 2-4】求作开槽圆柱的三视图。

将开槽圆柱正立放置于三面投影体系中，如图 2-19（a）所示，开槽的位置在上底面，槽的俯视图为左右对称图形。

（1）确定三视图在图纸中的位置后，首先绘制圆柱的三视图，确定槽底面的位置后，在主视图上绘制完整开槽的投影，再在俯视图上完成槽底的投影，如图 2-19（b）所示。

（2）根据三等关系，完成开槽在左视图上的投影。需要注意的是：槽底轮廓在左视图上不可见，投影的线型为细虚线，如图 2-19（c）所示。

（3）将辅助线擦除，检查无误后加深图线，如图 2-19（d）所示。

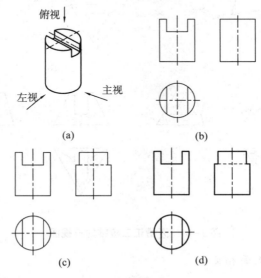

图 2-19 开槽圆柱的三视图

2）圆锥的截切

根据截平面与圆锥轴线的相对位置不同，平面截切圆锥体的截交线有五种情况，如表 2-5 所示。

表 2-5 平面截切圆锥

| 截平面位置 | 垂直于轴线 | 与轴线倾斜（不平行于任何一条素线） | 平行于一条素线 | 平行于轴线 | 过锥顶 |
|---|---|---|---|---|---|
| 截交线形状 | 圆 | 椭圆 | 抛物线 | 双曲线 | 直线 |
| 轴测图 | 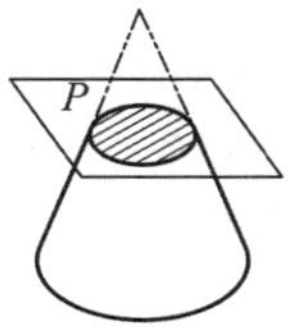  | 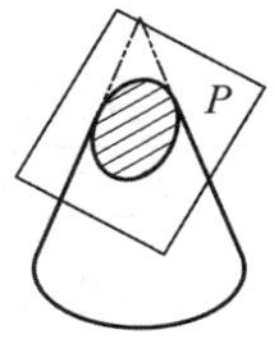  | 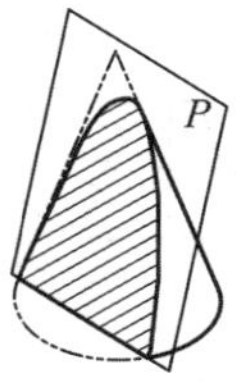  | 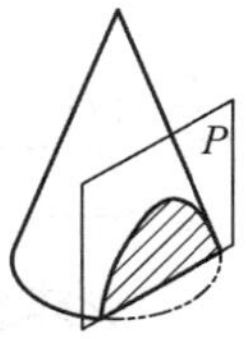  | 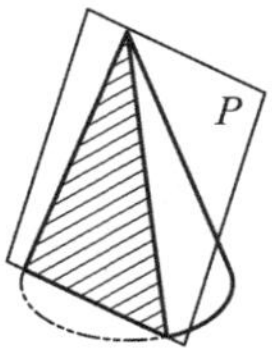  |
| 投影图 | 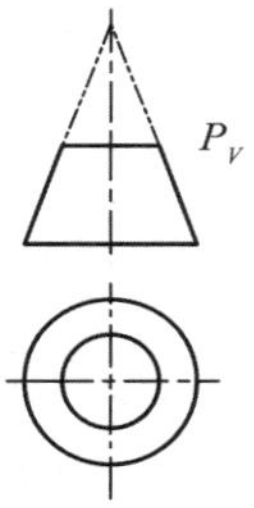  | 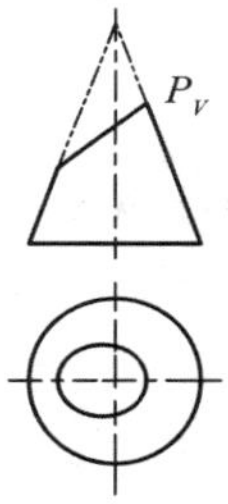  | 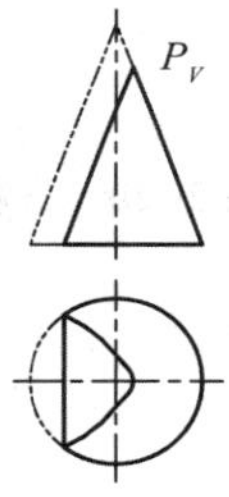  | 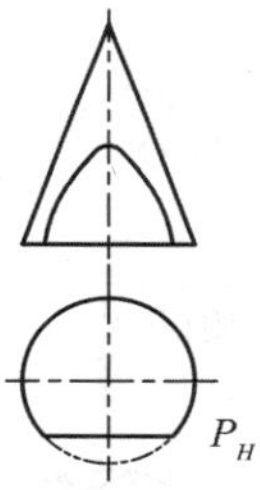  | 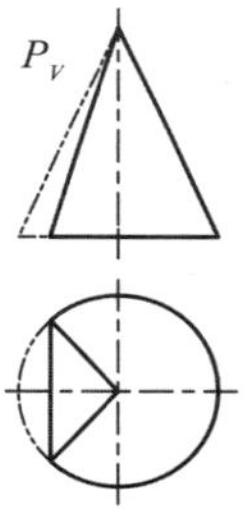  |

【例 2-5】求作开槽圆锥的三视图。

将切掉顶角的圆锥开槽后正立放置在三面投影体系中，如图 2-20（a）所示，开槽的位置在上底面，槽的俯视图为左右对称图形。

（1）绘制正圆锥的三视图，确定顶角截断面位置后，先绘制开槽前的圆锥的主视图和俯视图，截断面为圆形，绘制截断面的俯视图，如图 2-20（b）所示。

（2）确定开槽底面所在的位置，在主视图上绘制开槽的形状；在俯视图上确定开槽底面所在的圆面，将槽底面各点投影到俯视图上，完成槽的俯视图；根据三等关系，在左视图上绘制槽的投影，如图 2-20（c）所示。

（3）将辅助线擦除，检查无误后加深图线，如图 2-20（d）所示。

【例 2-6】求作开槽球体的三视图。

将开槽的球体放置在三面投影体系中，槽的底面与半球底面平行，如图 2-21（a）所示。

（1）确定三视图在图纸中的位置，首先完成半球体的三面投影，然后在主视图上绘制槽的投影；在俯视图上作出槽底所在的圆面，如图 2-21（b）所示。

（2）在俯视图上作出槽的投影，然后根据三等关系完成左视图，如图 2-21（c）

所示。

（3）将辅助线擦除，检查无误后并加深图线，如图 2-21（d）所示。

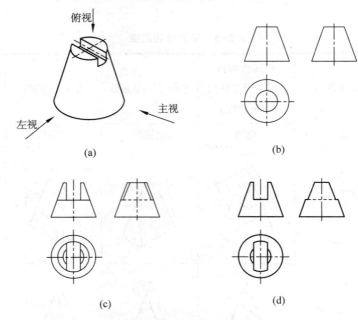

图 2-20　开槽圆锥的三视图

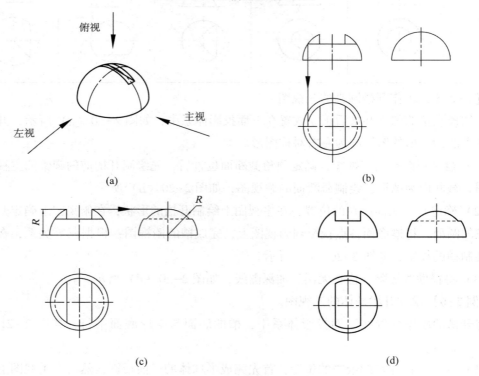

图 2-21　开槽球体的三视图

## 2.3.4 相贯体的投影

如图 2-22 所示,两个相交的立体称为相贯体,两个立体表面产生的交线称为相贯线。

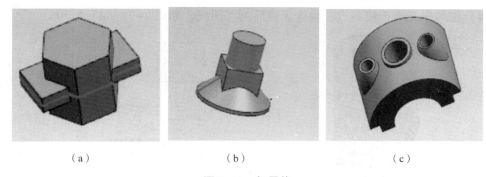

图 2-22 相贯体

(a) 两平面立体相贯;(b) 回转体与平面立体相贯;(c) 两回转体相贯

本节主要介绍两圆柱正交相贯,其相贯线有以下三种情况,如表 2-6 所示。

表 2-6 圆柱与圆柱表面的相贯

| 外圆柱与外圆柱面相贯 | 外圆柱与内圆柱面相贯 | 内圆柱与内圆柱面相贯 |
|---|---|---|

两个底面半径不相等的圆柱正交,如图 2-23(a)所示,半径较大的圆柱俯视图投影积聚为圆形,半径较小的圆柱左视图投影积聚为圆形,因此相贯线俯视图投影为圆形的一部分圆弧,左视图投影与圆重合。可以根据相贯线俯视图与左视图投影完成其主视图的投影,绘图步骤如下。

(1) 绘制两个正交的圆柱三面投影。在俯视图和左视图上找到相贯线的投影,如图 2-23(b)所示。

(2) 绘制特殊点的投影。由于小圆柱与大圆柱正交,故小圆柱面上对 $V$ 面和 $H$ 面的四条转向轮廓线与大圆柱面上的四条素线垂直相交产生的垂足即为四个特殊点,可在俯视图和左视图上分别找到四个点的投影,再根据长对正、高平齐的原则完成主视图的投影,如图 2-23(b)所示。

（3）绘制一般点的投影。先在相贯线俯视图投影上任取两点（$p$ 点和 $q$ 点），根据宽相等完成 $p$ 点和 $q$ 点在左视图上的投影，最后根据长对正、高平齐的原则完成 $p$ 点和 $q$ 点在主视图上的投影，如图 2-23（c）所示。

（4）按顺序光滑连接各点，检查无误后加深图线，如图 2-23（d）所示。

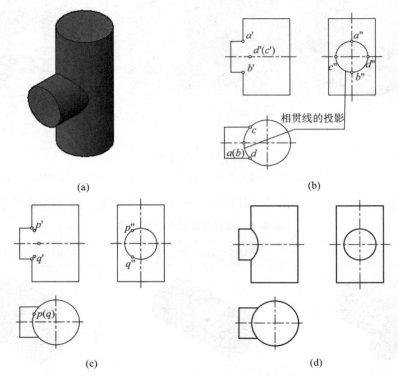

图 2-23 不等径圆柱正交相贯线绘制步骤

为了作图方便，可以大圆柱底面半径 $R$ 为半径作圆弧，代替非圆曲线作为相贯线的投影，圆心在小圆柱的轴线上，如图 2-24 所示。

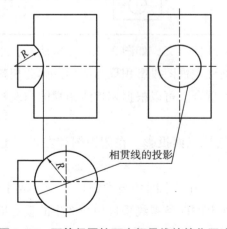

图 2-24 不等径圆柱正交相贯线的简化画法

当两个底面半径相等的圆柱正交时，相贯线在主视图上的投影积聚成两条直线，且与水平面成45°角，在其他两个视图上的投影形状不变，如图 2-25 所示。

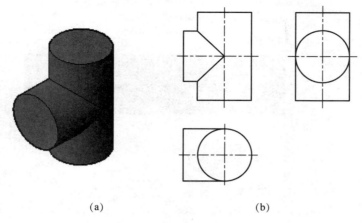

(a)　　　　　　　　　　(b)

图 2-25　等径圆柱正交相贯线

## §2.4　3D 建模基础

### 2.4.1　功能及界面简介

Pro/ENGINEER Wildfire 是全面的一体化软件，可以让产品开发人员提高产品质量、缩短产品上市时间、减少成本、改善过程中的信息交流途径，同时为新产品的开发和制造提供了全新的创新方法。

Pro/ENGINEER Wildfire 不仅提供了智能化的界面，使产品设计操作更为简单，并且保留了 Pro/ENGINEER 将 CAD/CAM/CAE 三个部分融为一体的一贯传统，为产品设计生产的全过程提供概念设计、详细设计、数据协同产品分析、运动分析、结构分析、电缆布线、产品加工等功能模块。

Pro/ENGINEER Wildfire 5.0 工作界面介绍

1) Pro/ENGINEER Wildfire 5.0 界面使用初步

开机出现闪屏后，将打开如图 2-26 所示的 Pro/ENGINEER Wildfire 5.0 工作窗口。进入 Pro/ENGINEER Wildfire 5.0 工作窗口，Pro/ENGINEER 系统会直接通过网络和 PTC 公司的 Pro/ENGINEER Wildfire 5.0 资源中心的网页进行链接。要取消打开 Pro/ENGINEER Wildfire 5.0 就直接和资源中心的网页进行链接这一设置（可以先跳过这个操作，看过工作窗口的布置后再进行这一个操作），可以单击"工具"菜单中的"定制屏幕…"命令，系统打开"定制"对话框，如图 2-27 所示。单击"浏览器"标签，打开"浏览器"选项卡，如图 2-28 所示。

图 2-26 Pro/ENGINEER Wildfire 5.0 工作界面

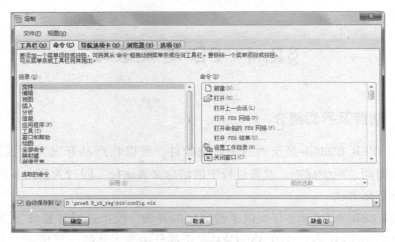

图 2-27 "定制"对话框

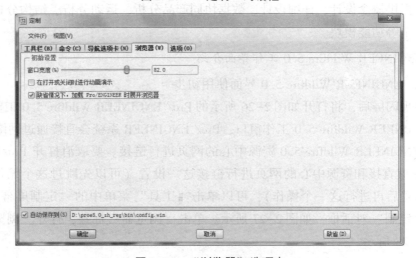

图 2-28 "浏览器"选项卡

将"浏览器"选项卡中的"缺省情况下,加载 Pro/ENGINEER 时展开浏览器"复选按钮取消选中,然后单击"确定"按钮,以后再打开 Pro/ENGINEER Wildfire 5.0 时就不会再直接和资源中心的网页进行链接。

如图 2-29 所示为 Pro/ ENGINEER Wildfire 5.0 的工作窗口。其中,工具栏按放置的位置不同,分为上工具箱和右工具箱,即位于窗口上方的是上工具箱,位于窗口右侧的是右工具箱。

单击"Web 浏览器关闭"按钮,系统就会关闭 Web 浏览器窗口;再次单击 Web 浏览器打开条,又可以把 Web 浏览器窗口打开。

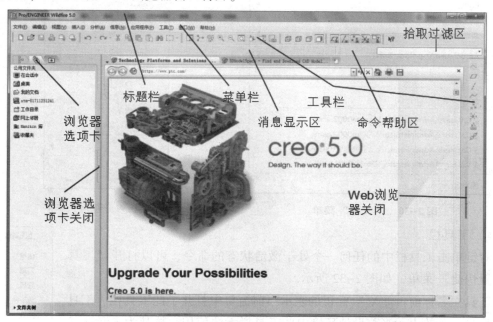

图 2-29   Pro/ ENGINEER Wildfire 5.0 工作窗口

2)标题栏

标题栏显示当前活动的工作窗口名称,如果当前没有打开任何工作窗口,则显示系统名称。系统可以同时打开几个工作窗口,但是只有一个工作窗口处于活动状态,用户只能对活动的窗口进行操作。如果需要激活其他的窗口,可以在菜单栏的"窗口"菜单中选取要激活的工作窗口,此时标题栏将显示被激活的工作窗口的名称。

3)菜单栏

菜单栏主要是让用户在进行操作时能控制 Pro/ENGINEER 的整体环境。在此把菜单栏中的"文件"与"编辑"菜单进行简单介绍。

"文件"菜单:文件的存取等。"文件"菜单如图 2-30 所示。

"编辑"菜单:剪切、复制等。"编辑"菜单如图 2-31 所示。

图 2-30 "文件"菜单

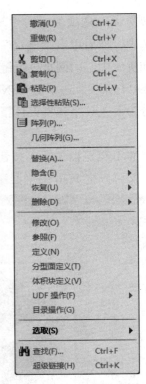

图 2-31 "编辑"菜单

4）工具栏

右键单击工具栏中的任何一个处于激活状态的命令，可以打开"工具栏配置快捷"菜单，如图 2-32 所示。

工具栏名称前带"√"标识的表示当前窗口中打开了此工具栏。工具栏名称是灰色的表示当前设计环境中此工具栏无法使用，故其为未激活状态。需要打开或关闭某个工具栏时，使用左键单击这个工具栏名称即可。工具栏中的命令以生动形象的图标表示，使用户操作起来更加方便和快捷。

5）主工作区

Pro/ENGINEER 的主工作区是 Pro/ENGINEER 工作窗口中面积最大的部分，在设计过程中，设计对象就在这个区域显示，其他的一些基准（如基准面、基准轴、基准坐标系等）也在这个区域显示。

6）拾取过滤栏

单击拾取过滤栏的下三角按钮，弹出如图 2-33 所示的下拉列表框，在此弹出的下拉列表框中可以选取拾取过滤的选项，如特征、基准等。在拾取过滤栏中选取了某选项，则不能通过鼠标在主工作区中选取其他的选项了。拾取过滤栏默认的选项为"智能"，此时可通过鼠标在主工作区中选取下拉列表框中列出的所有项。

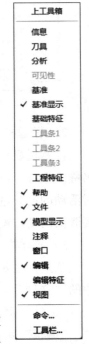

图 2-32 "工具栏配置快捷"菜单

· 46 ·

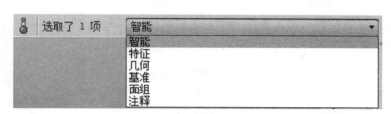

图 2-33　拾取过滤栏

7）消息显示区

对当前窗口中所进行操作的反馈消息就显示在消息显示区之中，告诉用户此步操作的结果。

8）命令帮助区

当鼠标落在"命令""特征""基准"等选项上面时，命令帮助区将显示如命令名、特征名、基准名等帮助信息，便于用户了解即将进行的操作。

## 2.4.2　文件操作

本小节主要介绍文件的基本操作，如新建文件、打开文件、保存文件等。需要注意硬盘文件和进程中的文件的异同，以及删除和拭除的区别。

1. 新建文件

单击"文件"菜单中的"新建"　命令，系统就会打开"新建"对话框，如图 2-34 所示。

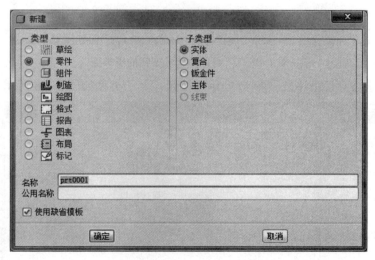

图 2-34　"新建"对话框

从图中可以看到，Pro/ENGINEER Wildfire 5.0 提供如下文件类型。

草绘：2D 剖面图文件，扩展名为". sec"；

零件：3D 零件模型，扩展名为". prt"；

组件：3D 组合件，扩展名为". asm"；

制造：NC（数值控制）加工程序制作，扩展名为".mfg"；

绘图：2D 工程图，扩展名为".drw"；

格式：2D 工程图的图框，扩展名为".frm"；

报告：生成一个报表，扩展名为".rep"；

图表：生成一个电路图，扩展名为".dgm"；

布局：产品组合规划，扩展名为".lay"；

标记：为所绘组合件添加标记，扩展名为".mrk"。

"新建"对话框在被打开时，默认的选项为"零件"，在子类型中可以选择"实体""复合""钣金件"和"主体"选项，默认的子类型选项为"实体"。

单击"新建"对话框中的"组件"单选按钮，其子类型如图 2-35 所示。

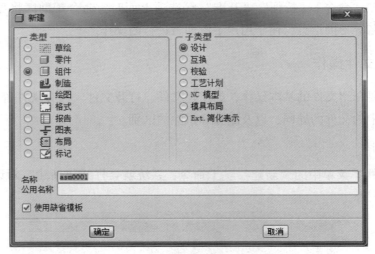

图 2-35 "组件"单选按钮的子类型

单击"新建"对话框中的"制造"单选按钮，其子类型如图 2-36 所示。

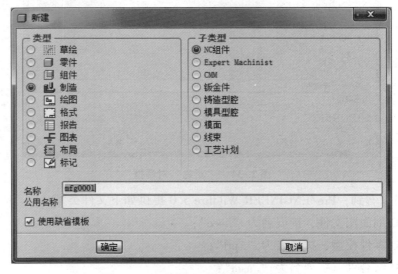

图 2-36 "制造"单选按钮的子类型

在"新建"对话框中选中"使用缺省模板"复选按钮,生成文件时将自动使用缺省的模板,否则在单击"新建"对话框中的"确定"按钮后还要在弹出的"新文件选项"对话框中选取模板。图 2-37 所示为在选取"零件"单选按钮后出现的"新文件选项"对话框。

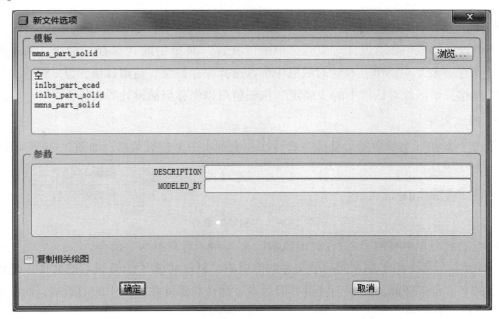

图 2-37 "新文件选项"对话框

在"新文件选项"对话框中可以选取所要的模板。

2. 打开文件

单击"文件"菜单中的"打开"命令,系统就会打开"文件打开"对话框,如图 2-38 所示。

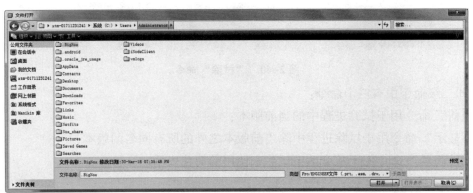

图 2-38 "文件打开"对话框

在此对话框中,可以选择并打开 Pro/ENGINEER 的各种文件。单击"文件打开"对话框中的"预览"命令,则会在此对话框的下方打开文件预览框,可以预览所选择的

Pro/ENGINEER 文件。

### 3. 打开内存中的文件

单击"文件打开"对话框上部的"在会话中"命令，则可以选择当前进程中的文件，单击"确定"按钮就可以打开此文件。打开的文件是进程中的最新版本。

### 4. 保存文件

当前设计环境中如有设计对象时，单击"文件"菜单中的"保存"命令，系统就会打开"保存对象"对话框，在此对话框中可以选择保存目录、新建目录、设定保存文件的名称等操作，单击此对话框中的"确定"按钮就可以保存当前设计的文件。

### 5. 删除文件

单击"文件"菜单中的"删除"命令，将会弹出一个二级菜单，如图2-39所示。

图 2-39 "删除"命令

在此二级命令中有两个命令："旧版本"命令和"所有版本"命令。

"旧版本"命令用于删除同一个文件的旧版本，就是将除了最新版本的文件以外的所有同名的文件全部删除。注意：使用"旧版本"命令将删除数据库中的旧版本，而在硬盘中这些文件依然存在。

"所有版本"命令用于删除选中文件的所有版本，包括最新版本。注意：此时硬盘中的文件也不存在了。

### 6. 拭除内存中的文件

单击"文件"菜单中的"拭除"命令，弹出一个二级菜单，如图2-40所示。

图 2-40 "拭除"命令

在此二级命令中有三个命令：

"当前"命令用于拭除进程中的当前版本；

"不显示"命令用于拭除进程中除当前版本之外的所有同名的版本；

"元件表示"命令用于从会话中拭除未使用的简化表示。

## 2.4.3 草绘

创建3D实体模型时，首先需要创建二维剖面图或截面图，这样的二维图叫作草绘图；绘制二维草绘图是创建3D实体的基础。

1. 草绘图标及功能

"草绘器"工具栏如图2-41所示，草绘图标及对应功能见表2-7，图标如带有功能延伸指示按钮"▶"，则依次解释"▶"后图标的含义。

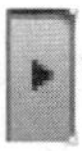

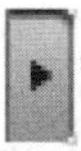

图 2-41 "草绘器"工具栏

表 2-7 草绘图标及功能

| 图标 | 功能 |
| --- | --- |
|   | 选取模式的切换，与<Shift>键配合可多选编辑 |
|   | 像素绘制直线、切线、中心线及几何中心线 |
|   | 绘制矩形、斜矩形及平行四边形 |
|   | 绘制圆、同心圆、外接圆、内切圆及椭圆 |
|   | 绘制圆弧、同心圆弧、切线弧及圆锥曲线 |
|   | 倒圆弧及倒椭圆弧 |
|   | 倒角及倒角修剪 |
|   | 绘制样条 |
| 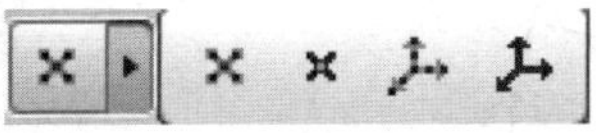  | 创建点、几何点、坐标系及几何坐标系 |
|   | 以物体边界为像素，以及选取物体边界并给偏移量作为像素 |
| 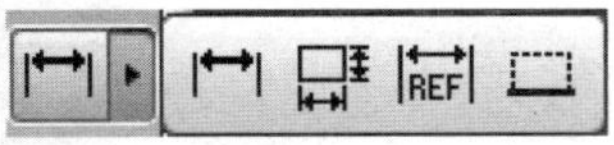  | 标注法向、周长、参照和基线尺寸 |
| 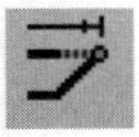  | 修改尺寸值、样条几何和几何图元 |

续表

| 图标 | 功能 |
| --- | --- |
|  | 定义或修改截面中各线段的约束条件 |
|  | 绘制文本 |
|  | 将调色板中的外部数据插入到活动对象 |
|  | 删除段、拐角及分割 |
|  | 镜像、像素缩放及旋转 |

2. 草绘举例

绘制如图 2-42 所示的平面图形，步骤如下。

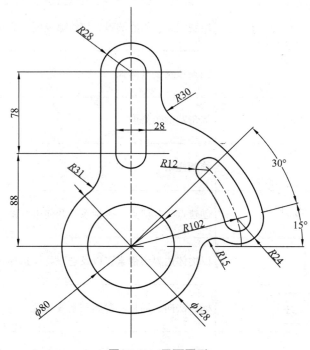

图 2-42 平面图形

（1）单击"文件"菜单中的"新建"命令，就会弹出如图 2-43 所示的对话框，选择"草绘"单选按钮，更改相应的名字（注：一般情况下所更改的名字不应有汉字以及特殊符号），最后单击"确定"按钮。

（2）绘制定位中心线。绘制的定位中心线，如图2-44所示。

图2-43 新建草绘

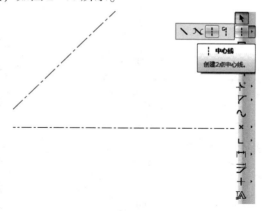

图2-44 定位中心线的绘制

（3）绘制已知弧和直线。绘制的已知弧和直线，如图2-45所示。

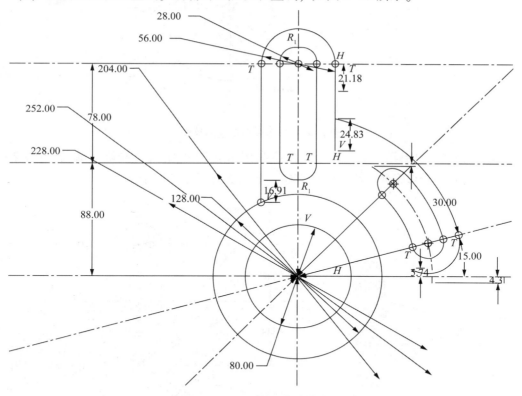

图2-45 已知弧和直线的绘制

（4）绘制连接弧和直线。绘制的连接弧和直线，如图2-46所示。

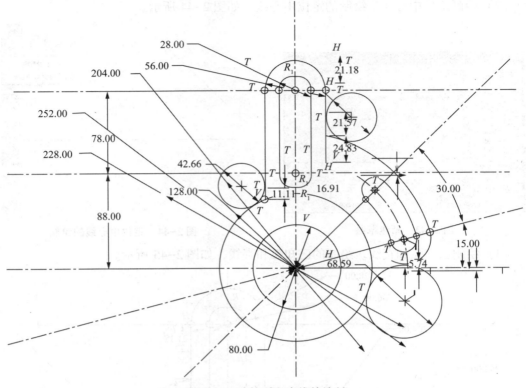

图 2-46　连接弧和直线的绘制

（5）删除多余图线，完成草绘。在绘制图形过程中使用"删除"命令［图2-47（a）］修剪并删除多余的图线，完成草绘，如图2-47（b）所示。

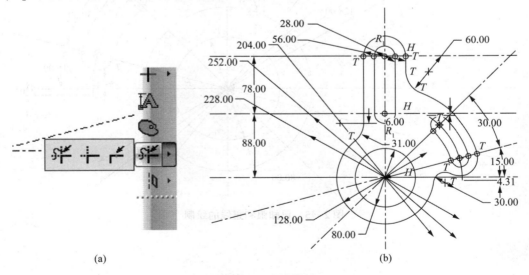

图 2-47　完成草绘

# 第 3 章 组合体

任何形状复杂的立体都可以看作是由一些基本几何体按照一定的形式组合而成的。由两个或两个以上基本体通过叠加或切割的方式组合而成的立体称为组合体。

## §3.1 组合体的组成形式与表面连接关系

### 3.1.1 组合体的组合形式

组合体的组合有叠加和切割两种基本形式，常见的是这两种形式的综合。

（1）叠加型。由若干个基本体叠加而成的组合体称为叠加型组合体，如图 3-1（a）所示。

（2）切割型。由基本体切割而成的组合体称为切割型组合体，如图 3-1（b）所示。

（3）综合型。既有叠加又有切割的组合体称为综合型组合体，如图 3-1（c）所示。

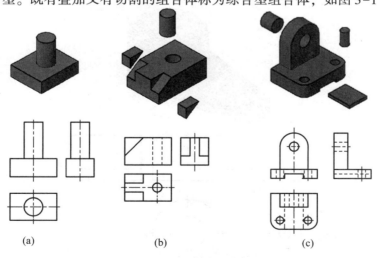

图 3-1 组合体的组合形式

（a）叠加型组合体；（b）切割型组合体；（c）综合型组合体

## 3.1.2 组合体的表面连接关系

无论组合体以何种方式构成,其各基本体的相邻表面之间的连接都存在一定的连接关系,按其表面形状和相对位置划分可分为表面平齐、不平齐、相切和相交四种情况。连接关系不同,连接处投影的画法也不同。

(1) 表面不平齐。两基本体表面不平齐时,两表面投影的分界处应用粗实线隔开,如图 3-2 所示。

(2) 表面平齐。两形体表面平齐时,构成一个完整的平面,画图时不可用线隔开,如图 3-3 所示。

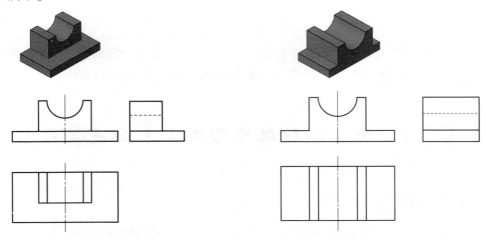

图 3-2　组合体表面不平齐　　　　　图 3-3　组合体表面平齐

(3) 表面相切。相切的两个形体表面光滑连接,相切处无分界线,视图上不应该画线,如图 3-4 所示。

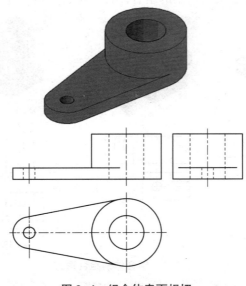

图 3-4　组合体表面相切

(4) 表面相交。两形体表面相交时，相交处有分界线，视图上应画出表面交线的投影，如图 3-5 所示。

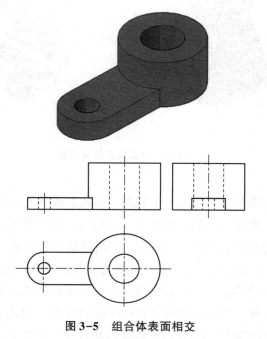

图 3-5　组合体表面相交

## §3.2　组合体的三视图

在绘制组合体的三视图时，首先要运用形体分析法把组合体分解为若干个基本体，确定它们的组合形式，判断形体间邻接表面是否为平齐、相切和相交的特殊位置；其次是在分析的基础上选择主视图的投影方向；然后逐个画出各个基本体的三视图，并对组合体中的垂直面、一般位置面及邻接表面中处于平齐、相切或相交位置的面和线进行投影分析，最后检查并描深图线，即完成了组合体的三视图。下面通过几个例子来说明画组合体三视图的方法与步骤。

【例 3-1】根据图 3-6（a）所示的轴承座，试画出其三视图。

1）形体分析

对组合体进行形体分析时，应弄清楚该组合体是由哪些基本体组成的，它们的组合方式、相对位置和连接关系是怎样的，对该组合体的结构有一个整体的概念。如图 3-6（b）所示，轴承座可以看作是由轴承套（水平空心圆柱）、支承板（棱柱）、肋板（棱柱）和底板（棱柱）组成。轴承套与支承板两侧相切，肋板与轴承套相交，底板与肋板、支承板叠加。

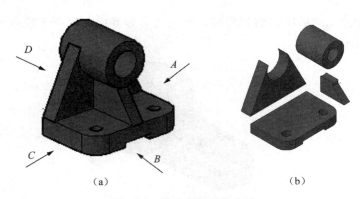

图 3-6 轴承座及形体分析

2）选择主视图

在三视图中，主视图是最主要的一个视图，因此主视图的选择极为重要。选择主视图时，通常将物体放正，即使物体的主要平面（或轴线）平行或垂直于投影面。一般选取最能反映物体结构形状特征的视图作为主视图，同时使其他视图的可见轮廓线越多越好。图3-7为图3-6（a）在A、B、C、D四个方向的投影。如果将D方向作为主视图投射方向，虚线较多，显然没有B方向清楚；C方向与A方向的主视图投影都比较清楚。但是，当选C方向作为主视图方向时，它的左视图（D）的虚线较多，因此，选A方向比C方向好。虽然A方向和B方向的主视图都能反映形体的形状特征，但B方向的主视图更能反映轴承座各部分的轮廓特征，所以确定B方向作为主视图的投射方向。主视图一经选定，其他视图也就相应确定了。

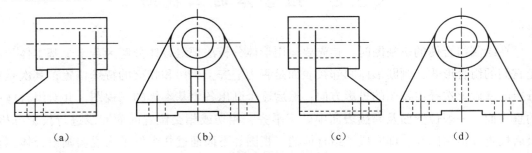

图 3-7 轴承座主视图的选择

3）画图步骤

画图前，先根据实物的大小和组成形体的复杂程度，选定画图的比例和图幅的大小，尽可能将比例选成1∶1。然后进行布图，即根据组合体的总长、总宽、总高确定各视图在图框内的具体位置，使三视图分布均匀。因此，画图时应首先画出各视图的基准线来布图。基准线是画图和测量尺寸的起点，每一个视图需要确定两个方向的基准线。常用的基准线是视图的对称线、大圆柱的轴线以及大的端面。开始画视图的底稿时，应按形体分析法，从主要的形体（如底板）着手，按各基本体之间的相对位置，逐个画出它们的视图。为了提高绘图速度和保证视图间的投影关系，对于各个基本体，应该尽可能做到三个视图同时画。完成底稿后，必须经过仔细检查，修改错误或不妥之处，然后按规定进行图线加深。具体作图步骤如图 3-8 所示。

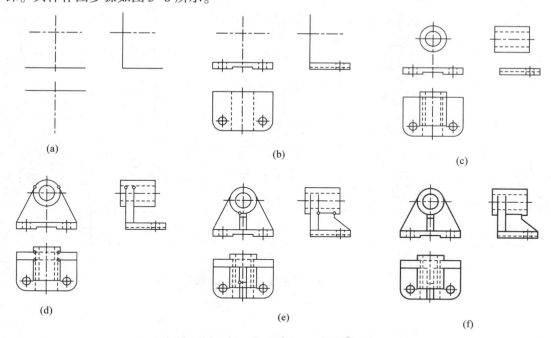

图 3-8 画轴承座三视图的步骤

【**例 3-2**】根据图 3-9（a）底座的立体图，试画出其三视图。

1）形体分析

如图 3-9（b）所示，由形体分析可知，底座可以看成是一个长方体经过切割、穿孔而形成的组合体。

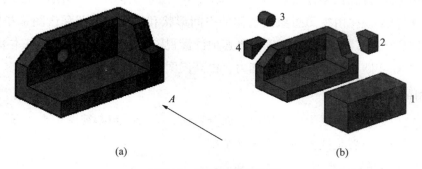

图 3-9 底座及形体分析

2）选择主视图

如图 3-9（a）所示，按工作位置选 A 方向作为主视图投射方向。

3）画图步骤

①画基准线、空位线，如图 3-10（a）所示。

②画出长方体的三视图，如图 3-10（b）所示。

③画出长方体被截去形体 1 后的三视图，如图 3-10（c）所示。

④画出长方体被截去形体 2 后的三视图，如图 3-10（d）所示。

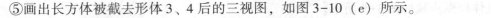

⑤画出长方体被截去形体3、4后的三视图，如图3-10（e）所示。
⑥检查、修改并描深图线，如图3-10（f）所示。

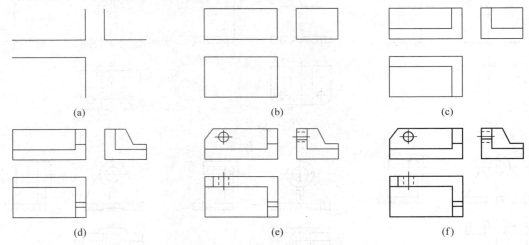

图3-10 画底座三视图的步骤

## §3.3 组合体读图

### 3.3.1 读组合体视图的方法

画图是将物体按正投影方法表达在图纸上，将空间物体以平面图形的形式反映出来；读图则是根据投影规律由视图想象出物体的空间形状和结构。画图和读图是相辅相成的，读图是画图的逆过程。为了能够正确、迅速地读懂视图，必须掌握读图的基本要领和基本方法，通过不断实践，培养空间思维能力、提高读图水平。

1. 读图的基本要领

读图时应以形体分析法为主，辅以线面分析法，分析、判断视图中点、线、线框的空间含义及相对应的位置是读图的首要思维基础。

1）几个视图联系起来看

一个组合体通常需要几个视图才能表达清楚，一个视图不能确定物体形状。如图3-11（a）、（b）、（c）所示，它们的主视图都相同，但却表示三个不同的立体；有时只读两个视图也无法确定立体的形状，如图3-11（d）、（e）、（f）所示，它们的主、俯两个视图完全相同，但实际上也是三个不同的立体。由此可见：读图时，必须把所给的几个视图联系起来，才能确定出立体的确切结构。

2）要明确视图中的线框和图线的含义

（1）视图中每个封闭线框，一般都代表物体上一个表面的投影，或者一个通孔的投影，所表示的面可能是平面或曲面，也可能是平面与曲面相切所组成的面。如图 3-12 所示，主视图中的封闭线框 $A'$、$B'$、$C'$、$D'$、$H'$ 表示平面，封闭线框 $E'$ 表示曲面（圆孔），而封闭线框 $F'$ 为平面与圆柱面相切的组合面。

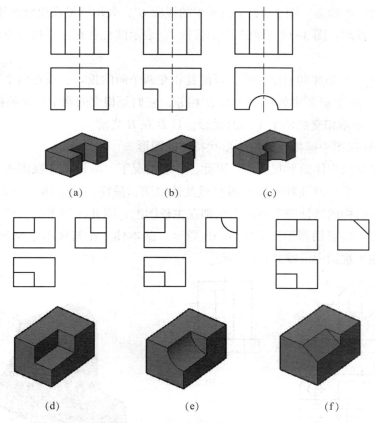

**图 3-11** 各视图应联系起来识读

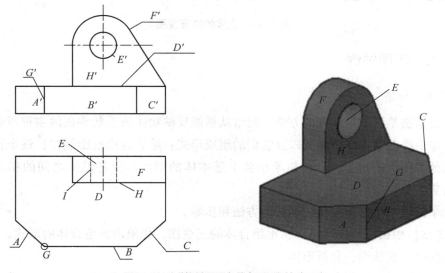

**图 3-12** 分析视图中线框和线的含义

（2）视图中的每一条图线，可能是下面情况中的一种。

①平面或曲面的积聚性投影：图3-12俯视图中的线段$A$、$B$、$C$、$H$表示平面的水平投影；主视图中的线段$E'$表示曲面（孔）的正面投影。

②两个面交线的投影：图3-12主视图中的线段$G'$，表示两平面交线的正面投影。

③转向线的投影：图3-12俯视图中的线段$I$，表示圆柱孔在水平投影方向上的转向线的投影。

（3）视图中任何相邻的封闭线框，可能是相交两个面的投影，或是两个不相交的两个面的投影。图3-12主视图中的线框$A'$与$B'$相邻，它们是相交的两个平面的投影；线框$H'$与$B'$相邻，它们是不相交的两个平面的投影，且$B$在$H$之前。

3）要善于在视图中捕捉反映物体形状特征的图形

主视图最能反映立体的形状特征。因此，一般情况下，应该从主视图入手，根据其特征图形构思出立体形状的几种可能，再对照其他视图，最终得出立体的正确形状。但是，由于立体的所有结构的特征图形不一定全都在主视图上，因此在读图时，要善于在视图中捕捉反映立体形状特征的图形。如图3-13所示，基本体Ⅰ在俯视图中反映其形状特征，基本体Ⅱ、Ⅲ在主视图中反映其形状特征。

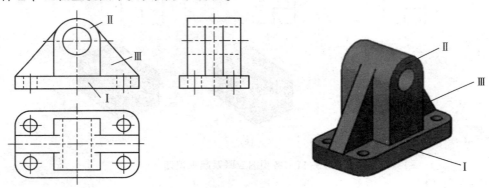

图3-13 立体的特征视图

### 3.3.2 读图举例

1. 形体分析法

形体分析法是读图最基本的方法。通常从最能反映物体的形状特征的主视图着手，分析该物体是由哪些基本体所组成以及它们的组成形式；然后运用投影规律，逐个找出每个形体在其他视图上的投影，从而想象出各个基本体的形状以及各形体之间的相对位置关系，最后想象出形体的形状。

下面举例说明用形体分析法读图的方法和步骤。

【例3-3】根据图3-14（a）所示组合体的三视图，想象出该组合体的形状。

①分线框、看视图、分析形体。

从三视图上看，该组合体的投影可以分成三个封闭线框，如图3-14（a）所示。

（2）找投影关系、想象形状、确定位置。

运用投影规律，将几个视图联系起来看，找出各个部分的三视图，想象出形体，并确定它们的相对位置，如图3-14（b）、（c）、（d）所示。

经过上述分析，确定各个形体及其相互位置，整个组合体的形状就清楚了，如图3-14（e）所示。

图 3-14　用形体分析法读图

## 2. 线面分析法

在读比较复杂的物体的视图时，通常运用线面分析法。线面分析法是在形体分析法的基础上，对不易看懂的局部，结合线、面的投影分析（如分析物体的表面形状、分析物体的表面交线、分析物体上面与面之间的相对位置）来帮助看懂和想象这些局部形状的方法。

下面举例说明用线面分析法读图的方法和步骤。

【例3-4】 根据图3-15（a）所示的组合体三视图，想象出该形体的形状。

（1）分析整体形状。由于该形体视图的轮廓基本都是矩形（只切掉了几个角），所以它的原始形体是长方体。

（2）进行线面分析。从该形体的外表面来看，主视图左上方的缺角是用正垂面切出的；俯视图左端的前、后缺角是用两个铅垂面切出的；左视图下方前、后的缺角是用正平面和水平面切出的。可见，该形体的外形是一个长方体被几个特殊位置平面切割后形成的，在搞清楚被切面的空间位置后，再根据平面的投影特性，分清各切面的几何形状。

如图3-15（b）所示，从主视图中斜线出发，在俯视图中找出与它对应的梯形线框，则左视图中的对应投影，也一定是一个梯形线框；如图3-15（c）所示，从俯视图中斜线出发，在主视图上找出与它对应的投影，是一个七边形线框，则左视图中的对应投影，也一定是一个七边形线框；如图3-15（d）所示，从左视图中正平面的积聚性投影出发（竖线），找出其正面投影（矩形线框）和水平投影（虚线）；如图3-15（e）所示，从左视图中水平面的积聚性投影出发（横线），找出其水平投影（四边形线框）和正面投影（直线）。

经过分析，在读懂该形体各表面的空间位置与形状后，还必须根据视图搞清楚面与面之间的相对位置，进而综合想象出该形体的整体形状，如图3-15（f）所示。

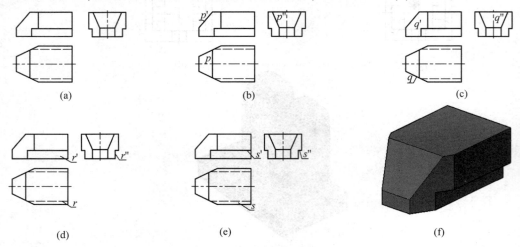

图3-15 线面分析法读图

## §3.4 组合体的尺寸标注

### 3.4.1 尺寸标注的基本要求

物体的形状、结构是由视图来表达的，而物体的大小则由图上所标注的尺寸来确定，加工时也是按照图上的尺寸来制造。尺寸标注与绘图的比例和作图误差无关。因此尺寸标注的基本要求是：

(1) 正确——所注尺寸应符合国家标准中有关尺寸注法的规定；

(2) 完整——所注尺寸能唯一地确定物体的形状大小和各组成部分的相对位置，尺寸既无遗漏，也不重复或多余，且每一个尺寸在图中只标注一次；

(3) 清晰——尺寸的安排应恰当，以便于看图、寻找尺寸和使图面清晰。

### 3.4.2 组合体的尺寸标注方法

组合体尺寸标注的基本方法为形体分析法——将组合体分解为若干个基本体和简单形体，在形体分析的基础上标注三类尺寸。

(1) 定形尺寸：确定各个基本体的形状和大小的尺寸。

(2) 定位尺寸：确定各个基本体之间相对位置的尺寸。

(3) 总体尺寸：组合体在长、宽、高三个方向的最大尺寸。

### 3.4.3 常见基本体的尺寸标注

要掌握组合体的尺寸标注，必须先了解基本体的尺寸标注方法。图3-16表示三个常见的平面基本体的尺寸标注，如长方体必须标注其长、宽、高三个尺寸，如图3-16（a）所示；正六棱柱应标注其高度及正六边形的对边距离，如图3-16（b）所示；四棱锥台应标注其上、下底面的长、宽及高度尺寸，如图3-16（c）所示。

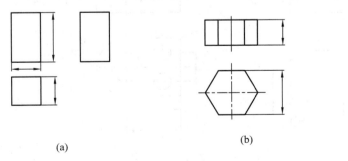

**图3-16 平面基本体的尺寸标注**

图3-17表示四个常见的回转面基本体的尺寸标注，如圆柱应标注其直径及轴向长度，如图3-17（a）所示；圆锥台应标注两底圆直径及轴向长度，如图3-17（b）所示；球体

只需标注直径,如图 3-17（c）所示;圆环只需标注两个尺寸,即母线圆及中心圆的直径,如图 3-17（d）所示。

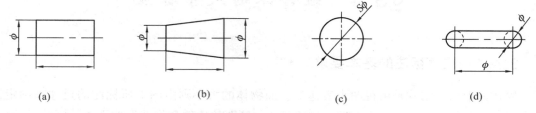

图 3-17　回转面基本体的尺寸标注

### 3.4.4　一些常见形体的定位尺寸标注

要标注定位尺寸,必须先选择好定位尺寸的尺寸基准。所谓尺寸基准是指标注和度量尺寸的起点。物体有长、宽、高三个方向的尺寸,每个方向至少要有一个尺寸基准。通常以物体的底面、端（侧）面、对称平面和回转体轴线等作为尺寸基准。如图 3-18 所示是一些常见形体的定位尺寸。从图中可以看出,在标注回转体的定位尺寸时,一般都是以它的轴线位置为基准。

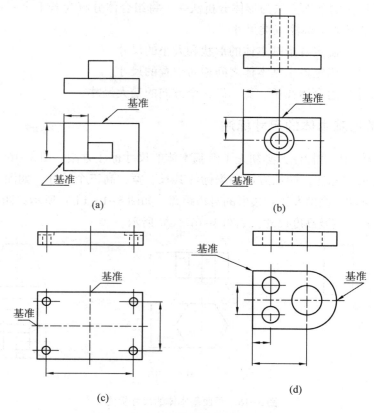

图 3-18　一些常见形体的定位尺寸

（a）棱柱的定位尺寸;（b）圆柱的定位尺寸;（c）一组孔的定位尺寸;（d）孔的定位尺寸

## 3.4.5 组合体的总体尺寸标注

组合体的总体尺寸有时就是某形体的定形尺寸或定位尺寸，这时就不再标出。当标注出总体尺寸后出现多余尺寸时，就需要进行调整，避免出现封闭的尺寸链，如图 3-19 所示。

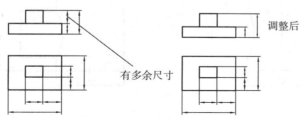

图 3-19　组合体的总体尺寸

当组合体的某一方向具有回转面结构时，由于注出了定形、定位尺寸，一般不以回转体的轮廓线为起点标注总体尺寸，即该方向的总体尺寸不再注出，如图 3-20 所示。

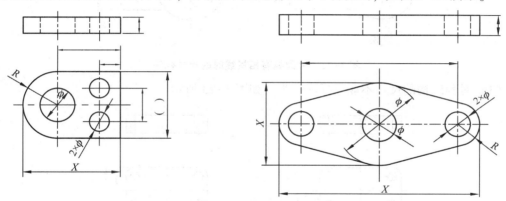

图 3-20　组合体的总体尺寸（有回转面）

## 3.4.6 标注尺寸时的注意事项

（1）当基本体被平面截切时，除要标注出其基本体的定形尺寸外，还应标注出截平面位置的尺寸，而不是标注截交线的大小，即不能在截交线上直接标注尺寸，如图 3-21 所示。

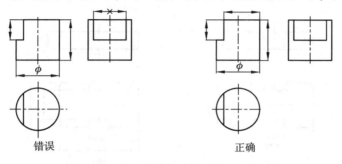

图 3-21　表面具有截交线时的尺寸标注

（2）当组合体的表面有相贯线时，除标注出其各个基本体的定形尺寸外，还应标注出产生相贯线的各基本体之间相对位置的定位尺寸，而不是标注相贯线的大小，即不能在相贯线上直接标注尺寸，如图 3-22 所示。

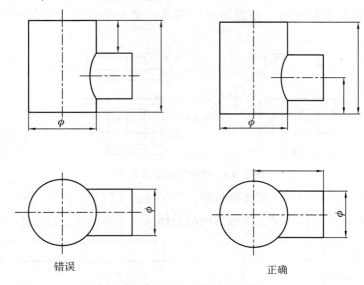

图 3-22　表面具有相贯线时的尺寸标注

（3）对称结构的尺寸不能只标注一半，如图 3-23 所示。

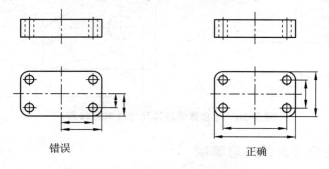

图 3-23　对称结构的尺寸标注

（4）相互平行的尺寸，应从小到大、从内到外依次排列，尺寸线间距不得小于 6 mm，如图 3-24 所示。

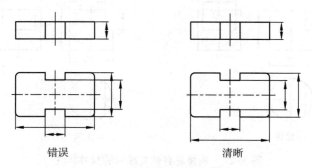

图 3-24　相互平行的尺寸标注

（5）尺寸应尽量标注在视图的外部（以免尺寸线、尺寸数字与视图中的轮廓线相交）从而保持图形的清晰，如图 3-25 所示。

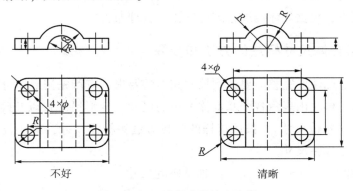

图 3-25　尺寸标注的清晰布置

（6）半径不能标注个数，也不能标注在非圆弧视图上，只能标注在圆弧的视图上。对于结构相同按一定规律均匀分布的孔，必须集中标注，即有几个就标为 $x×\phi$，如图 3-25 所示。

（7）同轴圆柱的直径尺寸，最好标注在非圆的视图上，如图 3-26 所示。

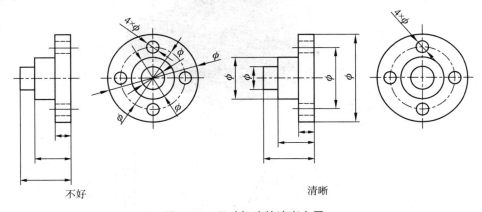

图 3-26　尺寸标注的清晰布置

（8）标注尺寸时，还要考虑便于加工和测量，如图 3-27 所示。

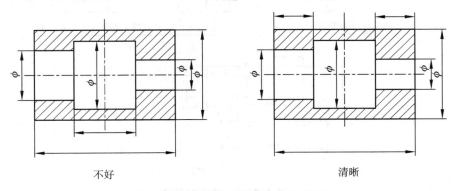

图 3-27　尺寸标注要便于加工和测量

(9) 当图线穿过尺寸数字时，图线应该断开。

在标注尺寸时，有时会出现不能兼顾以上各点的情况，则必须在保证尺寸正确、完整、清晰的前提下，根据具体情况，统筹安排、合理布置。

### 3.4.7 组合体尺寸标注的方法和步骤

组合体的尺寸标注要完整。要达到尺寸完整的要求，应首先按形体分析法将组合体分解为若干基本体，再注出表示各个基本体大小的尺寸（定形尺寸）以及确定这些基本体间相对位置的尺寸（定位尺寸）。按照这样的分析方法去标注尺寸，就比较容易做到既不遗漏尺寸，也不重复标注尺寸。

【例 3-5】标注图 3-6（a）所示的轴承座的尺寸。

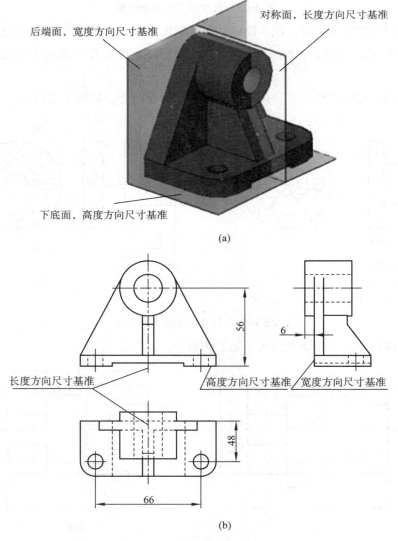

图 3-28 标注定位尺寸

（1）形体分析。根据轴承座的结构特点，将轴承座分解成底板、轴承套、支承板和肋板四个部分，如图 3-6（b）所示。

（2）选定尺寸基准，标注定位尺寸。标注定位尺寸时，必须在长、宽、高三个方向分别选定尺寸基准，作为标注尺寸的出发点。由轴承座的结构特点可知，底板的下底面是轴承座的安装面，下底面可作为高度方向的尺寸基准；轴承座是左右对称的，对称平面可作为长度方向的尺寸基准；底板和支承板的后端面可作为宽度方向的尺寸基准。如图 3-28（a）所示。

根据尺寸基准，按底板、轴承套、支承板、肋板的相对位置，标注定位尺寸。轴承套与底板上下方向的相对位置，须标注轴承套轴线到底面的中心距 56；轴承套与底板前后方向的相对位置，须标注轴承套后端面与支承板后端面的定位尺寸 6；由于轴承座左右对称，长度方向的定位尺寸可以省略不注；标注底板上两个圆孔的定位尺寸 66、48，如图 3-28（b）所示。

（3）逐个注出各基本体的定形尺寸及总体尺寸。根据底板、轴承套、支承板、肋板的各自特点，分别注出其定形尺寸，如图 3-29 所示。底板的长度 90 是轴承座的总长（与定形尺寸重合，不另行注出）；总宽由底板宽度 60 和轴承套在支承板后面伸出的长度 6 所确定；总高由轴承套的定位尺寸 56 加上轴承套外径 42 的一半所确定。

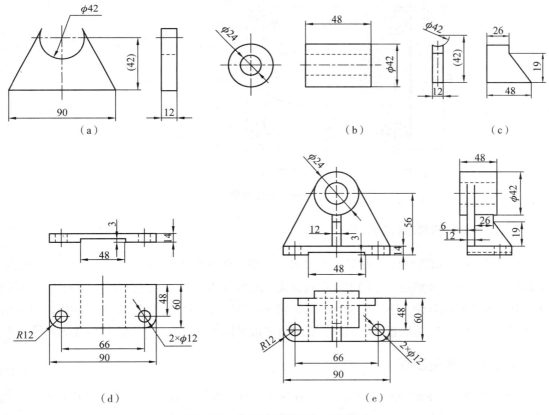

图 3-29 标注定形尺寸和总体尺寸

（a）支承板；（b）轴承套；（c）肋板；（d）底板；（e）完整标注

(4) 检查和调整。按上述步骤注出尺寸后，还要按形体逐个检查尺寸有无重复或遗漏，然后修正并进行适当的调整。

## §3.5 组合体的3D建模

对图 3-30 所示的组合体，进行 3D 建模。

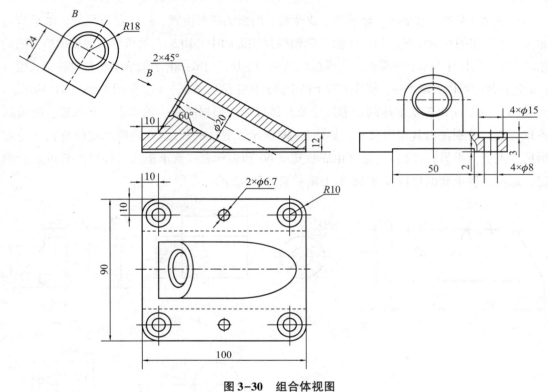

图 3-30 组合体视图

### 3.5.1 组合体结构分析

从图 3-30 所示的组合体视图中可看出，该组合体由底板和斜孔叠加，然后经过通孔、通槽切割后形成，按照组合体的组合形式分类，此组合体应为综合型组合体。斜孔与底板的表面连接形式比较复杂，不属于相切，属于相交中的斜交，这给 3D 建模增加了难度。因此，在建模过程中，应先将底板实体完成，在进行基准平面的转换后，才能进行斜孔的建模。

### 3.5.2 建模步骤

(1) 启动 Pro/ENGINEER Wildfire 5.0 软件，然后单击"新建"命令，弹出对话框，选择"新建"→"实体"，在"名称"文本框输入"zuheti"（不能输入汉字），将"使用缺省模板"复选按钮的"√"去掉，选择"mmns_ part_ solid"选项，最后单击"确定"按钮。

（2）底板雏形建模。单击"草绘"图标，选择"草绘平面"（任意一个平面均可），再单击"确定"按钮。用"矩形"命令绘制尺寸为90×100的底板（约束尺寸使矩形的中心和坐标系的中心重合，便于后续绘图），用"圆形"命令修改底板圆角为 $R10$，退出草绘，选择"拉伸特征"命令，将拉伸高度定为12；选择底板下表面再次草绘，用"矩形"命令绘制一个50×100的矩形，退出草绘，选择"拉伸特征"命令，去除材料高度2，最后形成的底板雏形如图3-31所示。

图3-31　组合体底板雏形

（3）底板安装沉头孔及定位销孔建模。单击"孔"命令，设置孔直径为15、深度为3，在底板上表面上点击左键，设置距离底板外轮廓偏移参照均为10，单击"确定"按钮；再次单击"孔"命令，设置孔直径为8、贯穿，在底板上表面单击左键，按下<Ctrl>键后选择孔直径为15的中心线，单击"确定"按钮；从模型树上选取孔1和孔2，沿着对称面进行镜像操作，依次形成四个安装沉头孔。定位销孔建模方法同上。最终形成的底板实体如图3-32所示。

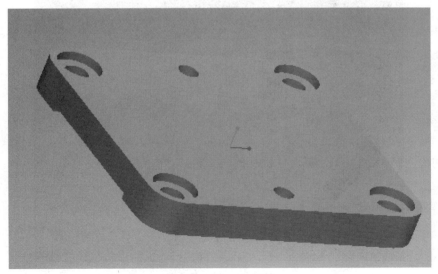

图3-32　组合体底板实体

（4）斜孔建模。单击"草绘"图标，选择"草绘平面"（必须为底板上表面），再单击"确定"按钮。用"直线"命令绘制距离底板左端面为 10 的直线（直线长度任意），单击"确定"按钮；单击基准平面，按下<Ctrl>键后选择直线和底板上表面，输入旋转角（°）为 60，单击"确定"按钮，即建立了新的基准平面 DTM1；以 DTM1 为草绘平面创建斜孔外轮廓，如图 3-33 所示。

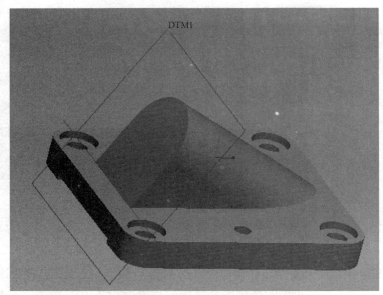

图 3-33　组合体斜孔外轮廓实体

（5）完成组合体实体建模。直径为 20 的通孔建模方法与底板孔的建模方法相同，最后用"边倒角"命令完成 2×45°倒角，形成的组合体如图 3-34 所示。

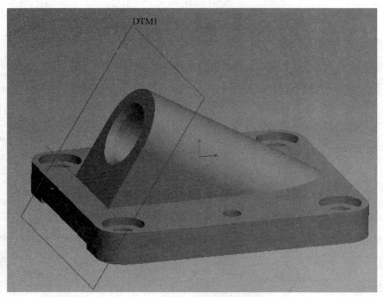

图 3-34　组合体实体

# §3.6 轴测图

## 3.6.1 轴测图的基本知识

多面正投影是工程上应用最广的图样表达方式，但它缺乏立体感、直观性较差，生产中有时也用轴测图作为辅助图样来表达物体的形状。

1. 轴测图的形成

轴测图是将物体连同其参考直角坐标系，沿不平行于任一坐标面的方向，用平行投影法将其投射在单一投影面上所得的具有立体感的图形，轴测图也称轴测投影，如图 3-35 所示。生成轴测图的投影面 $P$ 称为轴测投影面，坐标轴 $O_0X_0$、$O_0Y_0$、$O_0Z_0$ 的轴测投影 $OX$、$OY$、$OZ$ 称为轴测轴，分别简称为 $X$ 轴、$Y$ 轴、$Z$ 轴。

2. 轴间角和轴向伸缩系数

轴测图中，两根轴测轴之间的夹角 $\angle XOY$、$\angle XOZ$、$\angle YOZ$ 称为轴间角。

轴测轴上的单位长度与相应坐标轴上的单位长度的比值，称为轴向伸缩系数，简称伸缩系数。$OX$、$OY$、$OZ$ 轴上的伸缩系数分别用 $p_1$、$q_1$ 和 $r_1$ 表示，从图 3-35 可知

$$p_1=OA/O_0A_0 \quad q_1=OB/O_0B_0 \quad r_1=OC/O_0C_0$$

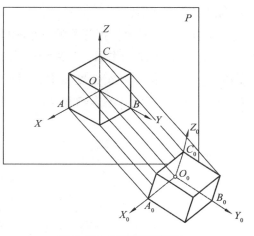

图 3-35 轴测图的形成

为了便于作图，轴测轴 $OX$、$OY$、$OZ$ 的伸缩系数可以简化，简化后的系数称为简化伸缩系数，简称简化系数，分别用 $p$、$q$、$r$ 表示。

3. 轴测图的分类

轴测图分为正轴测图和斜轴测图两大类。当投射方向垂直于轴测投影面时，称为正轴测图；当投射方向倾斜于轴测投影面时，称为斜轴测图。

按照投射方向与轴向伸缩系数不同，轴测图可分为以下六种：

（1）$p=q=r$，称为正等轴测图或斜等轴测图，简称正等测或斜等测；

（2）$p=r\neq q$，称为正二轴测图或斜二轴测图，简称正二测或斜二测；

（3）$p\neq q\neq r$，称为正三轴测图或斜三轴测图，简称正三测或斜三测。

工程中通常采用的是正等测和斜二测，本章只介绍这两种轴测图的画法。

4. 轴测图的投影特性

由于轴测图是采用平行投影法形成的，因此它具有平行投影的投影特性：

(1) 立体上互相平行的线段在轴测图上仍然互相平行；
(2) 立体上两平行的线段或同一直线上的两线段长度之比在轴测图上保持不变；
(3) 立体上互相平行的线段具有相同的轴向伸缩系数。

由此可见，立体表面上平行于各坐标轴的线段，在轴测图上也平行于相应的轴测轴，且只能沿轴测轴的方向，按相应的轴向伸缩系数来度量，这也正是"轴测"二字的含义。

### 3.6.2 正等轴测图

**1. 轴间角和轴向伸缩系数**

如图3-35所示，当三条坐标轴与轴测投影面的倾角相等时，用正投影法得到的投影图称为正等轴测图。

如图3-36所示，正等测的三个轴间角都是120°，各轴向伸缩系数都相等，即 $p_1=q_1=r_1\approx 0.82$。为了便于作图，常采用简化系数，即 $p=q=r=1$。采用简化系数作图时，沿各轴向的所有尺寸都用真实长度量取，简捷方便；画出的图形沿各轴向的长度都放大了约 $1/0.82=1.22$ 倍，但并不影响其立体感。因此，通常直接用简化系数来画正等轴测图。

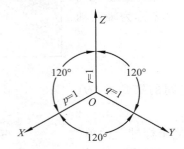

图3-36 正等测轴间角和轴测轴的简化系数

**2. 正等轴测图的画法**

1）平面立体的正等测画法

画轴测图的方法有坐标法和综合法。坐标法是按立体上各顶点的坐标关系画出轴测投影，连线得到轴测图的方法，用于画基本体或叠加型组合体；综合法用于画切割型组合体或综合型组合体。

通常可按下列步骤作出物体的正等测：

(1) 对物体进行形体分析，确定坐标轴；
(2) 作轴测轴，按坐标关系画出物体上的点和线，连线得到物体的轴测图。

应注意在确定轴测轴时，要考虑到：作图简便，有利于按坐标关系定位和度量，并尽可能减少作图线。

【例3-6】根据图3-37所示的正六棱柱两视图，作出其正等轴测图。

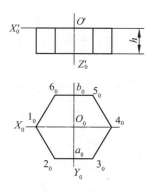

图 3-37　正六棱柱的两视图及坐标系

分析：正六棱柱的顶面和底面都处于水平位置，可选棱柱的对称轴线作为 $Z$ 轴，棱柱顶面的中心 $O$ 为原点。

（1）做轴测图，并在其上量得点 1、$a$、4、$b$。如图 3-38（a）所示。

（2）通过 $a$、$b$ 作 $X$ 轴的平行线，量得点 2、3、5、6，连接各点成为顶面，如图 3-38（b）所示。

（3）由点 6、1、2、3 沿 $Z$ 轴量取 $h$ 得点 7、8、9、10，如图 3-38（c）所示。

（4）连接点 7、8、9、10，加粗可见轮廓线，得到如图 3-38（d）所示结果。

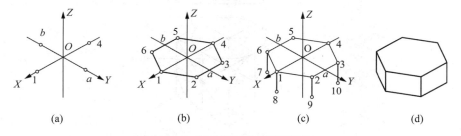

图 3-38　正六棱柱的正等测画法

【例 3-7】根据图 3-39 所示切割型组合体的三视图，作出其正等轴测图。

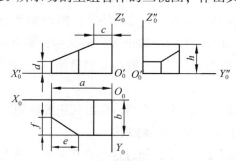

图 3-39　切割型组合体的三视图及坐标系

分析：该物体可以看成由一个长方体切割而成。左上方被一个正垂面切割，前上方再被一个水平面和一个正平面切割。画图时可先画出完整的长方体，然后画出被切割部分。

（1）画轴测轴，按尺寸 $a$、$b$、$h$ 作出长方体的正等测，如图 3-40（a）所示。

（2）根据尺寸 $c$ 和 $d$ 画出长方体左上角被正垂面切割后的正等测，如图 3-40（b）

所示。

（3）再根据尺寸 e 和 f 画出长方体前上方被水平面和正平面切割后的正等测，如图 3-40（c）所示。

（4）擦去辅助线并加深图线，得到如图 3-40（d）所示结果。

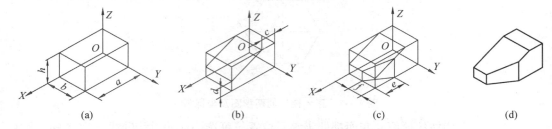

图 3-40　切割型组合体的正等测画法

2) 平行于坐标面的圆的正等测画法

平行于坐标面的圆，其正等测为椭圆。为了简化作图，该椭圆常采用四段圆弧连接的画法近似画出，如图 3-41 所示，画出了正方体表面上三个内切圆的正等测椭圆，图中 d 为圆的直径长度。

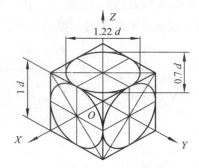

图 3-41　平行于坐标面的圆的正等测画法

从图 3-41 可以看出，平行于坐标面的圆的正等测椭圆的长轴，垂直于与圆平面垂直的坐标轴的轴测图（轴测轴）；短轴则平行于这条轴测轴。例如，平行坐标面 XOY 的圆的正等测椭圆的长轴垂直于 Z 轴，短轴则平行于 Z 轴。用简化系数画出的正等测椭圆其长轴约等于 $1.22d$，短轴约等于 $0.7d$。

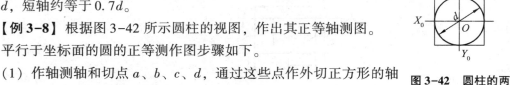

图 3-42　圆柱的两视图及坐标系

【例 3-8】根据图 3-42 所示圆柱的视图，作出其正等轴测图。

平行于坐标面的圆的正等测作图步骤如下。

（1）作轴测轴和切点 a、b、c、d，通过这些点作外切正方形的轴测菱形，并作其对角线，如图 3-43（a）所示。

（2）过点 a、b、c、d 作各边的垂线，交得圆心 $O_1$、$O_2$、$O_3$、$O_4$，其中 $O_1$ 和 $O_2$ 即为短对角线的顶点，$O_3$ 和 $O_4$ 为长对角线的顶点，如图 3-43（b）所示。

（3）分别以 $O_1$、$O_2$ 为圆心，$O_1b$ 为半径，作弧 bc 和 ad；再以 $O_3$、$O_4$ 为圆心，$O_3c$

为半径，作弧 $cd$ 和 $ab$，连成近似椭圆，如图 3-43（c）所示。

（4）用同样方法绘制顶面圆的正等测椭圆，连线后即可得到圆柱的正等测，如图 3-43（d）所示。

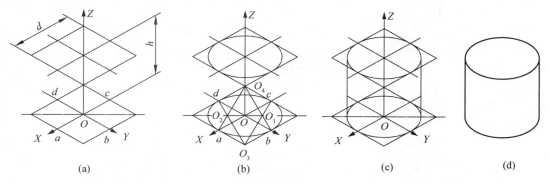

图 3-43　圆柱的正等测画法

【例 3-9】作出如图 3-44 所示轴承座的正等轴测图。

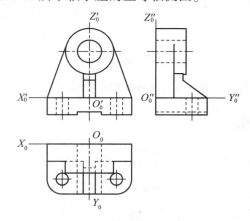

图 3-44　轴承座的三视图及坐标系

分析：轴承座由底板、轴承套、支承板和肋板四部分组成，前文已进行详细分析，确定如图 3-44 所示的坐标轴。

（1）作轴测轴，画出底板及方槽的轮廓，从底板顶面上圆角的切点作切线的垂线，交得圆心后，再分别在切点间作圆弧，得到底板顶面圆角的正等测。再用同样的方法作出底板底面圆角的正等测，然后作右边两圆弧的公切线。确定底板顶面上两个圆孔的圆心，作出这两个孔的正等测椭圆，完成底板的正等测，如图 3-45（a）所示。

（2）确定轴承套后表面圆心的位置，由此确定前表面圆心，画出轴承套前后表面及圆柱孔正等测椭圆，如图 3-45（b）所示。

（3）连接底板与轴承套柱面，作两者的公切线，如图 3-45（c）所示。

（4）作出肋板的正等测，如图 3-45（d）所示。

（5）擦去辅助线并加深图线，作图结果如图 3-45（e）所示。

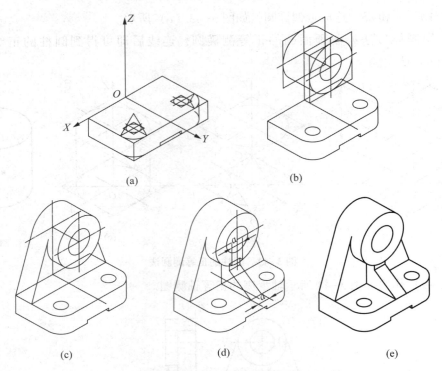

图 3-45 轴承座的正等测画法

### 3.6.3 斜二轴测图

1. 轴间角和轴向伸缩系数

如图 3-46（a）所示，将直角坐标系的坐标轴 $O_0Z_0$ 放于竖直位置，并使坐标面 $X_0O_0Z_0$ 平行于轴测投影面。当投射方向与三个坐标轴都不平行时，形成正二测。在这种情况下，轴测轴 $X$ 和 $Z$ 仍为水平方向和竖直方向，轴向伸缩系数 $p_1=r_1=1$，物体上平行于坐标面 $X_0O_0Z_0$ 的直线、曲线和平面图形在正二测中都反映实长和实形。而轴测轴 $Y$ 方向和轴向伸缩系数 $q_1$ 可随着投影方向的变化而变化，当 $q_1\neq1$ 时，即为斜二测。

为了作图方便，常用的斜二测的 $\angle XOY=\angle YOZ=135°$、$\angle XOZ=90°$、$p_1=r_1=1$、$q_1=0.5$，如图 3-46（b）所示。

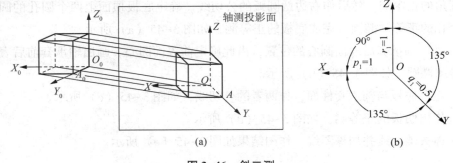

图 3-46 斜二测

2. 平行于坐标面的圆的斜二测画法

图 3-47 所示为正方体表面上三个内切圆的斜二测。正平圆的斜二测仍为大小相同的圆，水平圆和侧平圆的斜二测是椭圆。

作水平圆和侧平圆的斜二测，可用八点法或圆弧近似法作椭圆，但作图都较为麻烦。所以，当物体只有平行于坐标面 $X_0O_0Z_0$ 的圆时，采用斜二测较好，而有平行于其他面的圆时，则选用正等测为宜。

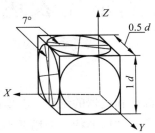

**图 3-47　平行于坐标面的圆的斜二测**

3. 组合体斜二测的画法

斜二测与正等测的作图方法基本相同，当物体上有比较多的平行于坐标面 $X_0O_0Z_0$ 的圆和曲线时，选用斜二测作图更简便，其画法要点与正等测类似，仅仅是轴间角、轴向伸缩系数，以及椭圆的近似作法不同而已。

【例 3-10】作出如图 3-48 所示的圆筒的斜二测。

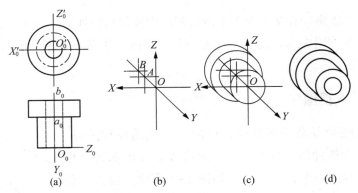

**图 3-48　圆筒的斜二测画法**

分析：圆筒由圆柱和底板叠加而成，并且圆筒沿圆柱轴线上下、左右对称。取底板后面的中心为原点，确定图中所示的坐标轴，如图 3-48（a）所示。

(1) 作轴测轴，并在 $Y$ 轴上按 $q_1 = 0.5$ 确定 $A$、$B$ 点所在的位置，如图 3-48（b）所示。

(2) 分别以 $O$、$A$、$B$ 为圆心，作大、小两个圆柱的斜二测，如图 3-48（c）所示。

(3) 以 $O$ 为圆心，作圆柱孔前表面的斜二测图形，擦去辅助线并加深图线，作图结果如图 3-48（d）所示。

# 第4章 机件的常用表达方法

机件是对机械产品中零件、部件和机器的统称。在实际生产中,机件的结构形状多种多样,在表达它们时,要根据机件的结构形状,采用适当的表达方法,在完整、清晰表达机件结构形状的同时,还要考虑看图方便。因此,国家标准规定了机件的表达方法,包括视图、剖视图、断面图、其他规定画法和简化画法。本章主要介绍一些常用的机件表达方法。

## §4.1 视图

视图就是用正投影法在多面投影中所绘制出物体的结构外形。它主要用于表达物体的可见部分,必要时才用虚线表达其不可见部分。视图包含基本视图、向视图、局部视图、斜视图和旋转视图。

### 4.1.1 基本视图

在表达形状较为复杂的机件时,仅用三个视图往往不够,为了更清晰地表达机件的结构形状,在原有投影面的基础上增设三个投影面,构成一个正六面体,如图4-1所示。以正六面体的六个面为基本平面,将机件放到正六面体内,分别向六个基本平面投影,所得视图称为基本视图。

在基本视图中,除了前面介绍过的主视图、俯视图和左视图之外,还有从右向左投影得到的右视图,从下向上投影得到的仰视图,从后向前投影得到的后视图。其展开方式如图4-2所示,配置关系如图4-3所示。

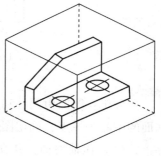

图4-1 六面投影体

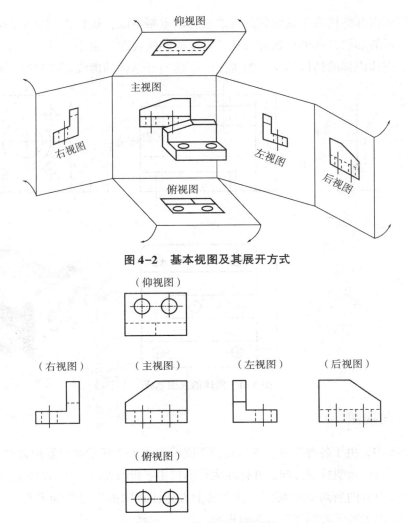

图 4-2 基本视图及其展开方式

图 4-3 基本视图的配置

当六个基本视图按照如图 4-3 所示的位置配置时,称为默认位置,此时无须标写各个视图的名称,即在图 4-3 中,图形上方括号中的视图名称不用标写。

六个基本视图之间仍然符合"长对正、高平齐、宽相等"的投影关系,并且以主视图为基准,在仰视图、俯视图、左视图、右视图中,靠近主视图的一侧为机件的后面,远离主视图的一侧为机件的前面。

在实际应用中,并不是所有的机件都需要画六个基本视图,而是根据机件的形状和结构特点,选用必要的基本视图。一般情况下,优先选用主、俯、左视图。

图 4-4 所示为一个选择基本视图的例子。图中的机件为阀体,按照图示位置,选择能够较全面表达机件形状特征的视图作为主视图,为了表达出内部的结构形状,不可见部分采用虚线画出。考虑到该阀体的左右两端形状不同,若只采用左视图或右视图进行表达,将会产生很多虚线,会影响视图的清晰,也不利于尺寸标注,故分别采用左视图和右视图进行表达。在左视图中,反映阀体内部结构和右端形状的虚线可以省略不画,同样在右视

图中，反映阀体内部结构和左端形状的虚线也可以省略不画，这样视图会更加清晰。为了表达凸台和底板的形状、孔的位置和形状，需要绘制俯视图。由于在其他三个视图中已经清楚地表达了阀体内部的结构形状，俯视图中表达内部结构的虚线可以省略不画。

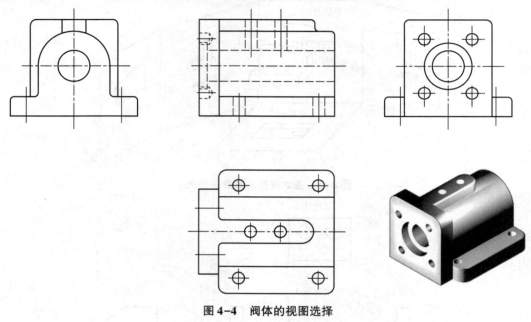

图 4-4 阀体的视图选择

### 4.1.2 向视图

在实际绘图中，由于各种需要，导致视图不能按照图 4-3 所示的位置配置时，可以在相应的视图附近用箭头指明投射方向，并标注大写的拉丁字母（如 $A$、$B$、$C$ 等），然后在合适的位置绘制该投射方向所对应的视图，并在其上方标注相同的字母作为名称，如图 4-5 所示。这种未按投影关系配置的视图称为向视图。

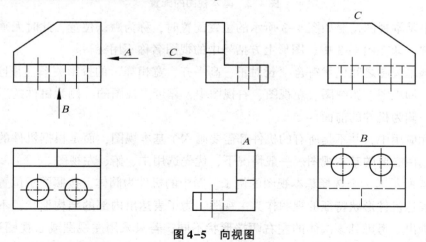

图 4-5 向视图

向视图是基本视图的一种表达形式，主要区别在于视图的配置位置不同。在采用向视图表达时，表示投射方向的箭头尽可能配置在主视图上；表示后视图的投射方向时，应将箭头配置在左视图或右视图上。

### 4.1.3 局部视图

当采用适当数量的基本视图后，该机件仍有部分结构形状未表达清楚，且又没有必要再绘制其他完整的基本视图时，可以单独将这一部分结构形状向基本投影面投射。这种将机件的某一部分向基本投影面投射所得到的视图称为局部视图。如图4-6所示，在画出了主视图和俯视图后，仍然有两侧的凸台形状和左下侧肋板的厚度未表达清楚，此时再画出完整的左视图和右视图，显然没有必要。因此，可画出局部视图 $A$ 和局部视图 $B$ 来表达上述结构。

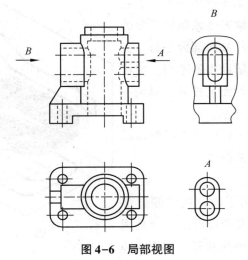

图4-6 局部视图

局部视图的画法和标注。

（1）绘制局部视图时，一般在局部视图的上方标注大写拉丁字母（如 $A$、$B$、$C$ 等）作为局部视图的名称，并在相应的视图附近用箭头指明投射方向，并标注同样的字母。

（2）当局部视图按照基本视图的形式配置（如图4-6中的局部视图 $B$），且中间没有其他视图隔开时，视图名称可省略标注。当局部视图按照向视图的形式配置时（如图4-6中局部视图 $A$），此时视图名称不能省略。

（3）局部视图的断裂边界通常用波浪线表示（如图4-6中局部视图 $B$）。当所表示的局部结构是完整的，且外轮廓又是封闭图形时，波浪线可省略不画（如图4-6中局部视图 $A$）。

用波浪线作为断裂线时，注意波浪线不应超出断裂机件的轮廓线，应画在机件的实体上，不应画在孔洞等空白处，同时也尽量避免波浪线和原有的轮廓线重合。图4-7用正误对比说明了波浪线的正确画法。

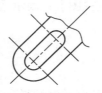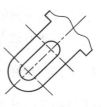

　　　　不应超出轮廓　　　不作为图线延长线　　　　正确

图 4-7　波浪线正误画法

### 4.1.4　斜视图

若机件中存在倾斜（即不平行于任何基本投影平面）的结构，此时基本视图中无法表达该部分的实形。为了清晰地表达该倾斜部分的实形，可以增加一个与机件倾斜部分平行、且垂直于一个基本投影面的辅助投影平面。将机件中倾斜的结构向辅助投影面上投射，得到一个斜置的图形，如图 4-8 所示。

这种将机件向不平行于任何基本投影面的平面投射所得的图形称为斜视图。

斜视图的画法和标注。

（1）斜视图通常只用于表达机件倾斜部分的实形，其余部分不需要全部画出，而是用波浪线或双折线、细双点画线断开，如图 4-9 所示。

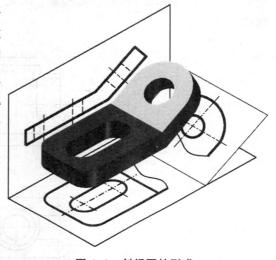

图 4-8　斜视图的形成

（2）斜视图可按基本视图的形式配置，也可按向视图的形式配置。无论斜视图如何配置，都要标注视图的名称和相应的投射方向，如图 4-9（a）所示。在不致引起误解时，允许将斜视图旋转后画出，但在标注视图名称时需要加注旋转符号"↶"或"↷"，如图 4-9（b）所示。

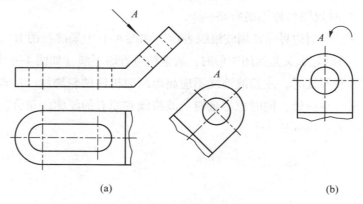

(a)　　　　　　　　　　　　(b)

图 4-9　斜视图的画法和标注

## §4.2 剖视图

视图主要用于表达机件的外形，而内部不可见形状用虚线来表示。当机件的内部形状比较复杂时，视图中就会出现很多虚线，既影响视图的清晰，又不利于看图和标注尺寸，如图4-10所示。为了解决这个问题，国家标准中规定了剖视图的表达方法。

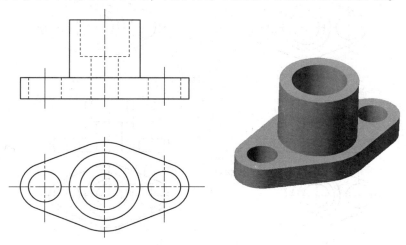

图4-10 机件的视图和立体图

### 4.2.1 剖视图的概念和基本画法

**1. 剖视图的基本概念**

为了清楚地表达机件的内部结构，用假想的剖切面剖开机件，将处于观察者和剖切面之间的部分移除，将其余部分向投影面投射所得的图形称为剖视图，如图4-11所示。

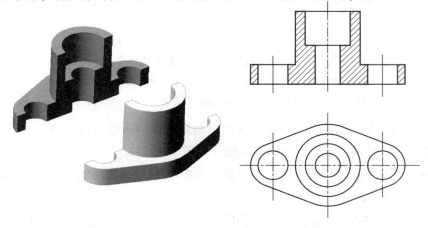

图4-11 剖视图的概念

## 2. 剖视图的基本画法

以图 4-11 所示机件的主视图为例说明画剖视图的方法和步骤。

(1) 用细实线画出机件的视图，如图 4-12（a）所示。

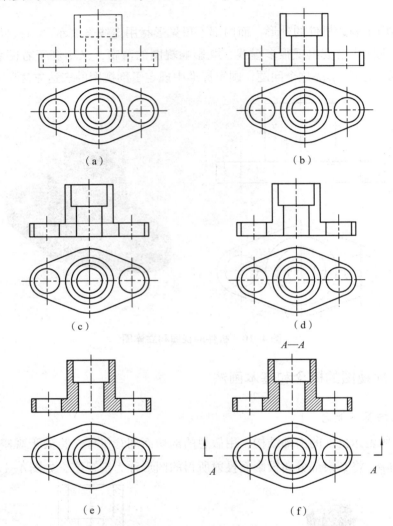

图 4-12 剖视图的画法

(a) 画出视图底稿；(b) 画出剖面区域；(c) 画出剖切后可见部分；
(d) 去除已剖去的轮廓线；(e) 画出剖面符号；(f) 标注剖视图

(2) 确定剖切平面的位置，用粗实线画出剖面区域。选取通过孔的轴线的剖切平面，画出剖切平面与机件的交线，得到剖面区域，如图 4-12（b）所示。

(3) 画出剖切平面后的可见部分的投影，如图 4-12（c）所示；去除原视图中已剖去的轮廓线，如图 4-12（d）所示。

(4) 在剖区域内画上剖面符号，如图 4-12（e）所示。剖面符号一般与机件的材料有关，应遵循表 4-1 中的规定，以表示该机件材料的类别。金属材料的剖面符号也称剖面线，一般是与水平方向成45°的细实线。

（5）标注剖切符号和剖视图的名称。剖切符号由粗短画和箭头组成，粗短画表示剖切平面的位置，箭头表示投射方向。在剖切符号附近还要注写相同的大写拉丁字母（A，B，C，…），并在剖视图上方用相同的字母注写剖视图名称（A—A，B—B，C—C，…），如图4-12（f）所示。

表4-1 常见材料的剖面符号

| 金属材料（已有规定剖面符号者除外） | 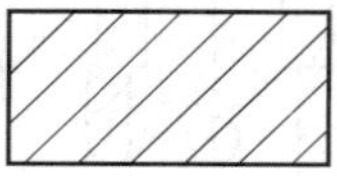 | 木质胶合板（不分层数） | 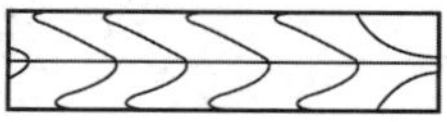 |
|---|---|---|---|
| 线圈绕组元件 | 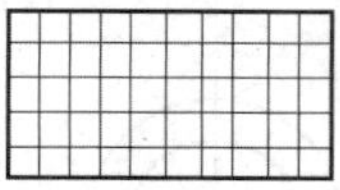 | 基础周围的泥土 | 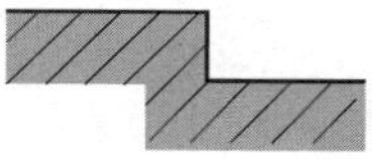 |
| 转子、电枢、变压器、电抗器等的叠钢片 | 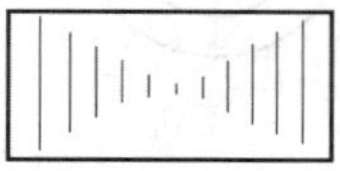 | 混凝土 | 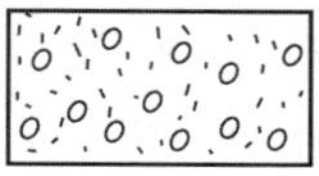 |
| 非金属材料（已有规定剖面符号者除外） | 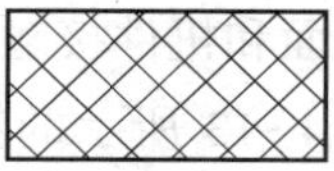 | 钢筋混凝土 | 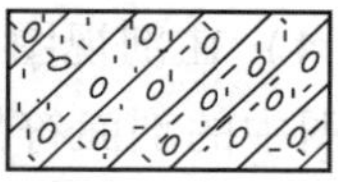 |
| 型砂、填砂、粉末冶金、砂轮、陶瓷刀片、硬质合金刀片等 | 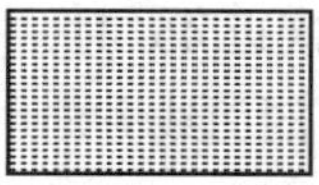 | 砖 | 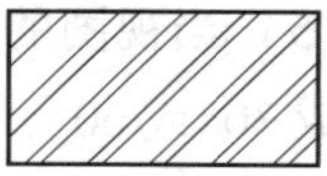 |
| 玻璃及供观察用的其他透明材料 | 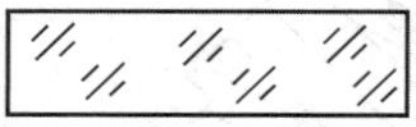 | 格网（筛网、过滤网等） |  |
| 木材 | 纵断面 | 液体 | 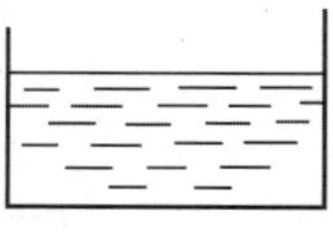 |
| | 横断面 | | |

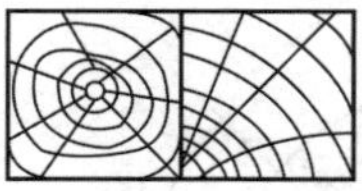

3. 画剖视图的注意事项

（1）剖视图是假想将机件剖开后再投影，而实际上物体仍然是完整的，故其他视图的表达应按完整的机件画出。如图4-12中，主视图为剖视图，但俯视图仍然画出完整的机件。

(2）为了能够清晰、真实地表达机件的内部结构，剖切平面的位置应尽量通过机件的对称面或轴线，且平行或垂直于投影面。

(3）剖切平面后方的可见部分要全部画出。如图 4-13 所示的错误表达中便遗漏了可见轮廓线。

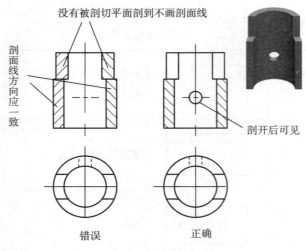

图 4-13　剖视图的正误画法

(4）在剖视图中，剖面符号要画在剖切平面和机件接触的剖面区域内，且同一机件不同视图中的剖面符号的方向和间距应一致。图 4-13 所示的错误表达中，剖面线的区域错误，且方向不一致。

(5）当视图的轮廓线和水平方向成 45°或接近 45°时，视图中的剖面线应画成与水平方向成 30°或 60°，其倾斜方向仍与其他视图的剖面线方向一致，如图 4-14 所示。

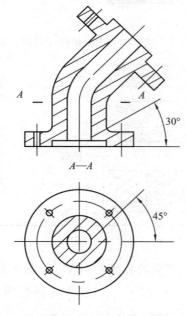

图 4-14　剖面线的正确画法

(6) 在标注剖视图时，当剖视图按投影关系配置，中间又没有其他视图隔开时，可省略箭头；当剖切平面通过机件对称面，且剖视图按照投影关系配置时，可省略标注。如图 4-15 所示。

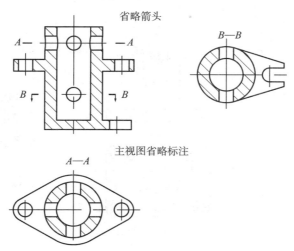

图 4-15　剖视图的标注

## 4.2.2　剖视图的分类

画剖视图时，可以将整个视图全部画成剖视图，也可以将视图中的一部分画成剖视图。国家标准中，按照剖切范围将剖视图分为全剖视图、半剖视图和局部剖视图。

1. 全剖视图

用剖切平面将机件完全剖开后所得到的剖视图称为全剖视图。图 4-11、图 4-14、图 4-15 都属于全剖视图。

全剖视图主要用于表达外部结构简单、内部结构复杂的不对称机件。对于外部结构简单的对称机件，为了清晰表达内部结构、便于标注尺寸，也可采用全剖视图。

2. 半剖视图

用剖切平面剖开机件的一半所得的剖视图称为半剖视图。

半剖视图主要用于内、外结构都需要表达的对称机件或近似对称机件。如图 4-16 所示，机件内部较为复杂，为了清晰表达内部结构需要采用剖视图，但是若采用全剖视图，机件主视图中前方的凸台无法表达出结构形状，俯视图上方的方形板无法表达结构形状。考虑到机件左右对称、前后近似对称，此时可采用半剖视图。

半剖视图的画法、标注方法与全剖视图相同。如图 4-16 所示，在主视图位置的剖视图中，剖切平面通过对称平面且按投影关系配置，故可以省略标注；在俯视图位置的剖视图中，剖切平面不通过对称面，故不能省略剖切符号和名称。

画半剖视图时需要注意以下 3 点。

（1）剖切是假想的，所以剖视图和视图的分界线规定画成细点画线，而非粗实线。

(2) 由于机件是对称的，其内部结构已经在半个剖视图中表达清楚，所以另外半个视图中的虚线可省略不画。

(3) 若机件的形状接近于对称，且不对称部分已经在其他视图中表达清楚时，也可采用半剖视图。

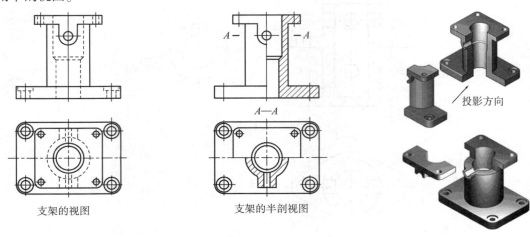

图 4-16 半剖视图

## 3. 局部剖视图

用剖切平面局部地剖开机件所得的剖视图称为局部剖视图，如图 4-17 所示。

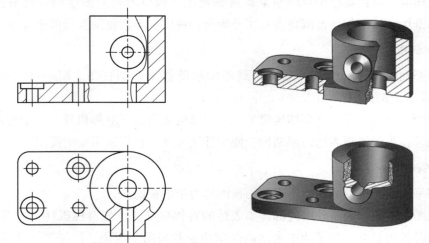

图 4-17 局部剖视图

局部剖视图使用起来比较灵活，不受机件是否对称的限制，剖切位置和剖切范围可根据需要确定。当机件只有局部内部结构需要表达，且机件不对称时，如图 4-17 所示；或当对称机件的轮廓线在投影上与对称中心线重合，不宜采用半剖视图时，如图 4-18 所示，这时可以采用局部剖视图来表达。例如，当轴、手柄等实心杆件上有孔或键槽时，通常采用局部剖视图，如图 4-19 所示。

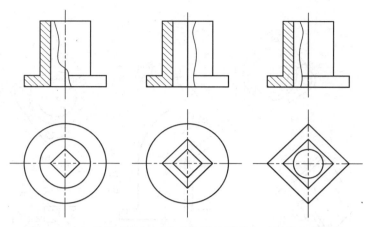

图 4-18　机件轮廓线与对称中心线投影重合时的局部剖视图

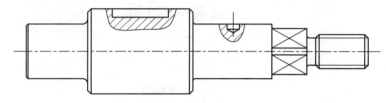

图 4-19　局部剖视图表达实心杆件上的孔和键槽

局部剖视图的注意事项如下。

（1）局部剖视图与外形轮廓视图的分界线一般用波浪线表示，波浪线的画法要求与局部视图相同，如图 4-7 所示。

（2）同一视图中，不宜采用过多的局部剖视图，否则会影响图面的清晰度。

（3）当局部剖视图的剖切位置比较明显时，一般不必标注。

### 4.2.3　剖切平面的分类及剖切方法

根据机件的结构特点，剖开机件的剖切面有单一剖切面、几个相交的剖切面、几个平行的剖切面三种情况。

**1. 单一剖切面**

用单一剖切面剖切机件的方法称为单一剖。此种情况下的剖切平面一般平行于基本投影面，但也可倾斜于基本投影面。前面所述的全剖视图、半剖视图、局部剖视图，都是用平行于某一基本投影面的单一剖切面剖开机件后所得到的视图。

如图 4-20 所示，当机件上倾斜部分的内部结构在基本投影面上不能反映实形时，可以用一个与倾斜部分平行且垂直于某一基本投影面的平面剖切，并向平行于剖切面的平面上投影，得到该部分内部结构的实形，如图 4-20 中的 $A—A$ 视图。这种用不平行于基本投影面的剖切平面剖开机件的方法称为斜剖。

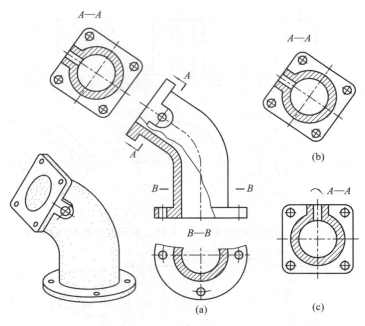

图 4-20 斜剖视图

斜剖视图必须标注剖切符号、箭头、字母，并在斜剖视图的上方标注"×—×"，如图 4-20 中的"A—A"。采用斜剖视图表达时，最好按投影关系配置，如图 4-20（a）所示；必要时也可放置在其他位置，如图 4-20（b）所示；在不引起误解的情况下，也可将斜剖视图转正画出，但被旋转视图上方应标注出旋转符号（同斜视图），剖视图的名称应靠近旋转符号的箭头端，如图 4-20（c）所示。

2. 几个相交的剖切面

用几个相交的剖切平面剖开机件的方法称为旋转剖。

旋转剖主要用于表达具有回转中心，其孔、槽等不在同一平面内，却沿着某一中心均匀分布的机件，如法兰、轮盘、皮带轮等盘盖类零件。

如图 4-21 所示，机件中间有孔，四周分布着小孔，凸台上有长形孔，此时只用一个剖切平面不能完整地表达内部结构，但是由于该机件具有回转轴线，可以采用旋转剖。假想两个相交的剖切平面，它们的交线与回转轴线重合，两个平面分别通过所要表达的孔、槽来剖开机件，使其中一个剖切面与基本投影面平行，然后将与基本投影面不平行的剖切平面剖开的结构及其相关部分旋转到与基本投影面平行的位置，再进行投影，此时在剖视图上就可以清楚地表达出孔、槽的内部结构。

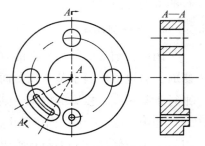

图 4-21 旋转剖视图

在采用旋转剖绘图时，需要标注剖切符号、投射方向和剖视图的名称，并在剖切平面的起始、转折和终止处标出相同的字母，如图 4-21 所示。当转折处位置较小时，可以省略此处字母，如图 4-21 所示。

旋转剖视图的注意事项如下。

（1）剖切平面的交线与回转轴线重合，且垂直于某一基本投影平面。

（2）旋转剖视图是按照"先剖切后旋转"的顺序绘制的。

（3）位于剖切平面后，与所表达的结构关系不甚密切的结构，或旋转后容易引起误解的结构，一般仍按原来的位置进行投影。

（4）当剖切后产生不完整要素时，该部分的表达按不剖处理，如图 4-22 中的中臂。

旋转剖可用于展开画法，此时剖视图上的图名应标注"×—×展开"，如图 4-23 所示。

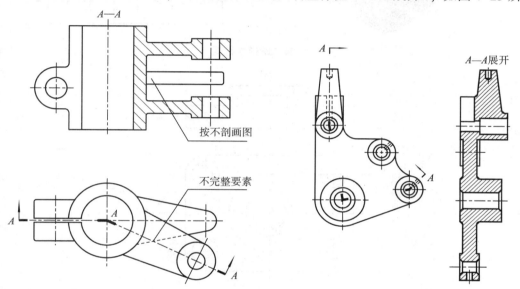

图 4-22　剖切后产生不完整要素的结构按不剖画　　　图 4-23　展开画法

3. 几个平行的剖切面

用几个平行的剖切平面剖开零件的方法称为阶梯剖。

阶梯剖主要用来表达机件在几个平行平面中不同层次的内部结构。如图 4-24 所示，机件左侧的沉头孔和右侧的通孔机构都需要表达出来，但是孔的轴线又不在同一平面内，无法用单一的剖切平面同时表达两个孔的结构，这时可以采用一组互相平行的剖切平面依次剖开需要表达的结构，再向投影面进行投影。

采用阶梯剖绘图时，需要标注剖切符号、投射方向和剖视图的名称，并在剖切平面的起始、转折和终止处标出相同的字母，如图 4-25 所示。当转折处位置较小时，可以省略此处字母。当剖视图按照投影关系配置，中间又没有其他图形隔开时，可以省略投射方向，如图 4-24 所示。

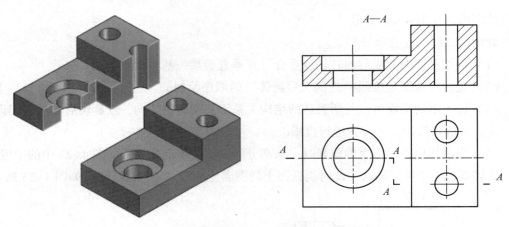

图 4-24　阶梯剖视图

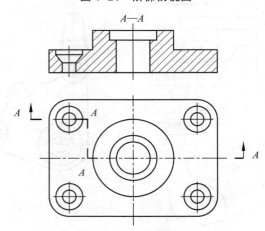

图 4-25　阶梯剖的标注

阶梯剖视图的注意事项如下。

（1）剖切平面的转折处不应与机件的轮廓线重合，如图 4-26（a）所示。

（2）阶梯剖中剖切平面的转折处不画任何图线，如图 4-26（b）所示。

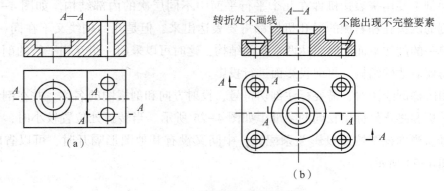

图 4-26　阶梯剖的错误画法

（3）剖视图中不应出现不完整的要素，如图 4-26（b）所示。

（4）当机件上两个结构在图形上有公共对称中线或轴线时，可以以对称中心线或轴线作为剖切平面的转折处,如图 4-27 所示。

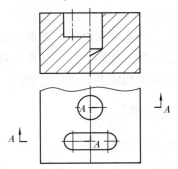

图 4-27　具有公共对称中心线或轴线时的阶梯剖画法

上述几种剖切面可以单独使用,也可以把几种剖切面组合起来使用,惯称复合剖,如图 4-28 所示。

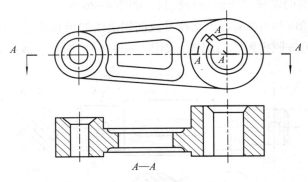

图 4-28　复合剖视图

## §4.3　断面图

### 4.3.1　断面图的基本概念

假想用剖切平面将机件的某处断开,仅画出断面的图形称为断面图,如图 4-29 所示。

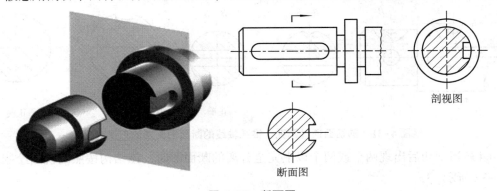

图 4-29　断面图

由图 4-29 可以看出，断面图与剖视图的区别在于：断面图只需要画出机件被剖切处断面的图形；而剖视图除了要画出断面图形外，还要画出剖切平面后面机件的可见轮廓线。相比之下，在仅需要表达轴上键槽的深度时，断面图比剖视图更加清晰。所以断面图主要用于表达机件某部分的断面形状，如轴、杆上的孔、键槽等结构。为了得到断面结构的实形，剖切平面应垂直于机件的轴线或剖切处的轮廓线。

### 4.3.2 断面图的分类及画法

断面图分为移出断面图和重合断面图。

**1. 移出断面图的画法和标注**

画在视图之外的断面图称为移出断面图，如图 4-29 所示。

1）移出断面图的画法

（1）移出断面图的轮廓线用粗实线绘制，如图 4-30 所示。

（2）移出断面图应尽量配置在剖切符号或剖切迹线的延长线上，如图 4-30（a）、（b）所示。必要时，也可按照投射方向配置，如图 4-30（c）所示；或配置在其他位置，如图 4-30（d）所示。

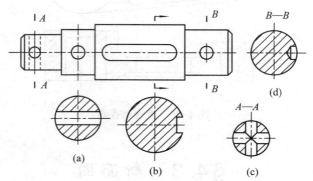

图 4-30 移出断面图

（3）当剖切平面通过回转面形成的孔或凹坑的轴线时，这些结构按照剖视图绘制，如图 4-31 所示。

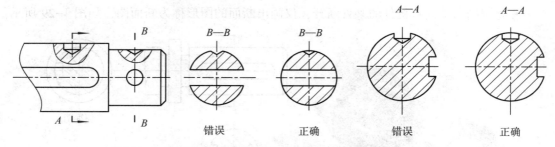

图 4-31 剖切面通过圆孔、锥孔轴线的断面图画法的正误对比

（4）当剖切后出现两个或两个以上完全分离的断面图时，该结构按照剖视图绘制，如图 4-32 所示。

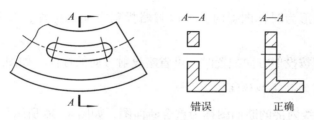

图 4-32 移出断面产生分离时的正误对比

（5）由两个或多个相交剖切平面剖切得出的断面图，中间一般应断开，如图4-33所示。

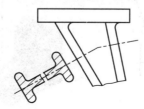

图 4-33 两相交剖切平面的移出断面图

（6）对称的移出断面图可以画在视图的中断处，如图4-34所示。

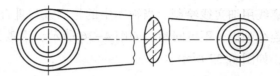

图 4-34 移出断面图画在中断处

2）移出断面图的标注

移出断面图的标注方法和剖视图近似，一般用剖切符号或剖切迹线表示剖切位置，并注写字母"×—×"，用箭头表示投射方向，在断面图的上方用相同的字母标出断面图的名称"×—×"，如图4-35所示。

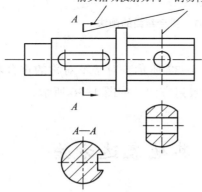

图 4-35 移出断面图的标注

标注移出断面图时应当注意以下3点。

（1）当断面图配置在剖切符号或剖切迹线的延长线上时，可以省略名称，如图4-30（a）、（b）所示。

（2）当断面图形为对称图形时，可以省略投射方向的标注，如图4-30（a）、（d）所示。

（3）当断面图按投射方向配置时，可省略投射方向的标注，如图4-30（c）所示。

2. 重合断面图的画法和标注

画在视图轮廓线内部的断面图称为重合断面图，如图4-36所示。

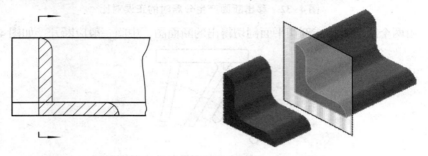

图4-36　重合断面图

1）重合断面图的画法

重合断面图的轮廓线用细实线绘制。当视图中的轮廓线与重合断面图的图线重合时，视图中的轮廓线仍应连续画出，不可间断，如图4-36所示。为重合断面被画成局部视图时，一般不画波浪线，如图4-37所示。

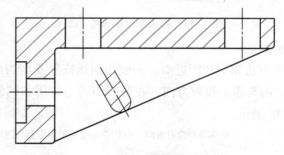

图4-37　重合断面的画法

2）重合断面图的标注

对称的重合断面图不必标注，如图4-37所示。对于不对称的重合断面图，要用剖切符号表示剖切平面的位置，用箭头表示投射方向，如图4-36所示。

## §4.4　其他表达方法

### 4.4.1　局部放大图

机件中的一些细小结构，由于受图形大小所限，经常会表达不清楚或无法标注尺寸，为了清晰地表达该部分结构，可用大于原图形所采用的比例画出该部分结构，此时所得的图形称为局部放大图,如图 4-38 所示。

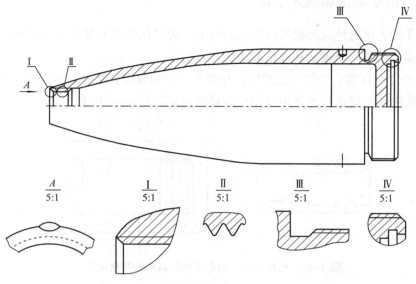

图 4-38 局部放大图（一）

绘制局部放大图时,应用细实线圈出被放大的部位,并尽量配置在被放大部位的附近。当机件上多个部位被放大时,须用罗马数字依次标明被放大的部位,并在局部放大图上方标注相应的罗马数字和所采用的比例,如图 4-38 所示。当机件上只有一处被放大时,仅在局部放大图上标注所采用的比例即可。

绘制局部放大图时须注意以下 5 点。

（1）局部放大图上方标注的比例是实际比例,不是与原图的比例。

（2）局部放大图可以采用视图、剖视图、断面图,它的表达方法与原视图无关。

（3）在必要时,可以采用几个视图来表达同一个被放大的部位,如图 4-38 所示的局部放大视图 $A$ 和 $I$ 。

（4）局部放大视图中,被放大的部分与整体的断裂处一般用波浪线表示,画波浪线的要求与局部视图相同。

（5）在同一机件上,当不同部位的局部放大图相同或对称时,只需画出一个即可,如图 4-39 所示。

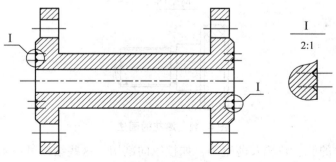

图 4-39 局部放大图（二）

### 4.4.2 简化画法和规定画法

在能够准确表达机件的形状和结构的前提下，为了使绘图和读图更加简便，国家标准中规定了一些常用的简化画法和规定画法。

（1）当机件中有若干个相同的结构，并按照一定的规律分布时，只需画出几个完整的结构，其余的用细实线连接并注明该结构的总数即可，如图 4-40 所示。

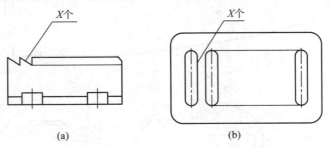

图 4-40 成规律分布的若干相同结构的简化画法

（2）当机件上有若干个直径相同且成规律分布的孔时，可以仅画出几个，其余的用细点画线表示出中心位置，并在图中标注出相同孔的总数即可，如图 4-41 所示。

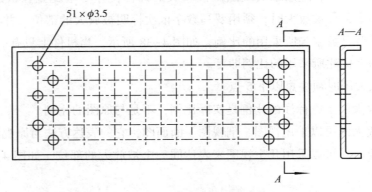

图 4-41 成规律分布的相同孔的简化画法

（3）网状物、编织物或机件上的滚花部分，可以在轮廓线附近用细实线画出一部分，并在图中或技术要求中注明这些结构的具体要求，如图 4-42 所示。

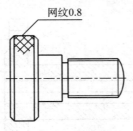

图 4-42 滚花的画法

（4）对于机件的肋、轮辐及薄壁等，如按纵向剖切，这些结构可不画剖面符号，仅用粗实线将该结构与邻接部分隔开，如图 4-43 所示。

(5) 当图形不能充分表达平面时，可用平面符号（两条相交的细实线）表示，如图4-44所示。

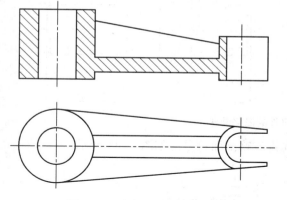

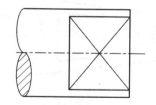

图4-44 小平面的表示方法

图4-43 剖视图中肋的画法

(6) 当回转体结构上均匀分布的肋、轮辐、孔等，不被剖切平面剖到时，将这些结构旋转到剖切平面的位置画出，如图4-45所示。

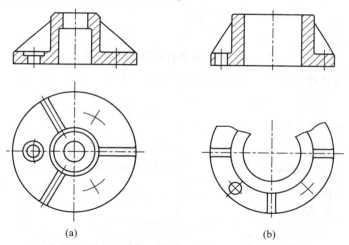

图4-45 回转体上均匀分布的肋、孔的简化画法

(7) 在不引起误解时，对称机件的视图可以只绘制一半或四分之一，并在对称中心线的两端画出对称符号（两条与对称中心线垂直的平行细实线），如图4-46所示。

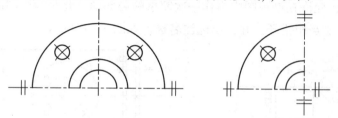

图4-46 对称机件的表达方法

(8) 对于较长的机件，当其沿长度方向的形状一致或按一定规律变化时，可断开后缩短绘

制，但在标注尺寸时要标注实际尺寸，断裂处可用波浪线或细双点画线表示，如图 4-47 所示。

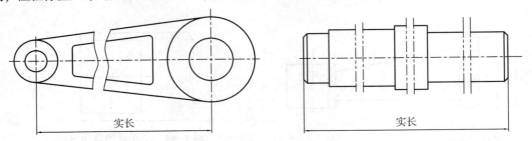

图 4-47　较长机件的简化画法

（9）在不至于引起误解时，移出断面图允许省略剖面符号，如图 4-48 所示。

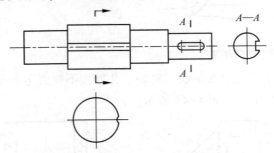

图 4-48　省略剖面符号的移出断面图

（10）在需要表达位于剖切平面前端的结构时，可用双点画线绘制这些假想结构，如图 4-49 所示。

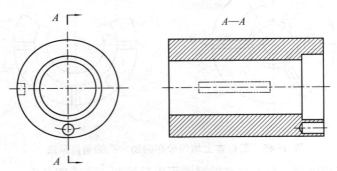

图 4-49　假想画法

（11）必要时，允许在剖视图中再作一次简单的局部剖，此时两个剖面的剖面线方向、间隔均相同，但是要互相错开，并引出标注名称，如图 4-50 所示。

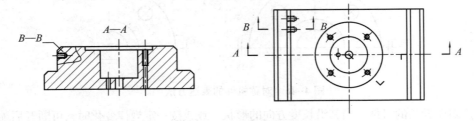

图 4-50　剖视图中再作一次局部剖

（12）当机件上的斜度和锥度较小时，若在一个视图中已经表达清楚，其他视图可按小端画出，如图 4-51 所示。

（13）当机件上较小的结构具有斜度或锥度时，若已经在一个视图中表达清楚，其他视图可以简化或省略，如图 4-52 所示。

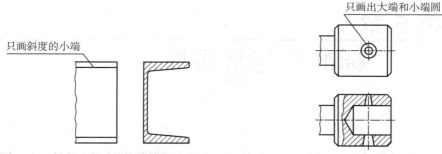

图 4-51 斜度不大时结构的简化画法　　　图 4-52 较小结构的简化画法

（14）机件上对称结构的局部视图，可直接在视图旁画出完整实形，省略波浪线和标注，如图 4-53 所示。

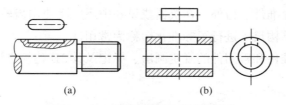

图 4-53 对称结构局部视图的画法

（15）在不引起误解时，图形中的相贯线和过渡线可以简化成圆弧或直线，如图 4-53 所示。

（16）圆柱形法兰或类似机件上均匀分布的孔，可按图 4-54 所示的方式画出。

（17）与投影面之间的倾斜角度小于、等于 30°的圆或圆弧，其投影可用圆或圆弧代替，如图 4-55 所示。

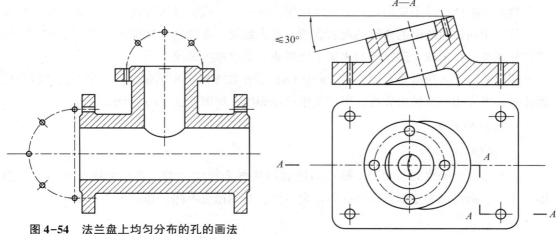

图 4-54 法兰盘上均匀分布的孔的画法　　　图 4-55 倾斜圆或圆弧（倾斜角度≤30°）的简化画法

105

# 第5章 标准件与常用件

在各种机器和设备中，广泛使用螺纹紧固件和连接件进行连接或固定，如螺钉、螺栓、螺柱、螺母、垫圈、键、销、弹簧、滚动轴承等。由于这些紧固件或连接件用途广、产量大，为便于设计、制造与使用，国家对其结构、尺寸全部进行了标准化，并称这些符合标准规定的机件为标准件。另外，在机器或设备中还广泛使用齿轮、花键、焊接件等零件，这些零件的部分结构尺寸进行了标准化，称为常用件。

本章主要介绍标准件和常用件的规定画法、标记及其3D建模方法。

## §5.1 螺纹及螺纹紧固件

### 5.1.1 螺纹

**1. 螺纹的形成**

螺纹是机械产品中最为常见的标准结构，在圆柱、圆锥等回转面上沿着螺旋线所形成的、具有相同轴向断面的连续凸起和沟槽，称为螺纹。在圆柱、圆锥等外表面上形成的螺纹称外螺纹，在圆柱、圆锥等内表面上所形成的螺纹称内螺纹。

螺纹的加工方法很多，图5-1（a）、（b）表示在车床上车削螺纹；在加工直径较小的螺孔时，可先用钻头钻出光孔，再用丝锥攻制螺纹，如图5-1（c）所示。

**2. 螺纹的要素**

1）牙型

在通过螺纹轴线的断面上，螺纹的轮廓形状称为螺纹牙型。常见的螺纹牙型有三角形、梯形、锯齿形和矩形等。螺纹的牙型不同，其用途也不同，如图5-2所示。

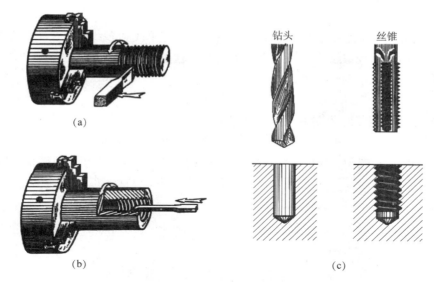

图 5-1 螺纹的加工方法

(a) 车削外螺纹；(b) 车削内螺纹；(c) 钻孔、攻内螺纹

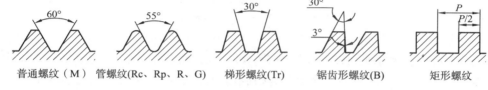

图 5-2 螺纹的牙型

2) 直径

(1) 公称直径。公称直径是代表螺纹尺寸的直径，指螺纹大径的基本尺寸。

(2) 大径。大径是与外螺纹的牙顶或内螺纹的牙底相切的假想圆柱的直径，内、外螺纹的大径分别以 $D$ 和 $d$ 表示。

(3) 小径。小径是与外螺纹的牙底或内螺纹的牙顶相切的假想圆柱的直径，内、外螺纹的小径分别以 $D_1$ 和 $d_1$ 表示。

(4) 中径。中径是母线通过牙型上沟槽和凸起宽度相等的地方的假想圆柱的直径，内外螺纹的中径分别用 $D_2$ 和 $d_2$ 表示，如图 5-3 所示。

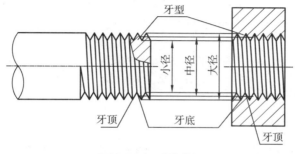

图 5-3 螺纹的直径

3）线数 $n$

在同一回转面上加工螺纹的数量称为线数。螺纹有单线和多线之分。沿一条螺旋线所形成的螺纹，称为单线螺纹；沿两条或两条以上，且在轴向等距分布的螺旋线所形成的螺纹，称为多线螺纹，如图5-4所示。

4）螺距和导程

（1）螺距 $P$。相邻两牙在中径线上对应两点间的轴向距离，称为螺距。

（2）导程 $P_h$。同一条螺旋线上的相邻两牙在中径线上对应两点间的轴向距离，称为导程，如图5-4所示。螺距、导程、线数之间的关系为：$P=P_h/n$；对于单线螺纹，$P=P_h$。

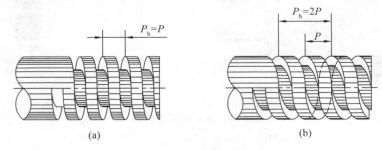

图5-4 螺纹的线数、螺距和导程

（a）单线螺纹；（b）双线螺纹

5）旋向

螺纹分右旋和左旋两种，按顺时针方向旋入的螺纹，称为右旋螺纹；按逆时针方向旋入的螺纹，称为左旋螺纹。可按图5-5所示的方法判断螺纹的旋向。工程上常用右旋螺纹。

只有上述五要素均相同的内、外螺纹，才能互相旋合。为了便于设计、制造和选用，国家标准中对牙型、直径、螺距这三个要素作了规定：凡这三项都符合标准的，称为标准螺纹；牙型符合标准，而直径或螺距不符合标准的，称为特殊螺纹；牙型不符合标准的，称为非标准螺纹。

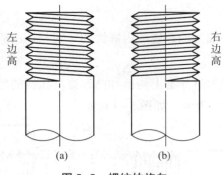

图5-5 螺纹的旋向

（a）左旋；（b）右旋

3. 螺纹的结构

1）倒角和倒圆

为了便于装配和防止螺纹的起始圈损坏，常把螺纹的起始处加工成一定的形状，如倒角、倒圆等，如图5-6（a）所示。

2）螺尾和退刀槽

制造螺纹时，因加工的刀具要退离工件，螺纹的末尾部分向光滑表面过渡的牙底的不完整螺纹，称为螺尾。要消除螺尾，须在螺纹的终止处加工出一个槽，称为退刀槽，如图5-6（b）所示。

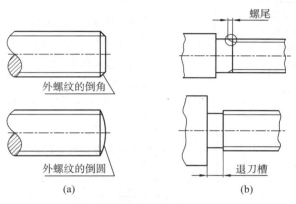

图 5-6　螺纹的结构

（a）倒角和倒圆；（b）螺尾和退刀槽

4. 螺纹的规定画法

螺纹的结构要素都已标准化，国家标准对螺纹的画法作了规定，见表5-1。

表 5-1　螺纹的规定画法

| 名称 | 规定画法 | 说明 |
|---|---|---|
| 外螺纹 | （图示：外螺纹规定画法，标注螺纹终止线、$d$、$0.85d$、$C1$、小径、大径、倒角圆不画；下方为剖视图，标注螺纹终止线） | 1. 螺纹牙顶圆的投影画成粗实线；螺纹牙底圆的投影画成细实线（小径通常按大径的0.85倍绘制），螺杆的倒角或倒圆部分也应画出<br>2. 螺纹终止线画成粗实线<br>3. 在投影为圆的视图中，表示牙底圆的细实线只画约3/4圈，倒角圆省略不画<br>4. 无论是外螺纹还是内螺纹，在剖视图或断面图中的剖面线均应画到粗实线 |
| 内螺纹 | （图示：内螺纹规定画法，标注大径、小径、$D$、$0.85D$、螺纹终止线） | |

· 109 ·

续表

| 名称 | 规定画法 | 说明 |
|---|---|---|
| 内螺纹 | 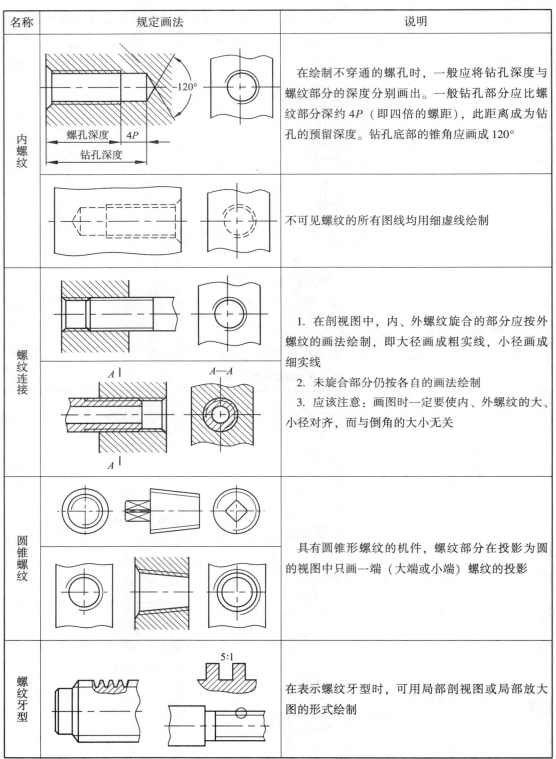 | 在绘制不穿通的螺孔时，一般应将钻孔深度与螺纹部分的深度分别画出。一般钻孔部分应比螺纹部分深约4P（即四倍的螺距），此距离成为钻孔的预留深度。钻孔底部的锥角应画成120° |
| | | 不可见螺纹的所有图线均用细虚线绘制 |
| 螺纹连接 | | 1. 在剖视图中，内、外螺纹旋合的部分应按外螺纹的画法绘制，即大径画成粗实线，小径画成细实线<br>2. 未旋合部分仍按各自的画法绘制<br>3. 应该注意：画图时一定要使内、外螺纹的大、小径对齐，而与倒角的大小无关 |
| 圆锥螺纹 | | 具有圆锥形螺纹的机件，螺纹部分在投影为圆的视图中只画一端（大端或小端）螺纹的投影 |
| 螺纹牙型 | | 在表示螺纹牙型时，可用局部剖视图或局部放大图的形式绘制 |

5. 常用螺纹的种类和标注

1）螺纹的种类

螺纹按用途不同，分为连接螺纹和传动螺纹两类，前者起连接作用，后者用于传递动力和运动。常用螺纹的种类见表 5-2。

表 5-2 常用螺纹的种类

螺纹
- 连接螺纹
  - 普通螺纹
    - 粗牙普通螺纹
    - 细牙普通螺纹
  - 管螺纹
    - 55°非密封管螺纹
    - 55°密封管螺纹
    - 60°密封管螺纹
- 传动螺纹
  - 梯形螺纹
  - 锯齿形螺纹
  - 矩形螺纹

2）螺纹的标注

螺纹采用规定画法后，图上并未反映出螺纹的种类以及牙型、螺距、线数、旋向等要素，因此，需要用规定的标记来说明。常用的螺纹标注示例见表 5-3。

表 5-3 螺纹的标注示例

| 类型 | 特征代号 | 标注示例 | 说明 |
|---|---|---|---|
| 普通螺纹（粗牙） | M | M20-7h6h-L | 粗牙普通外螺纹，公称直径为 20 mm，右旋，中径公差带代号为 7h，顶径公差带代号为 6h，长旋合 |
| 普通螺纹（细牙） | M | M20×1.5-7H-LH | 细牙普通内螺纹，公称直径为 20 mm，螺距为 1.5 mm，左旋，中径和顶径公差带代号均为 7H，中等旋合 |
| 55°非密封管螺纹 | G | G5/8A | 55°非密封圆柱外螺纹，尺寸代号为 5/8，公差等级为 A 级，右旋。用引出标注 |
| 55°密封管螺纹 | R Rc Rp | Rc3/8 | 55°密封锥管内螺纹，尺寸代号为 3/8，右旋。用引出标注 |

续表

| 类型 | 特征代号 | 标注示例 | 说明 |
|---|---|---|---|
| 梯形螺纹 | Tr | Tr24×6(P3)LH-7e | 梯形螺纹,公称直径为 24 mm,导程为 6 mm,螺距为 3 mm,双线,左旋,中径公差带代号为 7e,中等旋合 |
| 螺纹副 | | M24×1.5-7H/6g | M24×1.5-7H 的内螺纹与 M24×1.5-6g 的外螺纹配合的螺纹副 |

1) 普通螺纹

普通螺纹是最常用的一种连接螺纹,根据螺距的不同,分为粗牙普通螺纹和细牙普通螺纹两种。

普通螺纹的标记格式为:

[螺纹特征代号] [尺寸代号] - [公差带代号] - [旋合长度代号] - [旋向代号]

标注说明如下。

①螺纹特征代号。螺纹特征代号表示牙型,普通螺纹的牙型代号为"M"。

②尺寸代号。尺寸代号表示螺纹的大小,包括公称直径、导程和螺距。单线螺纹标注为"公称直径×螺距",多线螺纹标注为"公称直径×导程($P$ 螺距)",单线粗牙螺纹可省略标注螺距。

③公差带代号。公差带代号表示螺纹的径向尺寸公差,螺纹公差带代号由表示公差等级的数字和表示公差带位置的字母组成,外螺纹用小写字母表示,内螺纹用大写字母表示。如果中径公差带代号与顶径公差带代号相同,则只标注一个公差带代号。

④螺纹的旋合长度。螺纹的旋合长度是指两个相互配合的螺纹沿螺纹轴线方向的旋合长度。它分为短旋合(S)、中旋合(N)、长旋合(L)三种。在表示中等旋合长度时,其代号"N"可省略。

⑤旋向。右旋螺纹不标注旋向,左旋螺纹标注"LH"。

普通螺纹标注见表 5-3。

2) 管螺纹

管螺纹适用于气体或液体管路系统的管子、管子接头、旋塞、阀门及其附件。管螺纹分为密封管螺纹和非密封管螺纹两种,圆柱管螺纹的牙型角均为 55°。

管螺纹的标记格式为:

[螺纹特征代号] [尺寸代号] [公差等级代号] - [旋向代号]

标注说明如下。

①螺纹特征代号:55°非密封管螺纹为 G;55°密封管螺纹包括圆锥内螺纹(Rc)、圆柱内螺纹(Rp)、圆锥外螺纹(R);60°圆锥管螺纹为 NPT。

②管螺纹的尺寸代号不是指螺纹大径，而是指管孔径的数值，单位是英寸，画图时，大径和小径的数值应根据尺寸代号查表确定。

③外螺纹公差分为 A、B 两级；内螺纹则只有一种精度，不标记。

④右旋螺纹不标注旋向，左旋螺纹标注"LH"。

例如：Rc1/2-LH——55°密封圆锥内螺纹，尺寸代号为 1/2，左旋。

　　　G5/8A——55°非密封管螺纹，尺寸代号为 5/8，A 级外螺纹。

　　　NPT3/4——60°圆锥管螺纹，尺寸代号为 3/4。

3）梯形螺纹和锯齿形螺纹

梯形螺纹可双向传递运动和动力，常用于需要承受双向力的丝杠传动。

梯形螺纹的标记格式为：

［螺纹特征代号］［尺寸代号］［旋向］－［公差带代号］－［旋合长度代号］

具体格式如下。

单线梯形螺纹：

［牙型代号］［公称直径×螺距］［旋向］－［中径公差带代号］－［旋合长度代号］

多线梯形螺纹：

［牙型代号］［公称直径×导程（P 螺距）］［旋向］－［中径公差带代号］－［旋合长度代号］

标注说明如下。

①梯形螺纹的牙型代号为 Tr。

②右旋螺纹不标注旋向，左旋螺纹标注"LH"。

③梯形螺纹的旋合长度分为中旋合（N）、长旋合（L）两种，在表示中等旋合长度时，其代号"N"可省略。在有特殊需要时，可直接注写旋合长度数值。

锯齿形螺纹的标注，除牙型代号为"B"外，其余格式与梯形螺纹相同。

例如：Tr36×6LH-8e

　　　B40×14（P7）-7A-140

4）螺纹副

在装配图中，应注出螺纹副的标记。其内、外螺纹的公差带代号用斜线分开，内螺纹的公差带代号写在斜线的左边，外螺纹的公差带代号写在斜线的右边。

例如：M20-6H/6g

　　　Tr24×5LH-7H/7c

　　　B32×6-7A/7c

　　　Rc3/8/R3/8

　　　G3/4/G3/4B-LH

5）非标准螺纹

对于非标准螺纹，应画出螺纹的牙型，并注出所需的尺寸及有关要求。如对于常用的矩形螺纹，其标注方法如图 5-7 所示。

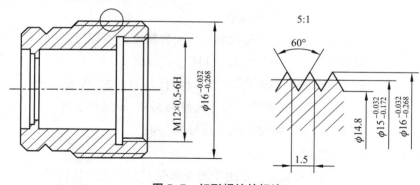

图 5-7 矩形螺纹的标注

### 5.1.2 螺纹紧固件

**1. 螺纹紧固件的标记**

螺纹紧固件的种类很多，常用的有螺栓、螺柱、螺钉、螺母、垫圈等，如图 5-8 所示。它们都是标准件，其结构、尺寸和技术要求都可按规定标记在相应的国家标准中查出。

图 5-8 常用的螺纹紧固件

表 5-4 中列出了常用的螺纹紧固件及其规定标记。

表 5-4　常用螺纹紧固件及其规定标记

| 名称及视图 | 规定标记示例 | 名称及视图 | 规定标记示例 |
|---|---|---|---|
| 六角头螺栓 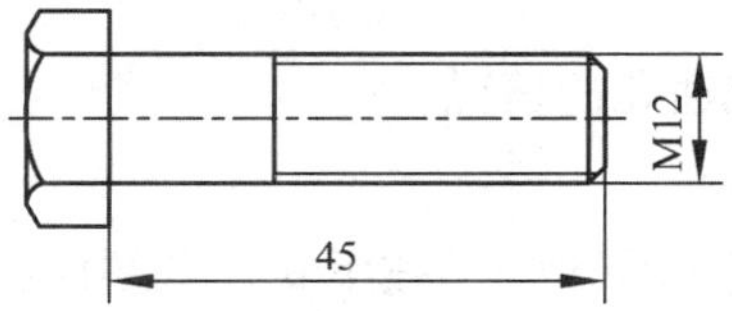 | 螺栓<br>GB/T 5782<br>M12×45 | 开槽锥端紧定螺钉 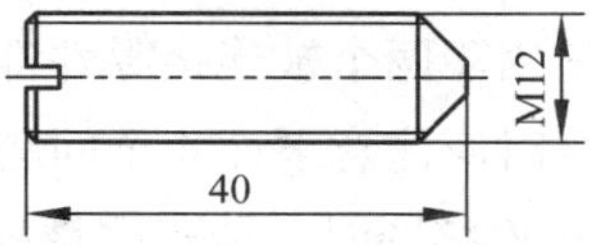 | 螺钉<br>GB/T 71<br>M12×40 |
| 双头螺柱 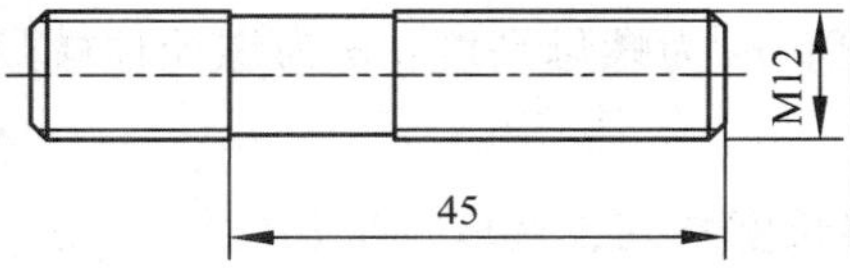 | 螺柱<br>GB/T 899<br>M12×45 | 1 型六角螺母 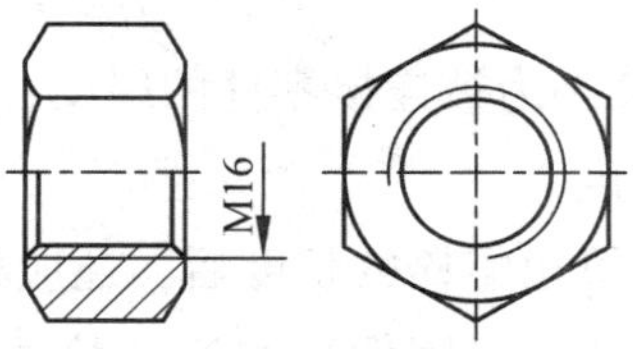 | 螺母<br>GB/T 6170<br>M16 |
| 开槽圆柱头螺钉 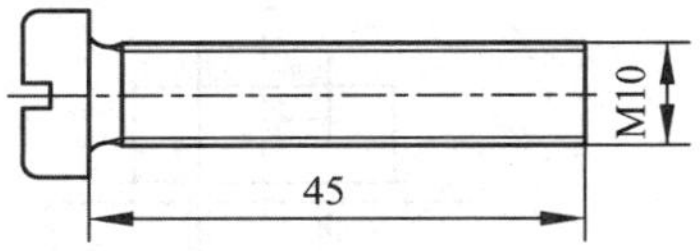 | 螺钉<br>GB/T 67<br>M10×45 | 1 型六角开槽螺母 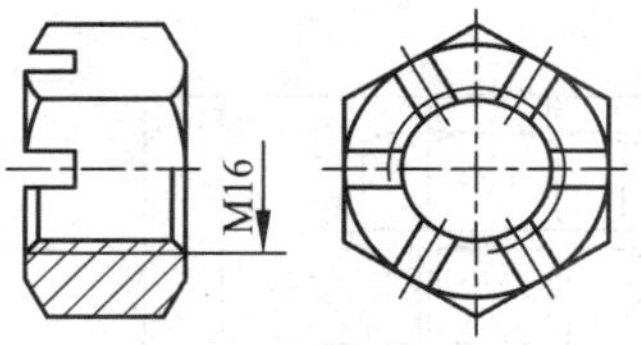 | 螺母<br>GB 6179<br>M16 |
| 内六角圆柱头螺钉 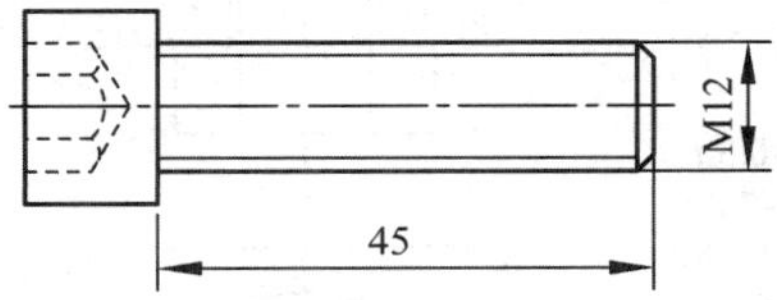 | 螺钉<br>GB/T 70.1<br>M12×45 | 平垫圈 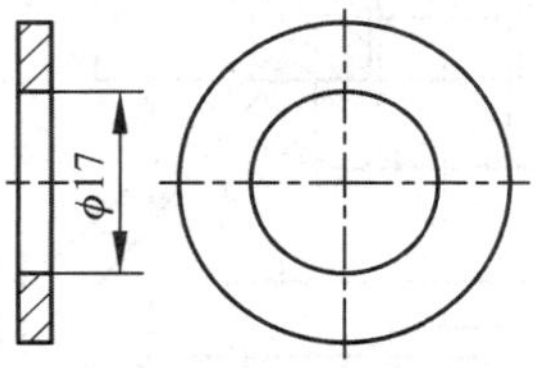 | 垫圈<br>GB/T 97.1<br>16 |
| 开槽沉头螺钉 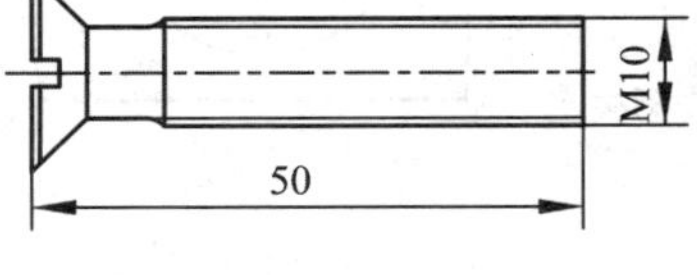 | 螺钉<br>GB/T 68<br>M10×50 | 弹簧垫圈 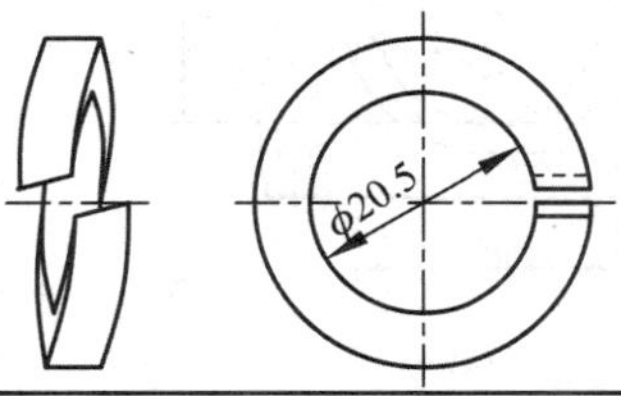 | 垫圈<br>GB/T 93<br>20 |

**2. 螺纹紧固件在装配图中的画法**

螺纹连接是工程上应用最广泛的连接方式，常见的连接方式有螺栓连接、双头螺柱连接和螺钉连接。

画图时，应遵守下列基本规定。

（1）对于紧固件和实心零件（如螺栓、螺柱、螺钉、螺母、垫圈、键、销及轴等），若剖切平面通过其轴线时，这些零件均按不剖绘制。

（2）相邻两零件的表面接触时，画一条粗实线作为分界线；不接触的表面画两条线，

· 115 ·

若间隙过小,应夸大画出。

(3) 在剖视图中,相邻两零件的剖面线方向应相反,或者方向一致而间隔不等。

(4) 在装配图中,螺纹紧固件的工艺结构(如倒角、退刀槽等)均可省略不画。

1) 螺栓连接

螺栓连接适用于两个被连接零件都不太厚,并能钻成通孔的情况。

画螺栓连接时应注意下面 4 个问题。

(1) 画螺栓连接图时,应根据螺栓的直径和被连接件的厚度等,按下式计算螺栓的有效长度 $l$:

$$l \geqslant \delta_1 + \delta_2 + h + m + a$$

式中,$\delta_1$、$\delta_2$ 分别为被连接零件的厚度;$h$ 为平垫圈厚度;$m$ 为螺母高度;$a$ 为螺栓顶端露出螺母外的高度。

按上式计算出螺栓的长度后,还应根据螺栓的标准长度系列,选取标准长度值。

螺栓连接所用紧固件可查标准数据作图,也可用比例画法近似画出,如图 5-9(a)所示。

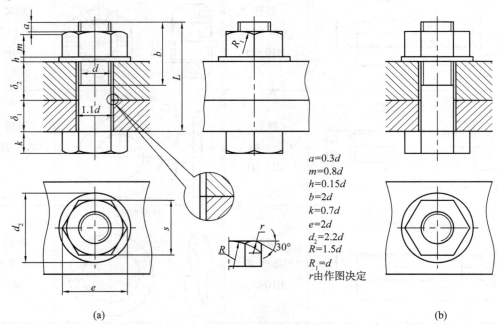

图 5-9 螺栓连接的画法

(a) 比例画法;(b) 简化画法

(2) 为了保证装配工艺结构合理,被连接件的孔径应比螺纹大径大些,一般按 $1.1d$ 画出。

(3) 螺杆上螺纹终止线应低于通孔顶面。

(4) 为便于作图,螺栓连接在装配图中也可用简化画法,如图 5-9(b)所示。

2）螺柱连接

双头螺柱两端均有螺纹，连接时，其中一端旋入不穿通的落孔内，称为旋入端；另一端穿过被连接件的通孔，套上垫圈，拧紧螺母，称为紧固端。螺柱连接用于被连接件之一较厚，或不允许加工成通孔的场合。螺柱连接的简化画法，如图5-10所示。

画螺柱连接时应注意下面4个问题。

（1）螺柱的公称长度 $l$（不包括旋入端长度 $b_m$）按下式计算，并查表取标准长度。

$$l \geqslant \delta + s + m + a$$

（2）双头螺柱旋入端长度 $b_m$ 与机件的材料有关，一般可参照表5-5来确定。

（3）为保证连接的可靠性，螺柱的旋入端应全部旋入机件螺孔内，所以旋入端的螺纹终止线应与机件端面平齐。

（4）机件螺孔的螺纹深度应大于旋入端的螺纹长度（$b_m$），一般螺孔的螺纹深度取旋入深度（$b_m$）加两倍的螺距，即 $b_m+2P$，若按比例画法，也可取 $b_m+0.5d$。在装配图中钻孔深度可按螺纹深度简化画出。

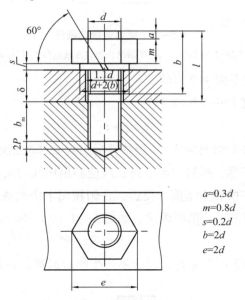

**图5-10 螺柱连接的简化画法**

**表5-5 螺柱 $b_m$ 的选用**

| 螺孔件材料 | 旋入端长度选择 | 国标代号 |
|---|---|---|
| 钢、青铜、硬铝 | $b_m = d$ | GB/T 897—1988 |
| 铸铁 | $b_m = 1.25d$ | GB/T 898—1988 |
| 铸铁 | $b_m = 1.5d$ | GB/T 899—1988 |
| 铝或其他较软的材料 | $b_m = 2d$ | GB/T 900—1988 |

3）螺钉连接

螺钉的种类很多，使用最广泛的有开槽圆柱头螺钉、开槽沉头螺钉等。螺钉用于受力不大而又不经常拆卸的场合,尤其适用于被连接件之一厚度较大,不宜制成通孔的情况。画螺钉连接时一般也采用比例画法。常见螺钉连接的画法如图5-11所示。

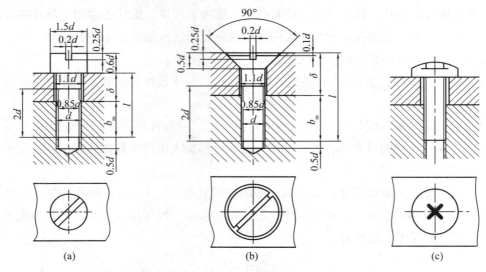

图 5-11 螺钉连接的画法

(a) 开槽圆柱头螺钉连接;(b) 一字槽沉头螺钉连接;(c) 十字槽盘头螺钉连接

画螺钉连接时应注意下面3个问题。

(1) 螺钉的有效长度 $l$ 可按下式计算:

$$l = \delta + b_m$$

式中,$b_m$ 根据被旋入零件的材料而定;$l$ 经估算后,查表选取相近的标准值。

(2) 为使螺钉连接可靠,螺钉的螺纹终止线应高出螺孔的端面或全部制成螺纹。

(3) 螺钉头部的一字槽和十字槽的投影,在俯视图上应画成与中心线成45°角。当螺钉头部的槽宽过小时,可采用涂黑的画法,如图5-11(c)所示。

4) 紧定螺钉连接

紧定螺钉连接用于固定两个零件,使之不产生相对运动。开槽锥端紧定螺钉的连接画法如图5-12所示。

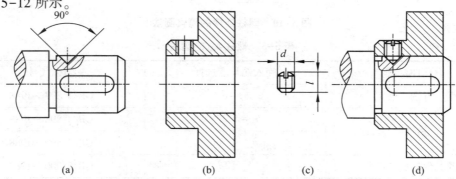

图 5-12 紧定螺钉的画法

(a) 轴;(b) 轮;(c) 紧定螺钉;(d) 连接图

## §5.2 键、销、滚动轴承

### 5.2.1 键

**1. 键的功用和种类**

键通常用来连接轴和轴上的传动零件（如带轮、齿轮等），以传递运动或动力，图 5-13 所示为键的形状。常用的键有普通平键、半圆键、钩头楔键等，如图 5-14 所示。本节仅介绍普通平键连接的画法。

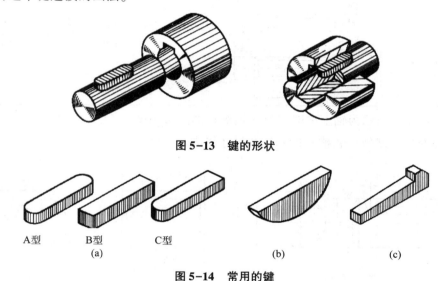

**图 5-13 键的形状**

A型　B型　C型
　(a)　　　(b)　　　(c)

**图 5-14 常用的键**

（a）普通平键；（b）半圆键；（c）钩头楔键

**2. 普通平键的标记和画法**

普通平键的型式、尺寸及标记，见表 5-6。

**表 5-6 普通平键的型式、尺寸及标记**

| 名称 | 图例 | 标记示例 |
|---|---|---|
| 圆头普通平键<br>（A型） | 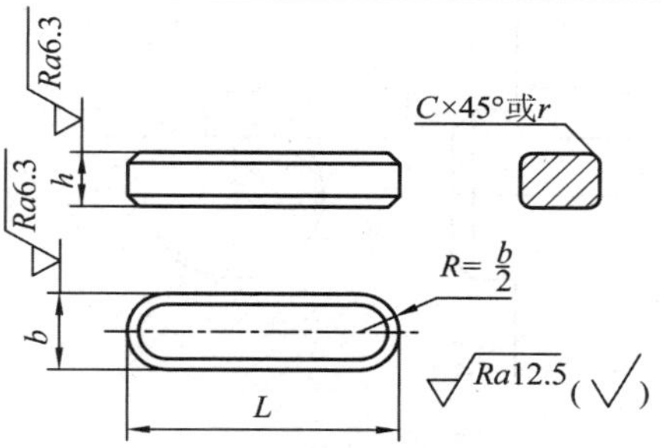 $C \times 45°$ 或 $r$；$R = \dfrac{b}{2}$ | $b = 16$ mm，$h = 10$ mm，$L = 100$ mm<br>GB/T 1096 键 16×10×100 |

· 119 ·

续表

| 名称 | 图例 | 标记示例 |
|---|---|---|
| 平头普通平键<br>（B型） | | $b=16$ mm，$h=10$ mm，$L=100$ mm<br>GB/T 1096 键 B $16\times10\times100$ |
| 单圆头普通平键<br>（C型） | | $b=16$ mm，$h=10$ mm，$L=100$ mm<br>GB/T 1096 键 C $16\times10\times100$ |

图 5-15（a）所示为轴上平键键槽（轴槽）的画法和尺寸注法；图 5-15（b）所示为轮毂上轴孔的平键键槽（毂槽）的画法和尺寸注法。

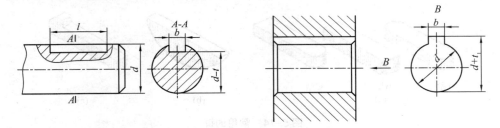

**图 5-15　键槽的画法及尺寸注法**

（a）轴槽的画法；（b）毂槽的画法

图 5-16 所示为键连接的画法。当采用普通平键连接时，键的侧面为工作面，应与键槽的侧面紧密接触，在装配图上应画一条线；键的顶面属非工作面，与毂槽不接触，应画成两条线。对于轴和轮毂上的键槽尺寸，可从国家标准中查到。

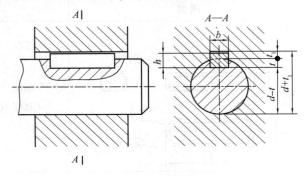

**图 5-16　键连接的画法**

## 5.2.2 销

销也是标准件，常用的销有圆柱销、圆锥销和开口销等，如图5-17所示。圆柱销和圆锥销通常用于零件间的连接或定位，开口销用于防止螺纹连接松动。

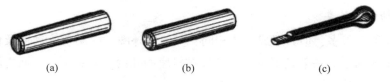

(a)　　　　　　　　　(b)　　　　　　　　　(c)

图5-17　常用的销

（a）圆锥销；（b）圆柱销；（c）开口销

销的型式、尺寸和标记，见表5-7。

表5-7　销的型式、尺寸及标记

| 名称 | 图例 | 规定标记 | 说明 |
|---|---|---|---|
| 圆柱销 | (图：≈15°, c, l, c, d) | 销 GB/T 119.1<br>8m6×30 | 公称直径 $d=8$ mm，公差为m6，公称长度 $l=30$ mm，材料为奥氏体不锈钢，不经淬火，不经表面处理的圆柱销 |
| 圆锥销 | (图：1:50, Ra0.8, $r_1$, $r_2$, a, l, a, Ra6.3(√)) | 销 GB/T 117<br>10×60 | 公称直径 $d=10$ mm，公称长度 $l=60$ mm，材料为35钢，热处理硬度为 28~38HRC，表面氧化处理的A型圆锥销 |
| 开口销 | (图：b, l, a, c, d) | 销 GB/T 91<br>5×30 | 公称直径 $d=5$ mm，公称长度 $l=30$ mm，材料为低碳钢，不经表面处理的开口销 |

销在作为连接和定位的零件时，有较高的装配要求，所以在加工销孔时，一般把两个零件一起加工，并在图上注写"配作"或"与××件配作"。圆锥销的公称尺寸是指小端直径。销的侧表面为工作面，用销连接零件时应与零件的销孔接触，如图5-18所示。

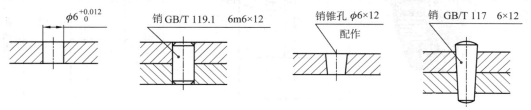

图5-18　销孔标注示例及销连接画法

### 5.2.3 滚动轴承

滚动轴承是支承轴，并承受轴上载荷的标准组件。由于滚动轴承的结构紧凑且摩擦阻力小，因此其得到广泛应用。

**1. 滚动轴承的种类**

滚动轴承种类很多，但其组成大体相同，一般由外圈、内圈、滚动体及保持架四部分组成，如表 5-8 所示。一般情况下，外圈装在机座的孔内，固定不动，而内圈套在转动的轴上，随轴一起旋转。

表 5-8 滚动轴承的画法

| 轴承名称 | 结构 | 规定画法 | 特征画法 | 应用 |
|---|---|---|---|---|
| 深沟球轴承 | 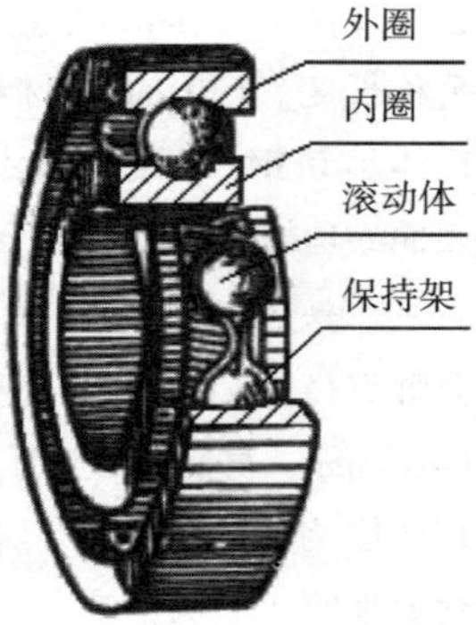 外圈、内圈、滚动体、保持架 | | | 主要承受径向力 |
| 圆锥滚子轴承 | 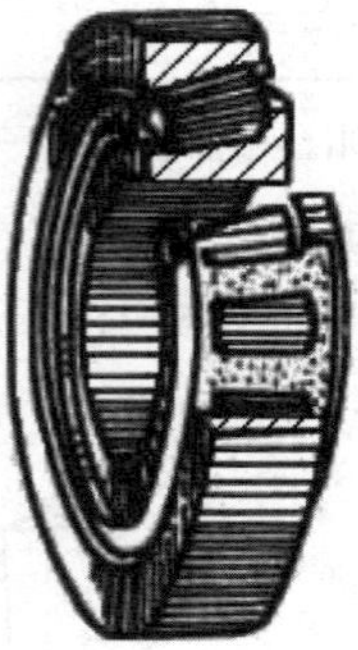 | 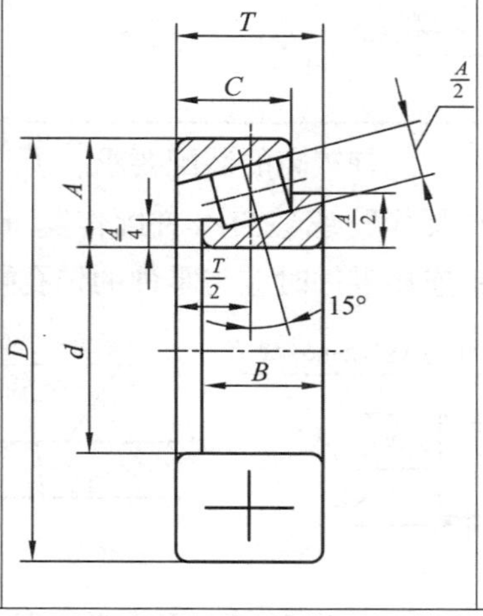 | 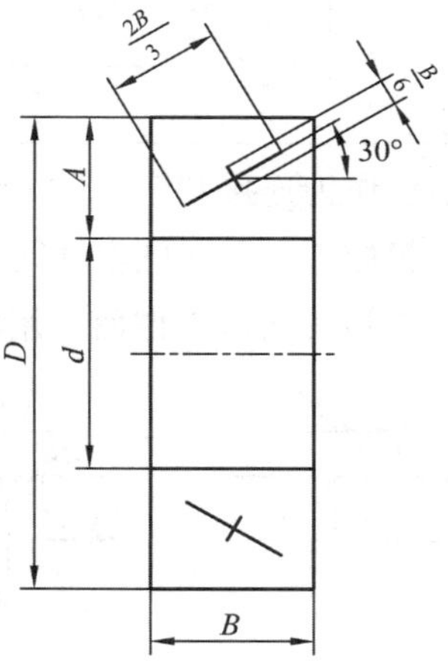 | 可同时承受径向力和轴向力 |

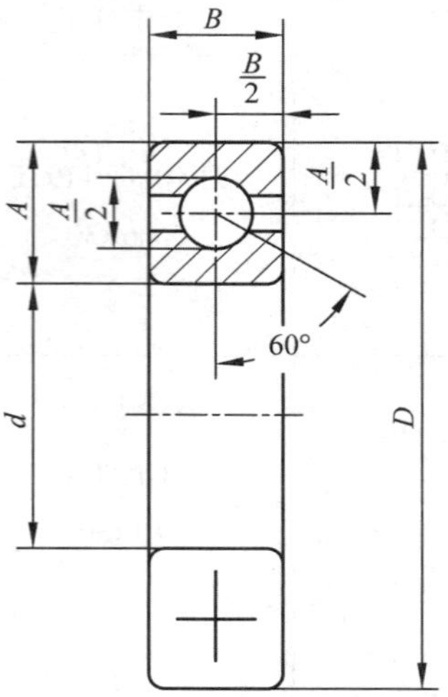

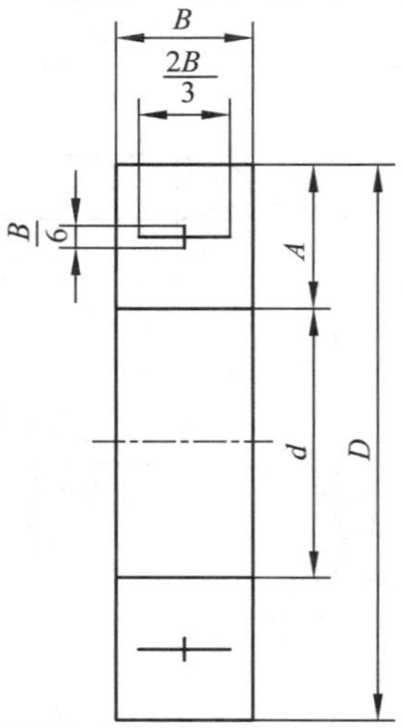

续表

| 轴承名称 | 结构 | 规定画法 | 特征画法 | 应用 |
|---|---|---|---|---|
| 平底推力球轴承 | | | | 承受单方向的轴向力 |

## 2. 滚动轴承的标记

滚动轴承的种类很多，为了选用方便，相关国家标准规定了滚动轴承的型式、结构特点和尺寸等，均采用代号来表示。轴承代号由前置代号、基本代号和后置代号组成。基本代号是轴承代号的基础，前置代号、后置代号是补充代号。轴承基本代号的组成如下：

$$\boxed{\text{轴承类型代号}} \quad \boxed{\text{尺寸系列代号}} \quad \boxed{\text{内径代号}}$$

轴承类型代号用数字或字母来表示，见表5-9。

尺寸系列代号由轴承的宽（高）度系列代号和直径系列代号组成，用两位阿拉伯数字来表示；内径代号表示轴承的公称内径，一般用两位阿拉伯数字表示。当轴承的公称内径为 10 mm、12 mm、15 mm、17 mm 时，内径代号分别用 00、01、02、03 表示；当公称内径为 20 mm 到 480 mm 时（22、28、32 除外），内径代号为公称直径除以 5 的商数，商数为个位数时，需在商数左边加"0"补位。

表 5-9  滚动轴承类型代号

| 代号 | 轴承类型 | 代号 | 轴承类型 |
|---|---|---|---|
| 0 | 双列角接触球轴承 | 6 | 深沟球轴承 |
| 1 | 调心球轴承 | 7 | 角接触球轴承 |
| 2 | 调心滚子轴承和推力调心滚子轴承 | 8 | 推力圆柱滚子轴承 |
| 3 | 圆锥滚子轴承 | N | 圆柱滚子轴承（双列或多列用字母 NN 表示） |
| 4 | 双列深沟球轴承 | U | 外球面球轴承 |
| 5 | 推力球轴承 | QJ | 四点接触球轴承 |

轴承基本代号举例如下：

滚动轴承 6307 GB/T 276—2013

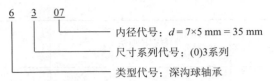

滚动轴承 30208 GB/T 297—2015

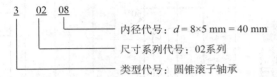

滚动轴承 51220 GB/T 301—2015

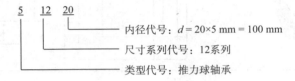

3. 滚动轴承的画法

滚动轴承是标准件，不需要画出零件图。在装配图中可采用简化画法和特征画法。在画图时，应先画出根据轴承代号由国家标准查出的轴承的外径 $D$、内径 $d$、宽度 $B$ 或 $T$ 等几个主要尺寸，再将其他部分的尺寸按与主要尺寸的比例画出。在装配图中需详细地表达滚动轴承的主要结构时，可采用规定画法；在只需简单地表达滚动轴承的主要结构特征时，可采用特征画法。常见滚动轴承的规定画法和特征画法见表 5-8。

注意：最新国家标准规定轴承内圈和外圈的剖面线必须相同。

## §5.3 弹簧

弹簧也是机器中的一种标准件，其特点是去掉外力后，能迅速恢复原状。弹簧主要用于减振、夹紧、储能和测力等。弹簧的种类很多，常见的有螺旋弹簧、涡卷弹簧和板弹簧等，如图 5-19 所示。

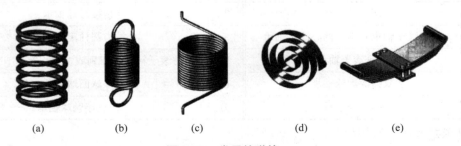

图 5-19 常用的弹簧

（a）圆柱螺旋压缩弹簧；（b）圆柱螺旋拉伸弹簧；（c）圆柱螺旋扭转弹簧；（d）涡卷弹簧；（e）板弹簧

本节只介绍圆柱螺旋压缩弹簧的有关知识及规定画法，其他类型弹簧的画法可查阅有关标准。

### 5.3.1 圆柱螺旋压缩弹簧各部分名称及尺寸关系

（1）材料直径 $d$——弹簧钢丝的直径。
（2）弹簧中径 $D$——弹簧的平均直径。
（3）弹簧内径 $D_1$——弹簧的最小直径。
（4）弹簧外径 $D_2$——弹簧的最大直径。
材料直径、弹簧中径、弹簧内径、弹簧外径的关系式如下：

$$D = \frac{D_1 + D_2}{2} = D_1 + d = D_2 - d$$

（5）节距 $t$——弹簧上两相邻有效圈截面中心线的轴向距离。
（6）支承圈数 $n_2$——为了使压缩弹簧在工作时受力均匀，增加弹簧的平稳性，要求在制造弹簧时将两端并紧并磨平，使弹簧的端面与轴线垂直。在使用时，并紧、磨平的各圈仅起支承作用，称为支承圈。支承圈数有 1.5、2、2.5 三种，其中较常见的是 2.5 圈。
（7）有效圈数 $n$——除支承圈外，保持相等节距的圈数称为有效圈数。
（8）总圈数 $n_1$——有效圈数与支承圈数之和称为总圈数，即 $n_1 = n_2 + n$。
（9）自由高度 $H_0$——弹簧未受载荷时的高度，$H_0 = nt + (n_2 - 0.5) d$。
（10）展开长度 $L$——制造弹簧时坯料的长度，$L \approx n_1 \sqrt{(\pi D)^2 + t^2}$。

### 5.3.2 圆柱螺旋压缩弹簧的标记

GB/T 2089—2009 规定，圆柱螺旋压缩弹簧的标记由类型代号、规格、精度代号、旋向代号和标准号组成，规定如下：

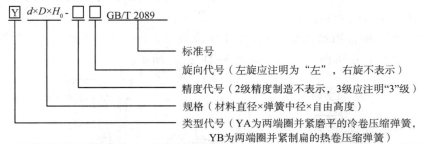

如有一个圆柱螺旋压缩弹簧，两端圈并紧磨平，材料直径为 3 mm，弹簧中径为 20 mm，自由高度为 80 mm，制造精度为 2 级，左旋，其标记为：

YA 3×20×80 左 GB/T 2089

### 5.3.3 圆柱螺旋压缩弹簧的规定画法

#### 1. 单个弹簧的画法

（1）弹簧在平行于轴线的投影面上的视图中，其各圈的外形轮廓应画成粗实线，如图 5-20（d）所示。

（2）螺旋弹簧均可画成右旋，但左旋弹簧不论画成左旋还是右旋，一律要注出旋向"左"字。

（3）对于两端圈并紧磨平的压缩弹簧，不论支承圈数多少和末端并紧情况如何，都可按支承圈数为 2.5、磨平圈数为 1.5 的形式画出。

（4）有效圈数在四圈以上的弹簧，允许每端只画两圈（不包括支承圈），中间各圈可省略不画，只画通过簧丝剖面中心的两条细点画线。当中间部分省略后，可适当地缩短图形的长度。

对于两端圈并紧磨平的压缩弹簧，其画图步骤如图 5-20 所示。

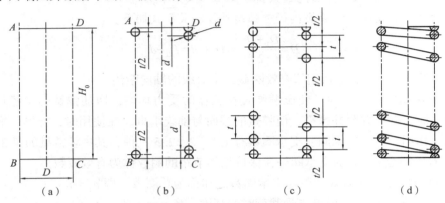

图 5-20　圆柱螺旋压缩弹簧的画图步骤

（a）以 $H_0$ 和 D 作矩形 ABCD；（b）按 d 画出支承圈簧丝断面圆的投影；（c）根据 t，画出有效圈簧丝断面圆的投影（按图中数字作图）；（d）按右旋方向作簧丝断面的切线，校核、描深、画剖面线

2. 弹簧在装配图上的画法

（1）在装配图中，被弹簧挡住的结构一般不画出，可见部分应从弹簧的外轮廓线或从弹簧钢丝断面的中心线画起，如图 5-21（a）所示。

（2）在装配图中，当簧丝直径在图上小于或等于 2 mm 时，其断面可以涂黑表示，如图 5-21（b）所示；也可用示意法，如图 5-21（c）所示。

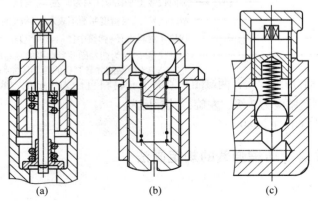

图 5-21　装配图中弹簧的画法

（a）不画挡住部分的零件轮廓；（b）簧丝断面涂黑；（c）簧丝示意法

## §5.4 齿 轮

齿轮是常用的传动零件。通过一对齿轮啮合，将一根轴的动力及运动传递给另一根轴，也可以改变转速和旋转方向。常见的齿轮有：圆柱齿轮，用于两平行轴之间的传动，如图5-22（a）所示；圆锥齿轮，用于两相交轴之间的传动，如图5-22（b）所示；蜗杆蜗轮，用于两交叉轴之间的传动，如图5-22（c）所示。

图5-22　常见的齿轮

（a）圆柱齿轮；（b）圆锥齿轮；（c）蜗杆蜗轮

圆柱齿轮按其齿线方向可分为：直齿圆柱齿轮、斜齿圆柱齿轮（斜齿轮）和人字齿轮。本节仅介绍直齿圆柱齿轮（以下简称直齿轮）的几何要素及规定画法。

### 5.4.1 直齿轮几何要素的名称及代号

如图5-23所示是两个啮合的直齿轮示意图，从图中可以看出直齿轮各部分的几何要素。

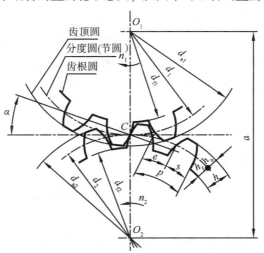

图5-23　直齿轮各部分名称及代号

(1) 齿顶圆直径 $d_a$ 为通过轮齿顶部的圆的直径。
(2) 齿根圆直径 $d_f$ 为通过轮齿根部的圆的直径。

(3)分度圆直径 $d$。对单个齿轮而言,设计、制造齿轮时进行各部分尺寸计算的基准圆,也是加工齿轮时轮齿分度的圆,所以称为分度圆。在该圆上,齿厚 $s$(一个轮齿齿廓间的弧长)与齿槽宽 $e$(一个齿槽齿廓间的弧长)相等。

(4)节圆直径 $d_w$。两齿轮啮合时,其齿廓(轮齿在齿顶圆和齿根圆之间的曲线)接触点 $C$(简称节点)将两齿轮的连心线 $O_1O_2$ 分成两段,分别以 $O_1$、$O_2$ 为圆心,以 $O_1C$、$O_2C$ 为半径所画的圆称为节圆。齿轮的传动可假想为这两个圆在作无滑动的纯滚动。一对安装正确的标准齿轮,其分度圆的直径和节圆的直径相等,即 $d=d_w$。

(5)齿顶高 $h_a$ 为分度圆到齿顶圆之间的径向距离。

(6)齿根高 $h_f$ 为分度圆到齿根圆之间的径向距离。

(7)齿高 $h$ 为齿根圆到齿顶圆之间的径向距离,$h=h_a+h_f$。

(8)齿距 $p$ 为分度圆上相邻两齿廓对应两点之间的弧长,$p=s+e$。

(9)齿数 $z$ 为齿轮的轮齿个数。

(10)模数 $m$。由于分度圆周长 $=\pi d=pz$,所以 $d=\dfrac{p}{\pi}z$,令 $m=\dfrac{p}{\pi}$,则 $d=mz$。

模数 $m$ 的单位为 mm,它是设计、制造齿轮的重要参数,模数 $m$ 的大小直接反映出轮齿的大小。一对相互啮合的齿轮,其模数 $m$ 必须相等。不同模数的齿轮,要用不同模数的刀具来加工制造,为了便于设计和加工,减少刀具数目,直齿轮模数的数值已经标准化,如表 5-10 所示。

表 5-10 直齿轮模数系列(GB/T 1357—2008)

| 第一系列 | ……1  1.25  1.5  2  2.5  3  4  5  6  8  10  12  16  20  25  32  40  50 |
|---|---|
| 第二系列 | ……1.75  2.25  2.75  (3.25)  3.5  (3.75)  4.5  5.5  (6.5)  7  9  (11)  14  18  22  28  36  45 |

注:选用模数时,应优先选用第一系列,其次选用第二系列,括号内的模数尽可能不选用。

(11)压力角 $\alpha$。当两齿轮啮合时,轮齿齿廓在节点 $C$ 处的公法线与两节圆的公切线所夹的锐角,称为压力角;基本齿条的法向压力角又称为齿形角。我国规定标准齿轮的压力角为 20°。

(12)中心距 $a$ 为互相啮合的两齿轮轴线间的最短距离。

### 5.4.2 直齿轮的尺寸计算

设计齿轮时,须先确定模数、齿数(基本参数),然后依据模数和齿数计算出其他各部分的相应尺寸,其计算公式见表 5-11。

表 5-11 标准直齿轮各几何要素的尺寸计算

| 名称 | 符号 | 计算公式 |
|---|---|---|
| 模数 | $m$ | 根据设计或测绘定出,并按标准选取 |
| 齿数 | $z$ | 由传动比 $i$ 决定 |

续表

| 名称 | 符号 | 计算公式 |
|---|---|---|
| 齿顶高 | $h_a$ | $h_a = m$ |
| 齿根高 | $h_f$ | $h_f = 1.25m$ |
| 齿高 | $h$ | $h = h_a + h_f = 2.25m$ |
| 分度圆直径 | $d$ | $d = mz$ |
| 齿顶圆直径 | $d_a$ | $d_a = d + 2h_a = m(z+2)$ |
| 齿根圆直径 | $d_f$ | $d_f = d - 2h_f = m(z-2.5)$ |
| 齿距 | $p$ | $p = \pi m$ |
| 中心距（外啮合） | $a$ | $a = \dfrac{d_1 + d_2}{2} = \dfrac{m(z_1 + z_2)}{2}$ |

### 5.4.3 直齿轮的规定画法

**1. 单个直齿轮的画法**

国家标准规定了单个直齿轮的画法，如图5-24所示。

（1）齿顶圆和齿顶线用粗实线绘制。

（2）分度圆和分度线用细点画线绘制。

（3）齿根圆和齿根线用细实线绘制（也可省略不画），如图5-24（a）所示。

（4）在剖视图中，当剖切平面通过齿轮的轴线时，轮齿一律按不剖处理，齿根线用粗实线绘制，如图5-24（b）所示。当需要表示齿线的形状时，可用三条与齿线方向一致的细实线表示，如图5-24（c）、（d）所示。

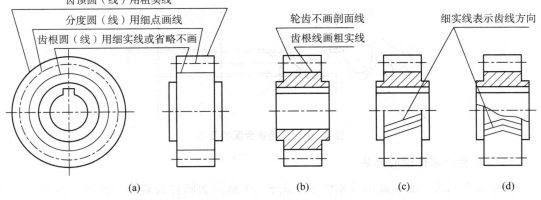

图5-24 单个直齿轮、斜齿轮和人字齿轮的画法

（a）直齿轮（外形视图）；（b）直齿轮（全剖视图）；（c）斜齿轮（半剖视图）；（d）人字齿轮（局部剖视图）

**2. 圆柱齿轮啮合的画法**

当两标准圆柱齿轮相互啮合时，它们的分度圆处于相切位置。

（1）在投影为非圆的剖视图中，当剖切平面通过两啮合齿轮的轴线时，啮合区内两齿轮的分度线重合，画成细点画线；齿根线均画成粗实线；将其中一个齿轮的齿顶线画成粗实线，另一个齿轮的齿顶线画成细虚线，也可省略不画，如图5-25（a）所示。

应注意：一个齿轮的齿根线与另一齿轮的齿顶线应有 $0.25\ m$ 的径向间隙，如图5-26所示；两齿轮的剖面线方向应相反。

（2）在投影为圆的视图中，啮合区内两齿轮的分度圆相切，画成细点画线；齿顶圆仍画成粗实线，如图5-25（a）所示。另一种画法是，啮合区内的齿顶圆和齿根圆均省略不画，如图5-25（b）所示。

（3）在投影为非圆的外形视图中，啮合区的分度线重合，画成粗实线，如图5-25（c）所示。

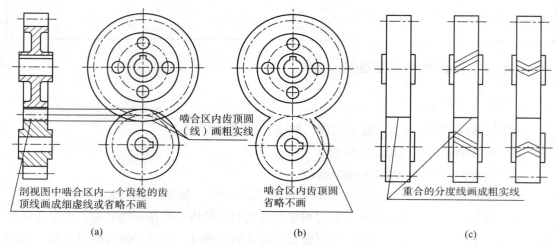

**图 5-25　圆柱齿轮啮合的画法**
（a）规定画法；（b）省略画法；（c）外形视图

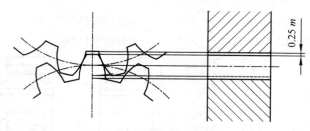

**图 5-26　齿轮啮合区的画法**

3. 圆柱齿轮零件图的画法

齿轮为常用件，必须画出其零件图。图5-27所示为圆柱齿轮的零件图，内容包括一组视图，即全剖的主视图和轮孔的局部视图；完整的尺寸；必需的技术要求，如尺寸公差、形位公差、表面粗糙度、热处理和制造齿轮所需要的基本参数；标题栏。

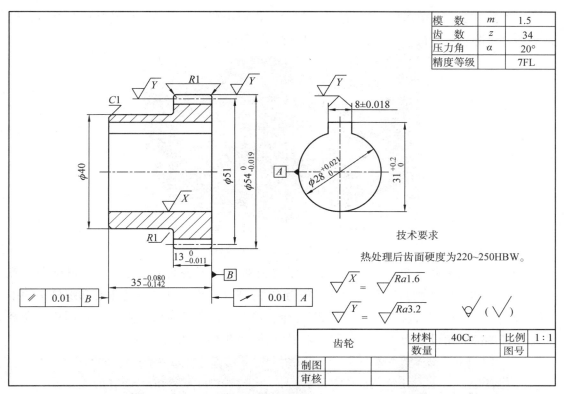

图 5-27　圆柱齿轮零件图

## §5.5　标准件与常用件的3D建模

工程中使用的标准件和常用件有很多，根据应用场合及建模的复杂程度，本节主要介绍螺纹的创建方法及标准直齿圆柱齿轮的建模方法。

### 5.5.1　螺纹的创建

螺纹及螺纹紧固件中使用的螺纹大部分为标准螺纹，Pro/ENGINEER Wildfire 5.0 创建标准螺纹的方法有两种：一种是修饰螺纹法，另一种是螺旋扫描法。修饰螺纹法是用一个简单的图形表示螺纹，能达到表达螺纹特征的目的，也避免生成螺纹时消耗大量的计算机内存的方法；但有的场合需要将真实的螺纹形状体现出来，这时就必须用螺旋扫描法来创建螺纹。下面以创建螺栓 GB/T 5780—2016 M12×80 为例，介绍两种螺纹建模的方法。

1. 修饰螺纹法

（1）螺栓头建模。单击"草绘"图标，选择 TOP 为草绘平面，再单击"确定"按钮。然后用"调色板"命令绘制正六边形（约束尺寸使正六边形的中心和坐标系的中心重合，便于后续绘图），约束尺寸为 18，退出草绘。选择"拉伸特征"命令，设置拉伸高度为"7.5";选择 FRONT 平面草绘三角形后,再退出草绘,选择"旋转特征"命令,选取轴线并去除材料,最后形成的螺栓头如图 5-28 所示。

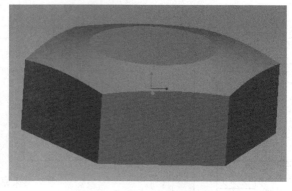

图 5-28　螺栓头实体建模

(2) 螺栓杆建模。单击"草绘"图标,选择螺栓头下表面为草绘平面,再单击"确定"按钮。然后用"画圆"命令绘制直径为 12 的圆(约束尺寸使圆的中心和螺栓头的中心重合),退出草绘。选择"拉伸特征"命令,设置拉伸高度为 80;选择"边倒角"命令将螺栓杆尾部倒角设置为 0.6,最后形成的螺栓杆如图 5-29 所示。

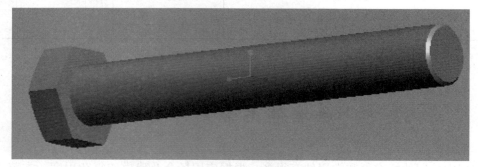

图 5-29　螺栓杆实体建模

(3) 修饰螺纹建模。单击"插入"→"修饰"→"螺纹",依次定义螺纹曲面、起始曲面、方向、螺纹长度、主直径等参数,最后形成的修饰螺纹如图 5-30 所示。

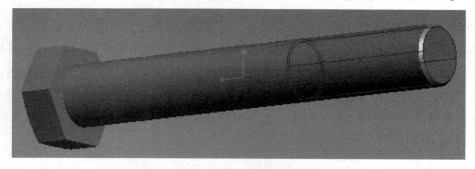

图 5-30　修饰螺纹建模

## 2. 螺旋扫描法

螺栓头和螺栓杆的建模方法与修饰螺纹法的建模方法相同，螺旋扫描的建模方法如下：单击"插入"→"螺旋扫描"→"切口"；设置属性为常数，右手定则；设置草绘平面为 FRONT，正向，缺省方向；草绘水平轴线并草绘直线 [该直线限定螺纹的长度、螺纹牙型深度、切制螺纹的方向，所以必须从右向左画、长度为 30、与水平轴线的距离为小径的一半（此处为 5.053，查手册确定），如图 5-31 所示]，确定后输入螺距为 1.75（查手册确定）；设置截面如图 5-32 所示，完成后形成的螺旋扫描螺纹如图 5-33 所示。

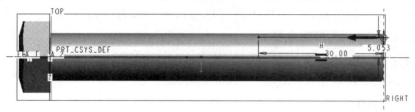

图 5-31 螺纹参数设置

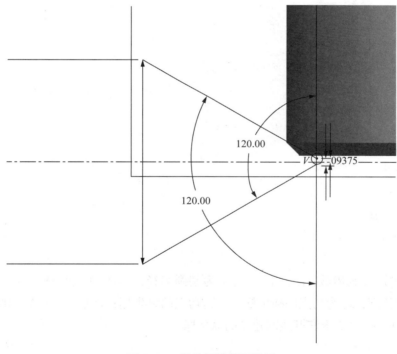

图 5-32 螺旋扫描截面设置

图 5-33 螺旋扫描螺纹建模

### 5.5.2 标准直齿圆柱齿轮建模

齿轮通过齿廓间的啮合来传递运动和力，标准直齿圆柱齿轮的齿廓为渐开线，虽然直齿圆柱齿轮的形状很多，但由渐开线形成的齿廓形状是不变的，因此，标准直齿圆柱齿轮建模的关键在于掌握渐开线齿廓的建模方法。下面以模数为 4、齿数为 38、齿轮厚度为 30 的标准直齿圆柱齿轮（外啮合）为例，学习齿轮的建模方法。

1. 齿轮参数定义及计算

设 $m$ 为模数，$z$ 为齿数，$\alpha$ 为压力角（标准齿轮的压力角为 20°），$d$ 为分度圆直径，$d_a$ 为齿顶圆直径，$d_f$ 为齿根圆直径。

计算如下：

$d = m \times z = 152$

$d_a = d + 2 \times m = 160$

$d_f = d - 2.5 \times m = 142$

2. 渐开线方程

$m = 4$

$z = 38$

$\alpha = 20°$

$r = m \times z \times \cos \alpha / 2$

$\beta = t \times 90°$

$s = \pi \times r \times t / 2$

$x_c = r \times \cos \beta$

$y_c = r \times \sin \beta$

$x = x_c + s \times \sin \beta$

$z = y_c - s \times \cos \beta$

$y = 0$

其中，$m$ 为模数；$z$ 为齿数；$\alpha$ 为压力角；$r$ 为基圆半径；$t = 0 \sim 1$；$\beta = 0° \sim 90°$；$s$ 为与基圆相切的线段的长度；$x_c$ 为切点的横坐标；$y_c$ 为切点的纵坐标；$x$ 为 $x$-$z$ 平面上渐开线新建点的横坐标；$z$ 为 $x$-$z$ 平面上渐开线新建点的纵坐标。

3. 建模方法

（1）毛坯建模。单击"草绘"图标，选择 TOP 为草绘平面，再单击"确定"按钮，绘制直径为 160 的圆（约束尺寸使圆心和坐标系的中心重合，便于后续绘图），退出草绘。然后选择"拉伸特征"命令，设置拉伸高度为 30。

（2）渐开线建模。单击"曲线"图标，选择"从方程"，再单击"完成"按钮；从模型树中选取坐标系"PRT_ CSYS_ DEF"，设置坐标系类型为笛卡儿，然后弹出"记事本"对话框，将渐开线方程复制、保存后关闭记事本，最后单击"确定"按钮后形成的渐开线如图 5-34 所示。

(3) 单个齿槽建模。单击"草绘"图标,选择毛坯底面为草绘平面,再单击"确定"按钮,绘制直径为 152 的圆(圆心和坐标系的中心重合),退出草绘。然后单击"基准点"命令,按下<Ctrl>键选取渐开线和分度圆,新建一个点 PNT0;单击"基准平面"命令,按下<Ctrl>键选取 PNT0 和毛坯的中心线,新建一个平面 DTM1;单击"基准平面"命令,按下<Ctrl>键选取 DTM1 和毛坯的中心线,再新建一个平面 DTM2(输入角度为"360/齿数/4");将渐开线沿着 DTM2 作镜像变换;再次单击"草绘"图标,选择毛坯底面为草绘平面,单击"确定"按钮,绘制直径为 160 和 142 的圆(圆心和坐标系的中心重合),形成如图 5-35 所示的封闭图形,退出草绘;最后选择"拉伸特征"命令,去除材料贯穿后形成的齿槽如图 5-36 所示。

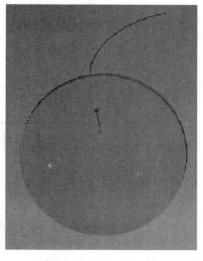

图 5-34　渐开线建模

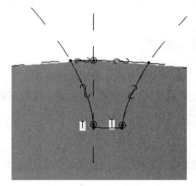

图 5-35　齿槽封闭图形

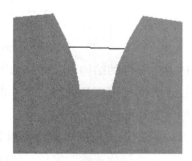

图 5-36　齿槽建模

(4) 阵列形成齿轮。在模型树中选择拉伸 2,再单击"阵列"命令,将尺寸定义为"轴",选择毛坯中心线,输入"38"和"360/38"后单击"确定"按钮,最后形成的齿轮如图 5-37 所示。

图 5-37　标准直齿圆柱齿轮建模

# 第6章 零件图

零件是组成机器的最小单元,要通过一定的方式加工而成。实际零件与组合体的区别在于零件必然在机器或部件中工作,实现一定的功能,并与其他零件密切相关。因此,设计零件时必须考虑零件的工艺性。

## §6.1 零件图概述

表达单个零件的结构、尺寸和加工、检验等方面技术要求的图样称为零件图。零件图反映了设计者的意图,是进行加工、制造和检验零件的主要依据。一张完整的零件图应包括以下四个方面的内容。

(1) 一组图形。根据机械制图相关国家标准的规定,要采用适当的表达方法,将零件的内、外结构和形状正确、完整、清晰地表达出来。

(2) 完整的尺寸。零件图要用正确、完整、清晰、合理的尺寸表示零件各部分结构的形状、大小和相对位置。

(3) 技术要求。零件图要用规定的代号、符号和文字说明零件在制造、检验和装配时应达到的质量标准。技术要求主要包括表面粗糙度、尺寸公差、几何公差、表面处理及热处理等。

(4) 标题栏。标题栏说明零件的名称、材料、数量、比例、图号以及设计、制图、审核人员的签名、日期等内容。图6-1所示为齿轮油泵的左泵盖3D模型和零件图。

(a)

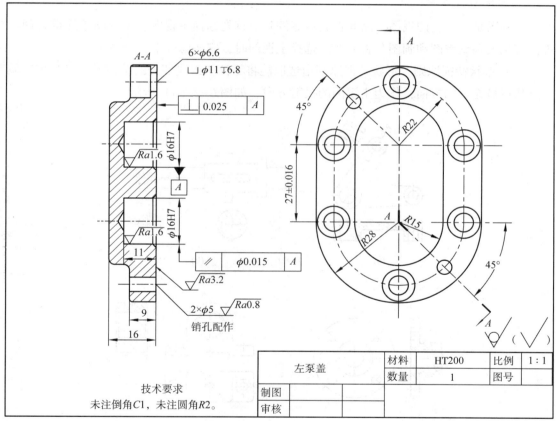

(b)

**图 6-1 左泵盖 3D 模型和零件图**

(a) 3D 模型;(b) 零件图

## §6.2 零件图的视图选择和尺寸标注

### 6.2.1 零件图的视图

选择零件图视图的要点是采用适当的表达方法，完整、清晰地表达出零件各部分的结构形状，并在便于看图的前提下，力求画图简便。所以，画零件图时必须选择一个较好的表达方案，它包括主视图的选择、视图数量和表达方法的确定。

**1. 主视图的选择**

主视图是最重要的视图，因此在表达零件时应首先选择主视图。主视图选择得合理与否，直接关系到看图和画图是否方便。选择主视图时，应考虑以下 3 个原则。

（1）形状特征原则。形状特征原则指选取能将零件各组成部分的结构形状以及相对位置反映得最充分的方向，作为主视图的投射方向，如图 6-2（a）所示。

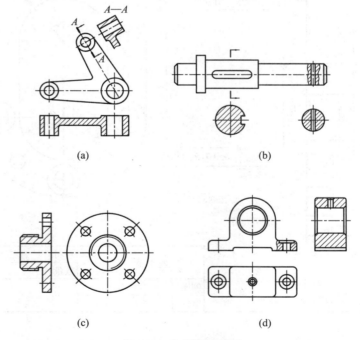

图 6-2 主视图的选择

（2）加工位置原则。加工位置原则指按照零件在主要加工工序中的装夹位置选取主视图，主视图尽量与加工位置一致，以使制造者看图方便。如轴、套、轮、盘、盖等回转类零件主要在车床进行加工，其主视图一般按车削加工位置安放，即轴线水平放置。如图 6-2（b）、（c）所示。

(3) 工作位置原则。工作位置原则指按照零件在机器或部件中工作时的位置选取主视图。如支座、箱体类零件，它们的结构形状比较复杂，加工工序较多，加工时的装夹位置经常变化，这类零件一般按工作位置选取主视图，这样使零件图便于与装配图直接对照。如图6-2（d）所示。

另外，有一些运动零件，它们的工作位置并不固定：有的零件处于倾斜位置；还有的零件需要多道工序才能加工出来，而各工序的加工位置又各不相同。因此，在选择主视图时，当确定了主视图的投射方向后，要根据零件的特点将主视图尽量贴合零件的工作位置或加工位置。此外，还要考虑其他视图的合理布置，充分利用图纸。

2. 其他视图的选择

其他视图要根据零件的内、外形状特征及主视图的表达而定，将主视图上未表达清楚的结构形状表达清楚。视图数量的选择要恰当，尽量避免重复表达零件的某些结构形状；表达方法的选择应正确、合理。

选择其他视图的原则是：在充分表达零件内、外结构形状的前提下，尽量减少视图的数量，力求绘图和读图简便。

### 6.2.2 零件图的尺寸标注

零件图上所注的尺寸应满足正确、完整、清晰和合理的要求。前三项在第3章中已经作过介绍，本节只介绍零件尺寸标注的合理性。所谓合理性，是指所标注的尺寸既要满足设计要求，又要满足工艺要求；既要保证零件在机器中的工作性能，又要使加工、测量方便。

1. 尺寸基准

标注或度量尺寸的起点称为尺寸基准。尺寸基准按其用途不同，分为设计基准和工艺基准两种。

（1）设计基准。设计基准用来确定零件在机器或部件中的准确位置，是设计零件时首先要考虑的。一般以零件的对称平面、底板的安装面、重要的端面、装配的结合面，以及回转体的轴线作为设计基准，轴承座长度和高度方向的尺寸基准如图6-3所示。

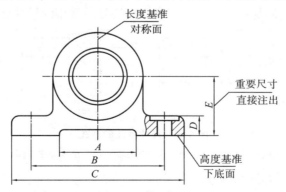

图6-3 轴承座长度和高度方向的尺寸基准

（2）工艺基准。工艺基准是指零件在加工和装配过程中所用的基准。按用途不同，工艺基准分为装配基准、测量基准、定位基准和工序基准，图6-4所示为轴套的加工工艺基准。

每个零件都有长、宽、高三个方向的尺寸，因此，每个方向至少要有一个基准。当某一方向上有若干个基准时，可以选择一个设计基准作为主要基准，将其余的尺寸基准作为辅助基准。

2. 重要尺寸应直接注出

零件上凡是影响产品性能、工作精度和互换性的尺寸都是重要尺寸。为了保证产品质量，重要尺寸必须从设计基准直接注出。如图6-3所示，轴承座安装孔的中心高度是高度方向的重要尺寸，应从设计基准（座体下底面）直接注出尺寸。

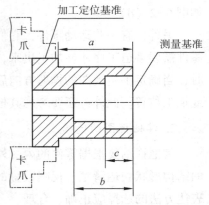

图6-4 轴套的加工工艺基准

3. 避免标注成封闭的尺寸链

零件某一方向上的尺寸首尾相互连接，构成封闭尺寸链，如图6-5（a）所示的轴向尺寸。标注尺寸时，应选择一个最不重要的尺寸不予标注，以避免注成封闭尺寸链。零件图上标注尺寸的形式与工艺方法有关，通常有以下三种。

（1）坐标式。坐标式标注指同一方向的尺寸从同一基准注起，如图6-5（b）所示。其优点是不会积累误差，缺点是难以保证每一段尺寸的精度要求。因此，坐标式标注只适用于需要从一个基准决定零件上一组精确尺寸的情况。

（2）链式。链式标注指同一方向的尺寸首尾相接，如图6-5（c）所示。其优点是可以保证每一段尺寸的精度要求，缺点是每一段的误差积累在总长上。因此，链式标注只适用于对零件上每一分段尺寸精度要求较高的情况，例如在零件上要求保证一系列孔的中心距时，常采用链式标注。

（3）综合式。综合式标注是链式标注和坐标式标注的综合，如图6-5（d）所示。其兼有上述两种标注形式的优点。因此，综合式标注是最常用的尺寸标注形式。

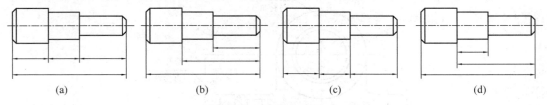

图6-5 尺寸标注的形式

(a) 封闭尺寸链（错误标注）；(b) 坐标式标注；(c) 链式标注；(d) 综合式标注

4. 尺寸标注要便于加工和测量

在满足零件设计要求的前提下，标注尺寸时要尽量符合零件的加工顺序，并且要方便测量，即尺寸应注在表示结构最清晰的图形上，同一工序尺寸应尽量集中注写。如图6-6、图6-7所示。

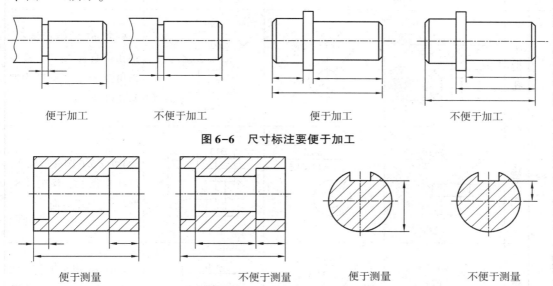

图6-6　尺寸标注要便于加工

图6-7　尺寸标注要便于测量

5. 零件上常见孔结构的尺寸标注

零件上常见孔结构的尺寸注法见表6-1。

表6-1　零件上常见孔结构的尺寸注法

| 类型 | | 旁注法 | 旁注法 | 普通注法 | 说明 |
|---|---|---|---|---|---|
| 光孔 | 普通孔 | 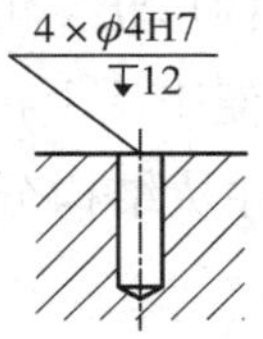 4×φ4H7 ↧12 | 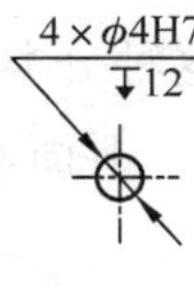 4×φ4H7 ↧12 | 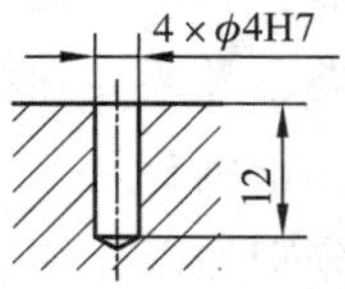 4×φ4H7 | 4个φ4H7深为12的孔，"↧"为孔深符号 |
| 螺孔 | 通孔 | 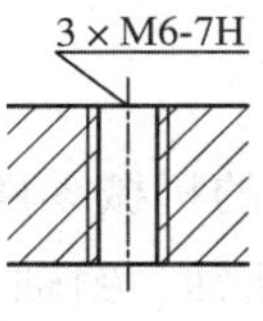 3×M6-7H | 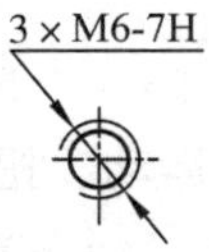 3×M6-7H | 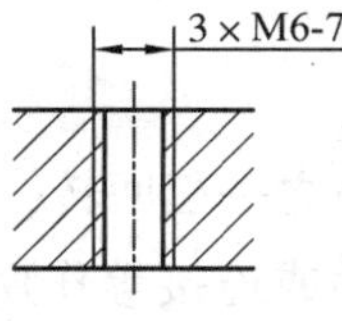 3×M6-7H | 3个M6-7H的螺纹通孔 |
| 螺孔 | 盲孔 | 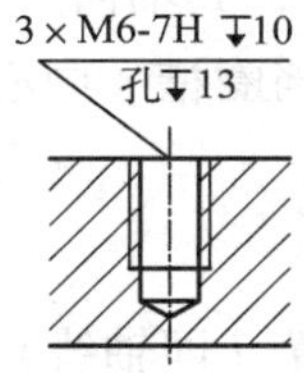 3×M6-7H ↧10 孔↧13 | 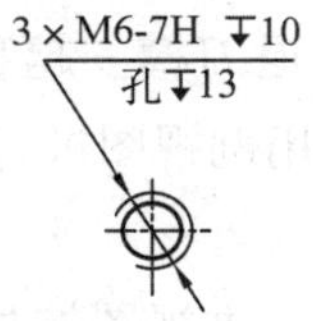 3×M6-7H ↧10 孔↧13 | 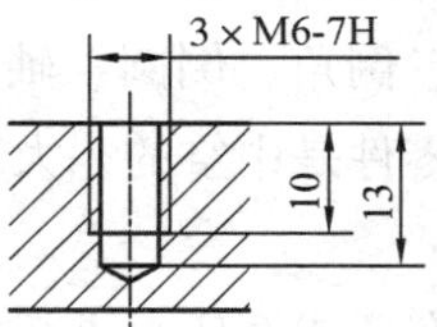 3×M6-7H | 3个M6-7H的螺纹盲孔，螺纹孔深10，钻孔深13 |

续表

| 类型 | | 旁注法 | 普通注法 | 说明 |
|---|---|---|---|---|
| 沉孔 | 锥形沉孔 | 6×φ7 ∨φ13×90° | 6×φ7 ∨φ13×90° | 6 个 φ7 的锥形沉孔，锥孔口直径为 13，锥面顶角为 90°，"∨" 为埋头孔符号 |
| | 柱形沉孔 | 4×φ6.6 ⊔φ13▼4.5 | 4×φ6.6 ⊔φ13▼4.5 | 4 个 φ6.6 圆柱形沉孔，沉孔直径 13，深为 4.5，"⊔" 为锪平方向 |
| | 锪平沉孔 | 4×φ9 ⊔φ20 | 4×φ9 ⊔φ20 | 4 个 φ9 锪平沉孔，锪平孔直径为 20，锪平孔不需标注深度，一般锪到不见毛面为止 |

### 6.2.3 典型零件的视图分析及尺寸标注

零件因用途不同，其形状和结构是千变万化的。根据零件的结构形状，可将零件分为四大类：轴套类、轮盘盖类、叉架类和箱体类。这种分类的目的是便于从中找出规律性的东西，作为合理选择视图、正确标注尺寸的参考，下面对典型零件从结构分析、视图表达、尺寸分析等几个方面分别加以介绍。

1. 轴套类零件

1）结构分析

轴是支承转动零件并与之一起回转，以传递运动、扭矩或弯矩的机械零件；套是安装在轴上，起轴向定位、传动或连接等作用的零件。轴套类零件包括轴、销轴、杆、衬套、轴套、套筒等，这类零件的主要结构是同轴回转体（圆柱或圆锥），其轴向尺寸远大于径向尺寸，轴上常有键槽、倒角、倒圆、轴肩、退刀槽、越程槽、挡圈槽、中心孔、销孔，以及螺纹等结构。套类零件是中空的，大多采用剖视图进行表达。

2）视图表达

轴套类零件主要在车床或磨床上进行加工，主视图按加工位置（即轴线）水平放置，便于工人加工零件时看图。轴套类零件的表达方法一般为一个基本视图，即用主视图表达，而用移出断面图、局部剖视图和局部视图等方法来表达轴上孔、键槽和中心孔等结构,用局部放大图来表达退刀槽等细小结构,以利于尺寸的标注。对于中空的套,则需要剖开来表达它的内部结构。可根据套的内外结构的复杂程度,采用全剖视图、半剖视图和局部剖视图等表达方法。

如图6-8所示的主动齿轮轴,根据加工位置,将主视图选择为轴线水平放置,表达了该零件的形状和结构,此外,用一个移出断面图表达轴上键槽的深度和宽度。

3) 尺寸分析

轴套类零件以轴线为径向基准来标注各轴段的直径;以重要轴肩端面为轴向尺寸基准。下面以图6-8所示的主动齿轮轴零件图为例,分析其尺寸标注。

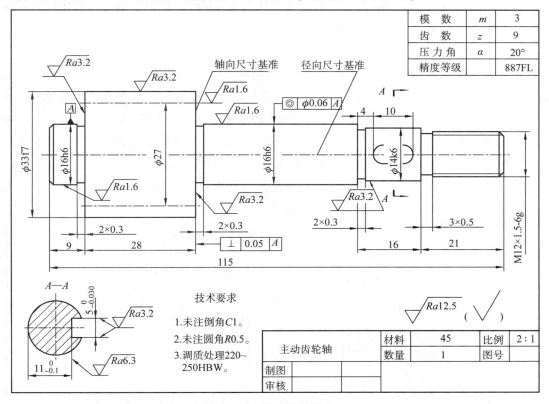

图6-8 主动齿轮轴零件图

(1) 尺寸基准。该零件的径向尺寸基准为其回转轴线,φ33右端轴肩为轴向尺寸基准,也是装配基准。

(2) 径向尺寸和轴向尺寸。该零件有5个轴段,分别标注其径向尺寸φ16h6、φ33f7、φ16h6、φ14k6、M12×1.5-6g,其中有四段与安装在该轴上的零件孔有配合要求(详见本章的§6.4小节),直接标注出了尺寸及公差。轴向长度尺寸有9、28、15和21。

(3) 总体尺寸。总长为115,为避免注成封闭尺寸链,将开环尺寸选择在不重要的轴段,第三轴段伸出泵体外,轴向尺寸与泵体和右泵盖间无配合要求,故没有标注该轴段长度方向的尺寸。

(4) 键槽尺寸。键槽为标准结构,其定形尺寸可通过查表求得:长10,宽$5_{-0.030}^{0}$,深

$11_{-0.1}^{0}$，轴向定位尺寸为4。

(5) 工艺结构尺寸。倒角、螺纹退刀槽、砂轮越程槽等标准的工艺结构尺寸要通过查表进行标注，两端倒角尺寸均为$C1$，螺纹退刀槽尺寸为3×0.5，三处砂轮越程槽尺寸均为2×0.3。

2. 轮盘盖类零件

1) 结构分析

轮盘盖类零件包括各种齿轮、手轮、带轮、法兰盘、端盖、压盖等。这类零件的主体部分由回转体组成，基本形状是扁平的盘状，其上常有键槽、轮辐、销孔、沉孔、凸台等结构，往往有一个端面与其他零件接触。

2) 视图表达

毛坯多为铸件，主要在车床上加工，平盖板类零件用刨床或铣床加工。以车削加工为主的零件，轴线水平放置；不以车削加工为主的零件，按工作位置放置。轮盘盖类零件一般采用两个基本视图来表达，主视图多按加工位置将轴线水平放置，常用全剖视图或半剖视图表达内部的孔、槽等结构；有关零件的外形和各种孔、肋、轮辐等的数量及其分布情况，通常选用左（或右）视图来进行表达。如果还有细小结构，则还需要增加局部放大图。

如图6-9所示的右泵盖，主视图采用全剖视图表达泵盖孔的形状和深度，用左视图表达泵盖的外形及六个沉孔、两个销孔的分布情况。

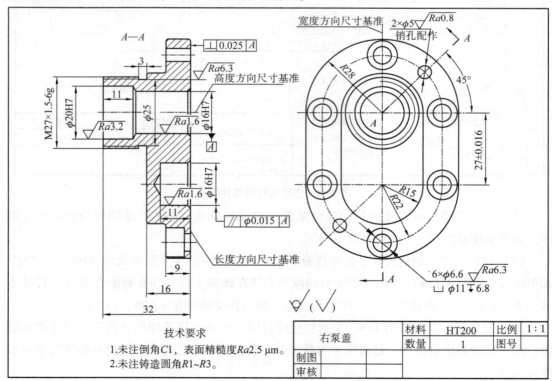

图6-9 右泵盖零件图

3）尺寸分析

轮盘盖类零件一般以轴线为径向基准来标注零件各段的径向尺寸；轴向基准一般是与其他零件接触的端面（从沉孔的方向可以看出）。所以，主视图上集中了零件的大部分尺寸。下面以图6-9所示的右泵盖零件图为例，分析其尺寸标注。

（1）尺寸基准。右泵盖的右端面在装配时与泵体端面贴紧，是长度方向的尺寸基准，上方主动齿轮轴的安装孔轴线为高度方向的尺寸基准，泵盖前后对称的平面为宽度方向的尺寸基准。

（2）结构尺寸。泵盖右端长圆形结构的尺寸为 $R28$、$27\pm0.016$、$9$；中间长圆形小凸台的尺寸为 $R15$、$16$，左端外螺纹的尺寸为 $M27\times1.5\text{-}6g$；主动齿轮轴安装轴孔的尺寸为 $\phi20H7$、$11$、$\phi16H7$；从动齿轮轴安装轴孔直径为 $\phi16H7$，孔深为 $11$；6 个与泵体连接的安装沉孔的尺寸为 $\frac{6\times\phi6.6}{\sqcup\phi11\downarrow6.8}$，2 个定位销孔的尺寸为 $2\times\phi5$、$45°$、$R22$；总体长度尺寸为 $32$。

（3）工艺结构尺寸。查表可知，螺纹退刀槽直径为 $\phi25$、槽深为 $3$；倒角为 $C1$。

3. 叉架类零件

1）结构分析

叉架类零件包括各种用途的拨叉、连杆、支架、支座等。拨叉主要用于机床、内燃机等机器的操纵机构，实现操纵机器、调节速度的功能。支架主要在机器中起支承作用。叉架类零件通常由工作部分、支承部分和连接部分组成，其上常有光孔、螺纹孔、肋板、槽等结构。

2）视图表达

毛坯多为铸件或锻件，需要进行多种工序的加工。由于叉架类零件的功用及其在机械加工过程中的位置不很固定，因此，选择主视图时，对于这类零件常以工作位置放置，并结合其主要结构特征来选择。一般需要两个或两个以上的基本视图，零件的倾斜部分用斜视图或斜剖视表达，常采用局部剖视图表达内部结构，对于薄壁和肋板的断面形状常用断面图来表达。

如图6-10所示的支架，主视图采用两处局部剖视图，分别表达了上方圆柱孔、螺纹孔以及下方安装沉孔的形状和深度；左视图表达了安装沉孔的分布，采用局部剖视图表达上方圆柱通孔；此外，还采用一处移出断面图，表达T型肋板的形状和宽度；采用一处局部视图，表达上方凸台的形状。

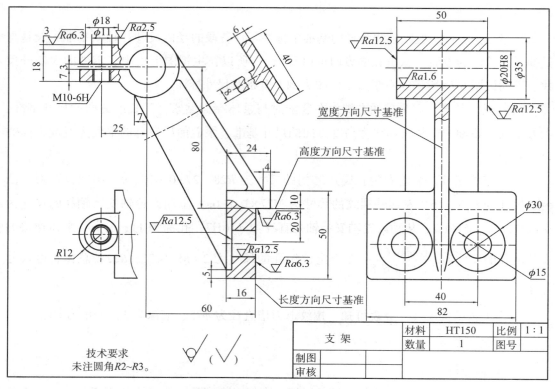

图 6-10 支架零件图

3）尺寸分析

叉架类零件的尺寸标注基本是按照形体分析法进行的。下面以图 6-10 所示的支架零件图为例，分析其尺寸标注。

（1）尺寸基准。安装板的垂直安装面和水平安装面分别是长度方向和高度方向的尺寸基准，宽度方向的基准则是零件的前后对称面。

（2）结构尺寸。结构尺寸包括各部分结构的定形尺寸和定位尺寸。

①底座上的安装板为 L 型方板，其定形尺寸：长为 16 和 10，宽为 82，高为 50 和 24；安装孔的定形尺寸为 $\phi15$ 和 $\phi30$，定位尺寸为 20 和 40。

②夹紧头上圆筒的径向定形尺寸为 $\phi35$ 和 $\phi20H8$，宽为 50，长度方向和高度方向的定位尺寸分别为 60 和 80。

③夹紧头上左上方凸台的径向定形尺寸为 $R12$ 和 $\phi18$，高度为 18、7 和 3；中间的前后方形通槽的高度为 3；上方光孔尺寸为 $\phi11$；下方螺纹孔尺寸为 M10-6H；两孔的定位尺寸均为 25。

④T 型肋板的尺寸在移出断面图中标注，其定形尺寸为 40、6 和 8；长度方向的定位尺寸为 4 和 7，高度方向的定位尺寸为 5。

4．箱体类零件

1）结构分析

箱体类零件包括各种箱体、壳体、阀体、泵体等。这类零件主要起包容、支承其他零件的作用,常有内腔、轴承孔、凸台、肋板、安装板、光孔、螺纹孔等结构,其结构比较复杂。毛坯一般为铸件或焊接件,往往需要经过刨、铣、镗、磨、钻、钳等多道工序加工,且加工位置往往不相同。

2) 视图表达

箱体类零件的结构和形状比较复杂,加工位置变化较多,通常按工作位置和结构形状特征来选择主视图,且一般需要两个以上的基本视图来进行表达。通常通过主要支承孔轴线的剖视图来表达箱体内部的形状结构;对外形常采用相应的视图表达,而对于一些局部的内、外结构,常采用局部视图、局部剖视图、斜视图、局部放大图和断面图等表达。

如图 6-11 所示的阀体,其主视图采用全剖视图,表达竖直、水平两个方向上内孔的形状和深度,以及底板左侧 U 形沉孔的深度;俯视图也采用全剖视图,表达底板的外形、中部圆筒及 U 形沉孔的形状;左视图加强表达了阀体的外形。

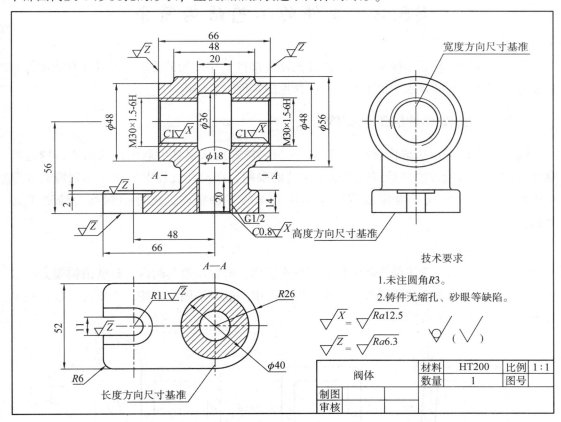

图 6-11 阀体零件图

3) 尺寸分析

箱体类零件尺寸主要由外形尺寸、内部尺寸和其他部分尺寸组成,一般用形体分析法进行标注:宜先选择长、宽、高三个方向的尺寸基准,然后按先主要后次要、先定位后定形、先大后小的顺序进行标注,最后进行适当的调整。下面以图 6-11 所示的阀体零件图为例,分析其尺寸标注。

（1）尺寸基准。选取竖直方向圆筒的轴线作为长度方向的尺寸基准，阀体前后对称平面作为宽度方向的尺寸基准，阀体下底面作为高度方向的尺寸基准。

（2）结构尺寸。结构尺寸包括各部分结构的定形尺寸和定位尺寸。

①底板的定形尺寸为66、R26、52、14；U形沉孔的定形、定位尺寸为R11、48、2。

②主体圆筒的尺寸为 $\phi56$、$\phi48$、66、48、56。

③中部连接圆柱的外径尺寸为 $\phi40$。

④内部孔在水平方向的两端螺纹孔的尺寸为M30×1.5.6H，圆柱孔的尺寸为 $\phi36$、20；内部孔在竖直方向的下方管螺纹内孔的尺寸为G1/2、20，圆柱孔尺寸 $\phi18$。

⑤工艺结构通过查表知，螺纹孔和管螺纹倒角尺寸为C0.8、C1。

# §6.3 零件的工艺结构简介

零件的结构形状，不仅要满足零件在机器（部件）中使用的要求，而且在制造零件时还要符合制造工艺的要求。以下介绍一些常见的零件工艺结构。

## 6.3.1 铸造零件的工艺结构

铸造是将材料加热熔化后倒入模具，等材料冷却后从模具中取出，从而获得特定形状零件的一种制造方法。受到铸造成形工艺的限制，在设计过程中必须考虑到铸造成形的可能性，因而形成了为保证零件成形而必需的零件结构，这种结构称为铸造工艺结构。

**1. 拔模斜度**

在铸造零件时，为了便于将零件从模具中拔出，通常在模具的内、外壁沿拔模方向做出1∶20的斜度，称为拔模斜度。拔模斜度在图中一般可不画、不注，必要时可以在技术要求中说明，如图6-12所示。

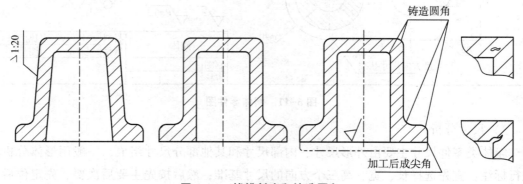

图6-12 拔模斜度和铸造圆角

## 2. 铸造圆角

为了便于拔模，防止浇铸时铁水将模具转角处冲坏，同时也为避免铸件在冷却时产生裂纹和缩孔，把铸件毛坯各个表面的相交处都铸成圆角，称为铸造圆角。铸造圆角一般在图中不标注，而是在技术要求中说明。因为铸造圆角的存在，立体的表面交线模糊不清，但仍须画出，只是交线的两端不与轮廓的圆角相交，这种线称为过渡线。图6-13为过渡线的画法。

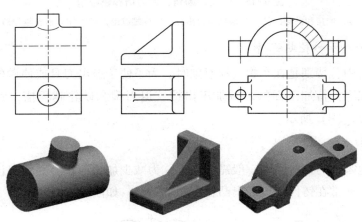

图 6-13　过渡线的画法

## 3. 铸件壁厚

在浇铸铸件时，应使铸件的各个壁厚保持均匀或逐渐过渡，以避免铸件在冷却时发生裂纹和缩孔。如图6-14所示。

图 6-14　铸件壁厚

## 6.3.2　机床加工工艺结构

机床加工简称为机加。在设计机器零件的过程中，也要考虑机加的可能性。机加工艺所必需的零件结构称为机加工艺结构。

### 1. 倒角和倒圆

为了除去零件的毛刺、锐边以便于装配，一般把轴和孔的端部加工成45°倒角。为了避免阶梯轴轴肩的根部因应力集中而断裂，故把轴肩的根部加工成圆角过渡，称为倒圆。如图6-15（a）所示。

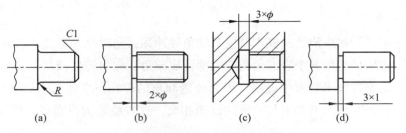

图 6-15 倒角、圆角、退刀槽和越程槽

(a) 倒角和倒圆；(b) 外螺纹退刀槽；(c) 内螺纹退刀槽；(d) 砂轮越程槽

2. 螺纹退刀槽和砂轮越程槽

在切削加工中，特别是在车螺纹和磨削时，为了便于退出刀具或使砂轮能稍微超过磨削部位，先要在零件待加工面的末端加工出螺纹退刀槽和砂轮越程槽，其尺寸标注如图 6-15（b）、（c）、（d）所示。

3. 凸台与凹坑

零件与其他零件的接触面，一般需要加工。为减少加工面积，并能保证零件表面之间有良好的接触，通常在铸件上设计出凸台、凹坑结构，如图 6-16 所示。

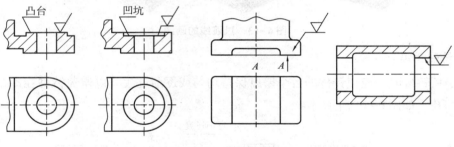

图 6-16 凸台和凹坑

## §6.4 零件图的技术要求

零件图上除了要有表达零件结构形状的视图和零件大小的尺寸外，还必须注明零件在制造和检验时应达到的技术要求，如零件的表面粗糙度、尺寸公差、形状和位置公差及热处理等，以保证零件的使用性能。

### 6.4.1 表面粗糙度

1. 表面粗糙度的概念

零件在加工时，由于机器、刀具的振动，材料被切削分裂时产生塑性变形和刀痕等影响，零件加工表面不可能是光滑平整的理想表面，用放大镜观察可看出表面仍是高低不平的，存在许多间距较小的轮廓峰谷。这种由零件加工表面上所具有的较小间距和峰谷所形成的微观几何形状特征,称为表面粗糙度,如图 6-17 所示。

图 6-17 表面粗糙度

表面粗糙度反映零件表面的光滑程度,它是评定零件表面质量的一项重要指标。它对零件的配合性能、耐磨性、抗腐蚀性、抗疲劳强度、接触刚度、密封性及美观度等均有直接影响。

2. 表面粗糙度的评定参数

在机械图样中,常用表面粗糙度参数 $Ra$(轮廓的算术平均偏差)和 $Rz$(轮廓的最大高度)作为评定表面结构的参数。

①轮廓的算术平均偏差 $Ra$ 是在取样长度 $lr$ 内,纵坐标 $Z(x)$(被测轮廓上的各点至基准线 $X$ 轴的距离)绝对值的算术平均值,如图 6-18 所示。可用下式表示:

$$Ra = \frac{1}{lr}\int_0^{lr} |Z(x)| \, dx$$

②轮廓的最大高度 $Rz$ 是在一个取样长度内,最大轮廓峰高与最大轮廓谷深之和,如图 6-18 所示。

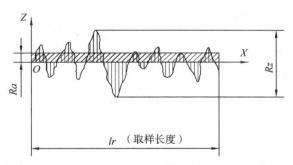

图 6-18 $Ra$、$Rz$ 参数示意

国家标准 GB/T 1031—2009 给出的 $Ra$ 和 $Rz$ 系列值如表 6-2 所示。

表 6-2 $Ra$、$Rz$ 系列值 (单位:μm)

| $Ra$ | $Rz$ | $Ra$ | $Rz$ |
| --- | --- | --- | --- |
| 0.012 | | 6.3 | 6.3 |
| 0.025 | 0.025 | 12.5 | 12.5 |
| 0.05 | 0.05 | 25 | 25 |

续表

| $Ra$ | $Rz$ | $Ra$ | $Rz$ |
|---|---|---|---|
| 0.1 | 0.1 | 50 | 50 |
| 0.2 | 0.2 | 100 | 100 |
| 0.4 | 0.4 |  | 200 |
| 0.8 | 0.8 |  | 400 |
| 1.6 | 1.6 |  | 800 |
| 3.2 | 3.2 |  | 1 600 |

3. 表面粗糙度参数 $Ra$ 的数值与加工方法及应用举例

表面粗糙度参数 $Ra$ 的数值与加工方法及应用举例见表6-3。

**表6-3　表面粗糙度参数 $Ra$ 的数值与加工方法及应用举例**

| $Ra$ | 表面特征 | 主要加工方法 | 应用举例 |
|---|---|---|---|
| 50 | 明显可见刀痕 | 粗车、粗铣、粗刨、钻、粗纹锉刀和粗砂轮加工 | 粗加工表面，一般很少应用 |
| 25 | 可见刀痕 | | |
| 12.5 | 微见刀痕 | 粗车、刨、立铣、卧铣、钻 | 非接触表面、不重要的接触面，如螺钉孔、倒角、机座底面等 |
| 6.3 | 可见加工痕迹 | 精车、精铣、精刨、铰、镗、粗磨等 | 没有相对运动的零件接触面，如箱、盖、套筒；要求紧贴的表面、键和键槽工作表面；相对运动速度不高的接触面，如支架孔、衬套、带轮轴孔的工作表面 |
| 3.2 | 微见加工痕迹 | | |
| 1.6 | 看不见加工痕迹 | | |
| 0.8 | 可辨加工痕迹方向 | 精车、精铰、精拉、精镗、精磨等 | 要求密合很好的接触面，如与滚动轴承配合的表面、锥销孔等；相对运动速度较高的接触面，如滑动轴承的配合表面、齿轮轮齿的工作表面等 |
| 0.4 | 微辨加工痕迹方向 | | |
| 0.2 | 不可辨加工痕迹方向 | | |
| 0.1 | 暗光泽面 | 研磨、抛光、超级精细研磨等 | 精密量具的表面、极重要零件的摩擦面，如气缸的内表面、精密机床的主轴颈、坐标镗床的主轴颈等 |
| 0.05 | 亮光泽面 | | |
| 0.025 | 镜状光泽面 | | |
| 0.012 | 雾状光泽面 | | |
| 0.006 | 镜面 | | |

4. 表面粗糙度符号及其标注

（1）表面粗糙度符号的意义及应用。GB/T 131—2006规定了5种表面粗糙度的符号，见表6-4。

## 表 6-4 表面粗糙度的符号及意义

| 符号 | 说明 |
|---|---|
| ∨ | 基本图形符号，仅用于简化代号标注，当通过一个注释解释时可单独使用，没有补充说明时不能单独使用 |
| ∨ | 扩展图形符号，表示用去除材料的方法获得表面，如通过车、铣、刨、磨等机械加工的表面；仅当其含义是"被加工表面"时可单独使用 |
| ∨ | 扩展图形符号，表示用不去除材料的方法获得表面，如铸、锻等；也可用于保持上道工序形成的表面，不管这种表面是通过去除材料或不去除材料形成的 |
| ∨ ∨ ∨ | 在基本图形符号或扩展图形符号的长边上加一横线，用于标注表面结构特征的补充信息 |
| ∨ ∨ ∨ | 当在某个视图上组成封闭轮廓的各表面有相同的表面结构要求时，应在完整图形符号上加一圆圈，标注在图样中工件的封闭轮廓线上 |

（2）表面粗糙度图形符号的画法及尺寸。表面粗糙度图形符号的画法如图 6-19 所示，表 6-5 列出了表面粗糙度图形符号的尺寸。

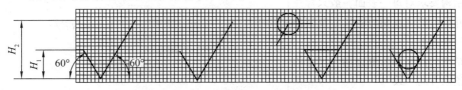

图 6-19 表面粗糙度图形符号的画法

表 6-5 表面粗糙度图形符号的尺寸　　　　　　　　　　　　（单位：mm）

| 数字与字母的高度 $h$ | 2.5 | 3.5 | 5 | 7 | 10 | 14 | 20 |
|---|---|---|---|---|---|---|---|
| 高度 $H_1$ | 3.5 | 5 | 7 | 10 | 14 | 20 | 28 |
| 高度 $H_2$（最小值） | 7.5 | 10.5 | 15 | 21 | 30 | 42 | 60 |

注：$H_2$ 取决于标注内容。

（3）表面粗糙度代号。表面粗糙度代号及其含义见表 6-6。

表 6-6 表面粗糙度代号及其含义

| 代号 | 含义 |
|---|---|
| ∨Ra1.6 | 表示去除材料，单向上限值，默认传输带，$R$ 轮廓，粗糙度算术平均偏差 1.6 μm，评定长度为 5 个取样长度（默认），"16% 规则"（默认） |
| ∨Rz max 0.2 | 表示不允许去除材料，单向上限值，默认传输带，$R$ 轮廓，粗糙度最大高度的最大值 0.2 μm，评定长度为 5 个取样长度（默认），"最大规则" |

续表

| 代号 | 含义 |
|---|---|
| √ U *Ra* max 3.2<br>  L *Ra* 0.8 | 表示不允许去除材料，双向极限值，两极限值均使用默认传输带，*R* 轮廓，上限值：算术平均偏差 3.2 μm，评定长度为 5 个取样长度（默认），"最大规则"，下限值：算术平均偏差 0.8 μm，评定长度为 5 个取样长度（默认），"16% 规则"（默认） |
| 铣<br>√ −0.8/*Ra*3 6.3<br>⊥ | 表示去除材料，单向上限值，传输带：根据 GB/T 6062，取样长度 0.8 mm，*R* 轮廓，算术平均偏差极限值 6.3 μm，评定长度包含 3 个取样长度，"16% 规则"（默认），加工方法：铣削，纹理垂直于视图所在的投影面 |

**5. 表面粗糙度在图样上的标注**

表面结构要求在图样中的标注实例如表 6-7 所示。

表 6-7 表面结构要求在图样中的标注实例

| 说明 | 实例 |
|---|---|
| 表面结构要求对每一表面一般只标注一次，并尽可能注在相应的尺寸及其公差的同一视图上<br>表面结构的注写和读取方向与尺寸的注写和读取方向一致 | |
| 表面结构要求可标注在轮廓线或其延长线上，其符号应从材料外指向并接触表面。必要时表面结构符号也可用带箭头或黑点的指引线引出标注 | |
| 在不致引起误解时，表面结构要求可以标注在给定的尺寸线上 | |
| 表面结构要求可以标注在几何公差框格的上方 | |

续表

| 说明 | 实例 |
|---|---|
| 如果在工件的多数表面有相同的表面结构要求，则其表面结构要求可统一标注在图样的标题栏附近，此时，表面结构要求的代号后面应有以下两种情况：①在圆括号内给出无任何其他标注的基本符号，图（a）；②在圆括号内给出不同的表面结构要求，图（b） | 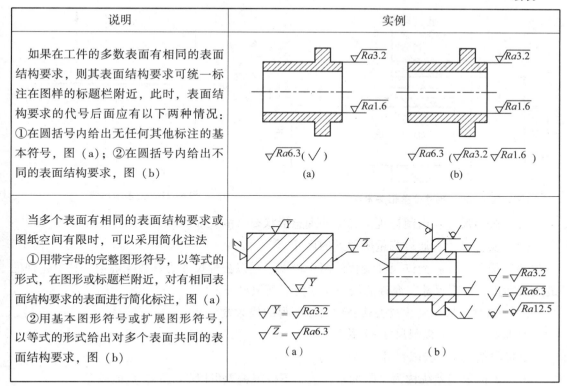 |
| 当多个表面有相同的表面结构要求或图纸空间有限时，可以采用简化注法<br>①用带字母的完整图形符号，以等式的形式，在图形或标题栏附近，对有相同表面结构要求的表面进行简化标注，图（a）<br>②用基本图形符号或扩展图形符号，以等式的形式给出对多个表面共同的表面结构要求，图（b） | |

## 6.4.2 极限与配合

极限与配合是零件图和装配图中一项重要的技术要求，也是检验产品质量的重要技术指标。

1. 互换性

互换性是指在成批或大量生产的零件（或部件）中，不经挑选或修配，便可装到机器或部件上，并且符合设计规定的性能指标。零件具有互换性，不但给机器装配、修理带来方便，更重要的是为机器的现代化大量生产提供了可能性。

要保证零件的互换性，需要确定合理的配合要求和正确的极限尺寸，即合理的尺寸公差大小，以便确保产品质量，并且在制造上又是经济合理的。

2. 尺寸公差

为保证零件具有互换性，必须对零件尺寸规定一个允许变动的范围，这个允许的尺寸变动量就是尺寸公差，简称公差。下面结合图6-20、图6-21和图6-22，介绍和尺寸公差相关的一些术语。

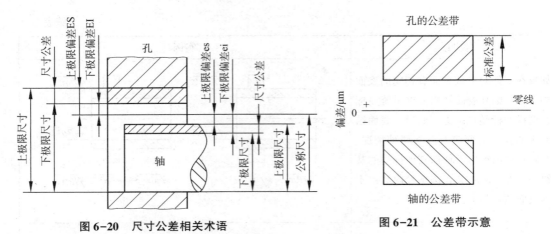

图6-20 尺寸公差相关术语　　图6-21 公差带示意

（1）公称尺寸：由图样规范确定的理想形状要素的尺寸。

（2）实际尺寸：通过测量所得到的尺寸。

（3）极限尺寸：允许尺寸变化的两个极端。它以公称尺寸为基数来确定，其中允许的最大尺寸为上极限尺寸，允许的最小尺寸为下极限尺寸。

（4）偏差：某一尺寸减去其公称尺寸所得的代数差。

上极限偏差＝上极限尺寸－公称尺寸

下极限偏差＝下极限尺寸－公称尺寸

上、下极限偏差统称为极限偏差，上、下极限偏差可以是正值、负值或零。

国家标准规定：孔的上极限偏差代号为 ES，下极限偏差代号为 EI；轴的上极限偏差代号为 es，下极限偏差代号为 ei。

（5）尺寸公差（简称公差）：允许尺寸的变动量。

尺寸公差＝上极限尺寸－下极限尺寸＝上极限偏差－下极限偏差

（6）零线、公差带和公差带图。公差带是表示公差大小和其相对于零线位置的一个区域。为便于分析，一般将尺寸公差与公称尺寸的关系按放大比例画成简图，称为公差带图。在公差带图中，表示公称尺寸的一条直线称为零线，如图 6-21 所示。公差带由公差带的大小和公差带的位置两个要素组成。

（7）标准公差。公差带的大小由标准公差确定。标准公差是国家标准规定的用于确定公差带大小的任一公差，用代号 IT 表示。标准公差分为 20 个等级，即 IT01、IT0、IT1……IT18，它表示尺寸的精确程度，从 IT01 至 IT18 精度依次降低。标准公差的数值由公称尺寸和公差等级确定，可见附表 23。

（8）基本偏差。公差带的位置由基本偏差确定，基本偏差通常为距离零线较近的那个极限偏差。基本偏差共有 28 个等级，用拉丁字母表示，大写字母表示孔，小写字母表示轴。图 6-22 为基本偏差系列图，图中各公差带只表示了公差带位置（即基本偏差），另一端开口，由相应的标准公差等级来确定公差的大小。

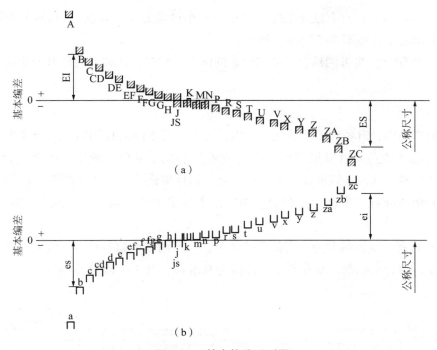

图 6-22 基本偏差系列图
（a）孔；（b）轴

**3. 配合**

公称尺寸相同并且相互结合的孔和轴公差带之间的关系称为配合。根据使用要求不同，孔和轴之间配合时的松紧程度也不同。国标将配合分为三类。

（1）间隙配合，指具有间隙的配合（包括最小间隙为零）。此时，孔的公差带完全位于轴的公差带之上，如图 6-23（a）所示。

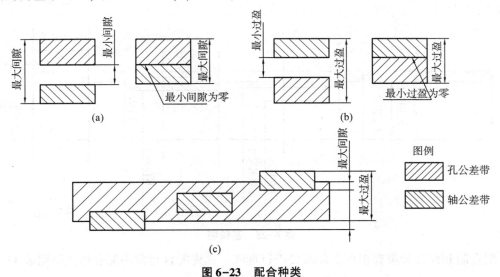

图 6-23 配合种类
（a）间隙配合；（b）过盈配合；（c）过渡配合

（2）过盈配合，指具有过盈的配合（包括最小过盈为零）。此时，孔的公差带完全位于轴的公差带之下，如图6-23（b）所示。

（3）过渡配合，指可能具有间隙或过盈的配合。此时，孔和轴的公差带相互交叠，如图6-23（c）所示。

4. 配合制

在机械产品中，有各种不同的配合要求，这就需要不同的孔和轴公差带来实现。为了获得最佳的经济效益，可以把其中的孔（或轴）公差带的位置固定，而改变轴（或孔）的公差带的位置，从而实现所需要的各种配合。用标准化的孔、轴公差带（即同一极限制的孔和轴）组成配合制度称为配合制。国家标准规定了基孔制和基轴制两种配合的基准制度。

（1）基孔制。基本偏差为一定的孔公差带，与不同基本偏差的轴公差带形成各种配合的一种制度，称为基孔制。基孔制中的孔称为基准孔，其下极限偏差为0，代号为H，如图6-24所示。

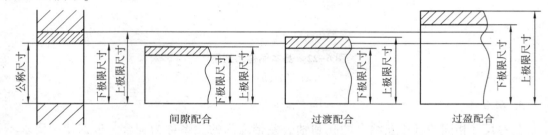

图6-24 基孔制

（2）基轴制。基本偏差为一定的轴公差带，与不同基本偏差的孔公差带形成各种配合的一种制度，称为基轴制。基轴制中的轴称为基准轴，其上极限偏差为0，代号为h，如图6-25所示。

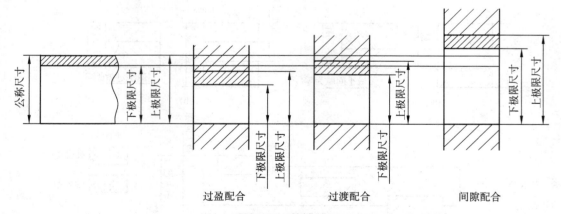

图6-25 基轴制

配合制和配合种类要根据实际需要进行选取，优先配合与常用配合可查阅附表11。

5. 极限与配合的标注

（1）极限与配合在装配图中的标注由两个相互配合的孔和轴的公差带代号组成，用分数的形式表示，分子为孔的公差带代号，分母为轴的公差带代号，如图6-26（a）所示。

（2）极限与配合在零件图中的标注形式有三种：①公差带代号，如图6-26（b）所示；②极限偏差，如图6-26（c）所示；③公差带代号和极限偏差，如图6-26（d）所示。

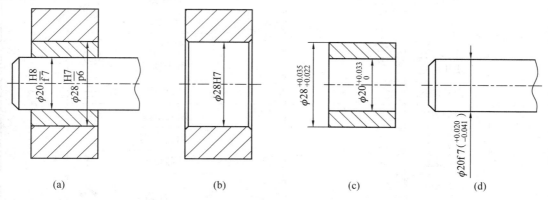

图 6-26　极限与配合在零件图中的标注形式

标注极限偏差时应注意：极限偏差的字号比公称尺寸的字号小一号，下极限偏差与公称尺寸注在同一底线上，上、下极限偏差的小数点必须对齐，如图6-27（a）所示；如果上、下极限偏差中有一个为零时，应标注，且与另一极限偏差的个位数对齐，如图6-27（b）所示；如果上、下极限偏差相对于零线对称，则标注一个偏差值，并在极限偏差前标注"±"符号，如图6-27（c）所示。

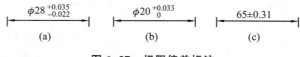

图 6-27　极限偏差标注

【例6-1】解释下列公差带代号的含义。

（1）$\phi 28H7$：公称尺寸为$\phi 28$、基本偏差代号为 H、公差等级为 IT7 的基准孔。

（2）$\phi 28f6$：公称尺寸为$\phi 28$、基本偏差代号为 f、公差等级为 IT6 的轴。

（3）$\phi 28H7/f6$：公称尺寸为$\phi 28$、公差等级为 IT7 的基准孔与相同公称尺寸、基本偏差代号为 f、公差等级为 IT6 的轴，两者组成基孔制的间隙配合。

## 6.4.3　几何公差简介

对于精度要求较高的零件，需要对其尺寸公差和几何公差加以限制。为了满足使用要求，在加工零件时，将尺寸的精度通过尺寸公差进行限制，而零件表面的形状和表面间的相对位置则由几何公差加以限制。GB/T 1182—2018 中规定，几何公差包括形状公差、位置公差、方向公差和跳动公差。

1. 几何公差的代号

几何公差的特征符号如表6-8所示。

表6-8 几何公差的特征符号

| 公差类型 | 名称 | 符号 | 有无基准 | 公差类型 | 名称 | 符号 | 有无基准 |
|---|---|---|---|---|---|---|---|
| 形状公差 | 直线度 | — | 无 | 位置公差 | 位置度 | ⊕ | 有或无 |
| | 平面度 | ▱ | | | 同心度（用于中心点） | ◎ | 有 |
| | 圆度 | ○ | | | 同轴度（用于轴线） | ◎ | |
| | 圆柱度 | ⌭ | | | 对称度 | = | |
| | 线轮廓度 | ⌒ | | | | | |
| | 面轮廓度 | ⌒ | | | | | |
| 方向公差 | 平行度 | ∥ | 有 | 跳动公差 | 线轮廓度 | ⌒ | |
| | 垂直度 | ⊥ | | | 面轮廓度 | ⌒ | |
| | 倾斜度 | ∠ | | | 圆跳动 | ↗ | |
| | 线轮廓度 | ⌒ | | | 全跳动 | ⌰ | |
| | 面轮廓度 | ⌒ | | | | | |

2. 几何公差的标注

几何公差要求注写在两格（无基准要求）或多格（有基准要求）的矩形框格中，其代号包括：几何公差特征符号、几何公差框格和指引线、公差值、基准字母及其他有关符号。几何公差代号的具体形式及尺寸如图6-28所示。

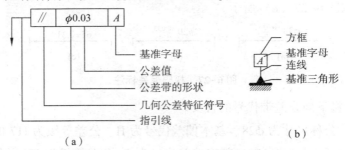

（a）　　　　　　　　　　（b）

图6-28 几何公差代号及基准符号
（a）几何公差代号；（b）基准符号

图6-29为几何公差标注示例。几何公差框格在图样上一般为水平放置，必要时也可垂直放置。几何公差框格通过带箭头的指引线与被测要素相连，指引线可从框格的任一端引出，垂直于框格，一般情况下应垂直于被测要素。当公差涉及轮廓线或轮廓面时，箭头指向该要素的轮廓线或其延长线（应与尺寸线明显错开），如图6-29中的"⌀ 0.005"；当公差涉及要素的中心线、中心面或中心点时，箭头应位于尺寸线的延长线上（与尺寸线对齐），如图6-29中的"○ φ0.02 A"。基准字母要大写并水平书写，基准要素的标

注位置及含义同被测要素。

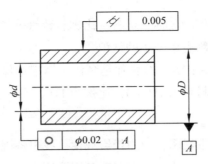

图 6-29 几何公差标注示例

## §6.5 读零件图

读零件图是工程技术人员和技术工人一项经常性的重要工作。通过读零件图，可以了解零件的名称、所用材料和用途，了解零件的结构形状及各部分结构的尺寸，弄清该零件制造、检验的技术要求，以便指导生产或评价零件设计的合理性，从而进行改进和创新。

现以如图 6-30 所示的齿轮油泵泵体零件图为例，介绍读零件图的方法和步骤。

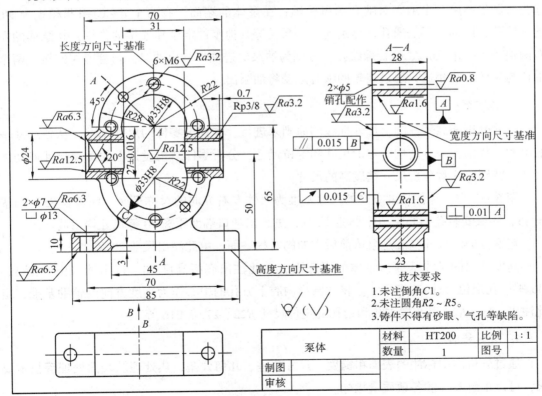

图 6-30 泵体零件图

1. 概括了解

通过看标题栏，了解零件的名称、材料、比例、数量等相关信息，联系典型零件的分类，对该零件的用途、大小等有个初步的认识。

如图 6-30 所示，标题栏中零件的名称是泵体，属于箱体类零件，用于容纳、支承其他零件，零件毛坯为铸件，材料为 HT200，比例为 1:1。

2. 视图分析

分析视图，首先应确定主视图，应用投影规律，找出各视图的配置以及视图间的对应关系，明确各视图采用的表达方法，进而明确各视图所表达零件的结构特点。分析视图时要明确零件的主体结构，然后进行各部分的细致分析，深入了解零件各部分的结构形状，从而想象出零件的整体形状。

图 6-30 中，泵体采用了两个基本视图和一个局部视图。主视图采用局部剖视图，视图部分表达了零件的外形、安装孔的分布情况，以及内腔形状；剖视部分表达了进、出油口的深度以及底板安装沉孔。左视图采用了旋转的全剖视图表达销孔和螺纹孔的深度。此外，还用一个 B 向局部视图表达底板的形状。

综合分析，该零件的下方为矩形方板；底部有方形凹槽，起到减少加工面积、减轻质量的作用；底板两侧各有一个圆柱沉孔，与其他基体相连接；底板上方为长圆形泵体，中间为长圆形空腔，容纳一对啮合的齿轮轴；在泵体的端面，有两个 $\phi5$ 的销孔和 6 个 M6 的螺纹孔，两种孔都是通孔，分别起到与泵盖等其他零件定位和连接的作用；在泵体的左右两端各有一个 Rp3/8 的管螺纹孔，分别为油泵的进油口和出油口，与管道相连接，两个油口与泵体内腔相通，通过齿轮的啮合运动将油泵出。

3. 尺寸分析

尺寸分析根据零件图上尺寸标注的原则来进行。先找出零件的尺寸基准，从各尺寸基准出发，找到各部分结构的定形尺寸和定位尺寸，分析零件结构设计上的重要尺寸或功能尺寸，特别要注意分析尺寸精度高的尺寸。

图 6-30 中，零件长度方向的尺寸基准为泵体左右方向的对称平面，底板长 85、凹槽长 45、底板安装孔中心距 70、内腔长 31、进、出油口端面距离 70 等尺寸均由此注出。

宽度方向的尺寸基准是泵体前后方向的对称平面，由此注出尺寸 28 和 23。

高度方向的尺寸基准为泵体的下底面，由此注出底板高度 10、进出油口中心距 50、M6 螺纹孔定位尺寸 65 等尺寸。将长圆形内腔上方孔的中心作为高度方向的辅助基准，由此注出 $\phi33$、$R28$ 以及螺纹孔和销孔的定位尺寸 $R22$、$27\pm0.016$ 等。

4. 技术要求

通过分析图中标注的表面粗糙度、尺寸公差、几何公差、热处理及表面处理等技术要求，可以了解零件的各项质量指标。

从图 6-30 中可以看到：泵体中长圆形内孔由于要与两个齿轮轴相配合，故直径

φ33H8 是重要尺寸，该孔的表面粗糙度要求也较高，$Ra$ 值为 1.6 μm，而且还有圆跳动公差的要求；两齿轮安装中心距尺寸 27±0.016 的精度要求较高，在加工时必须保证其精度；泵体的前、后两个端面要与泵盖接触安装，有表面粗糙度和几何公差要求；其他技术要求见图中文字所示。

5. 归纳总结

通过上述的读图分析，可对图 6-30 所示泵体的用途、结构形状、尺寸大小、主要加工方法，以及加工中的主要技术指标要求，有一个比较清楚的认识。综合起来，可得出泵体的立体图，如图 6-31 所示。

图 6-31　泵体立体图

## §6.6　典型零件的 3D 建模

### 6.6.1　轴套类零件

以图 6-8 所示的主动齿轮轴零件图为例，介绍轴套类零件的建模方法。

（1）启动 Pro/ENGINEER Wildfire 5.0 软件，单击"新建"命令，弹出对话框，然后选择"新建"→"实体"，在"名称"文本框处输入"chilunzhou"（不能输入汉字），将"使用缺省模板"复选按钮的"√"号去掉，点选"mmns_ part_ solid"选项，最后单击"确定"按钮。

（2）毛坯建模。轴类零件的毛坯是回转体，可用旋转特征进行建模，也可以用逐段拉伸特征建模。此处以逐段拉伸特征建模为例：单击"草绘"图标，选择草绘平面（任意一个平面均可，此处以 TOP 面为例）后单击"确定"按钮，从左向右按图 6-8 所示的尺寸依次画圆、拉伸、左右两轴端倒角、退刀槽倒圆角，最后形成的齿轮轴毛坯如图 6-32 所示。

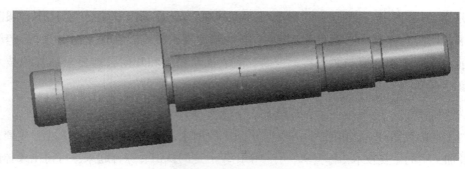

图 6-32　齿轮轴毛坯建模

（3）键槽建模。以 FRONT 为基准，新建基准面 DTM1，距离为 4。以 DTM1 为草绘平面，草绘键槽轮廓并拉伸，去除材料、形成键槽。

（4）螺纹建模（修饰螺纹）。单击"插入"→"修饰"→"螺纹"，分别设置"螺纹曲面""起始曲面""方向""螺纹长度""主直径"，最后形成修饰螺纹，如图 6-33 所示。

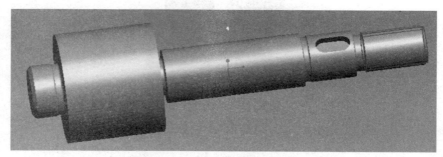

图 6-33　齿轮轴键槽及螺纹建模

（5）轮齿建模。轮齿建模的方法见"5.5.2　标准直齿圆柱齿轮建模"。

（6）该齿轮轴建模完成后，其形状如图 6-34 所示。

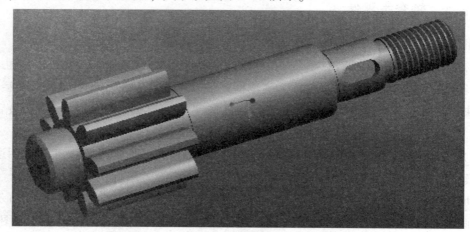

图 6-34　主动齿轮轴建模结果

### 6.6.2 轮盘盖类零件

以图 6-9 所示的泵盖零件图为例,介绍轮盘盖类零件的建模方法。

1. 毛坯建模

第一次拉伸形成法兰,第二次拉伸形成凸台,第三次拉伸形成颈缩,第四次拉伸形成毛坯。

(1) 第一次拉伸。单击"草绘"图标,选择草绘平面(任意一个平面均可,此处以 TOP 面为例),再单击"确定"按钮,草绘法兰轮廓,拉伸 9。

(2) 第二次拉伸。单击"草绘"图标,选择草绘平面(选取第一次拉伸实体上表面),再单击"确定"按钮,草绘凸台轮廓,拉伸 7。

(3) 第三次拉伸。单击"草绘"图标,选择草绘平面(选取第二次拉伸实体上表面),再单击"确定"按钮,草绘 $\phi25$ 颈缩圆,拉伸 3。

图 6-35 泵盖毛坯建模

(4) 第四次拉伸。单击"草绘"图标,选择草绘平面(选取第三次拉伸实体上表面),再单击"确定"按钮,草绘 $\phi27$ 圆,拉伸 13。最后形成的泵盖毛坯如图 6-35 所示。

2. 绘制沉孔和销孔

(1) 绘制沉孔。单击"孔"命令,设置直径为 11、深度为 6.8,选择第一次拉伸后的实体上表面,再选择偏移参照距离 RIGHT 为 0,距离 FRONT 为 35.5,然后单击"确定"按钮;再次单击"孔"命令,设置直径为 6.6、贯穿,选择 $\phi11$ 孔的下表面及轴线,单击"确定"按钮;重复上述步骤即可完成沉孔的绘制。也可以采用先做出部分孔,再用阵列完成的方法。

(2) 绘制销孔。单击"孔"命令,设置直径为 5、贯穿,选择第一次拉伸后的实体上表面,单击"放置"→"类型"→"径向",偏移参照设置角度为 45°、半径为 22,再单击"确定"按钮。重复上述步骤即可完成销孔的绘制,绘制沉孔和销孔后的泵盖如图 6-36 所示。

3. 齿轮安装孔及工艺结构建模。

(1) 绘制通孔。首先绘制 $\phi20$、深度 11 的通孔;再绘制 $\phi16$ 通孔,两孔之间的倒角为 $C2$;最后绘制 $\phi16$、深度 11 的通孔。

(2) 绘制未注倒角 $C1$ 和未注铸造圆角 $R1 \sim R3$。最后形成的完整的泵盖实体如图 6-37 所示。

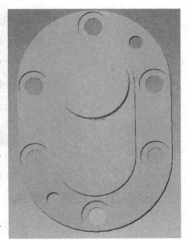

图 6-36 绘制沉孔和销孔后的泵盖

图 6-37 泵盖实体

4. 螺纹建模

螺纹建模方法见"5.5.1 螺纹的创建"。

5. 建模结果

该零件的建模结果，如图 6-38 所示。

图 6-38 泵盖建模结果

### 6.6.3 叉架类零件

以图 6-10 所示的支架零件图为例，介绍叉架类零件的建模方法。叉架类零件的建模具有特殊性：T 型肋板起连接作用，部分定位尺寸无法确定，需要根据作图求解。因此，在建模的时候,首先进行底座建模,然后进行夹紧头建模,最后进行斜拉肋建模。

(1) 底座建模。由于底板是 L 型方板,故先草绘外轮廓,再对称拉伸 82;然后用"孔"命令在一侧进行安装沉孔建模,最后镜像完成建模。

(2) 夹紧头建模。首先按照定位尺寸 60、80,草绘 φ20、φ35 的圆,再对称拉伸 50 形成圆筒;然后新建基准面,最后形成的夹紧部分如图 6-39 所示。

(3) T 型肋板建模。最后形成的完整的支架实体如图 6-40 所示。

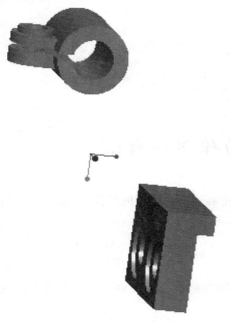

图 6-39 底座及夹紧头建模

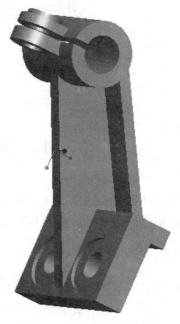

图 6-40 支架实体建模结果

# 第 7 章 装配图

## §7.1 装配图的作用和内容

装配图是用来表达机器或部件的图样。一般把表达整台机器的图样称为总装配图,而把表达其部件的图样称为部件装配图。

### 7.1.1 装配图的作用

装配图是了解机器结构、分析机器工作原理和功能的技术文件,也是制订工艺规程,进行机器装配、检验、安装和维修的依据。

在机器或部件的设计和生产过程中,一般先按设计要求绘制装配图,然后根据装配图完成零件设计并绘制零件图,进而制造出相应的零件,再按装配图把零件装配成机器或部件,使用者也往往通过装配图了解部件和机器的性能、作用、原理和使用方法。因此,装配图是表达设计思想、指导零部件装配和进行技术交流的重要技术文件。

### 7.1.2 装配图的内容

从图 7-1 所示的滑动轴承装配图可以看出,一张完整的装配图包括以下内容。

(1) 一组视图。选用一组视图,采用恰当的表达方法,表达部件或机器的工作原理、零件间的装配关系和连接方式、主要零件的结构形状等。

(2) 必要的尺寸。标明部件或机器在装配、检验、安装时所必需的一些尺寸以及总体尺寸。

(3) 技术要求。用文字或符号说明对机器或部件的性能、装配、检验、调试、验收及使用方法等方面的要求。

(4) 标题栏、零件序号和明细栏。按一定格式将零件进行编号,在明细栏中填写各零件的序号、名称、数量、材料等信息,并填写标题栏。

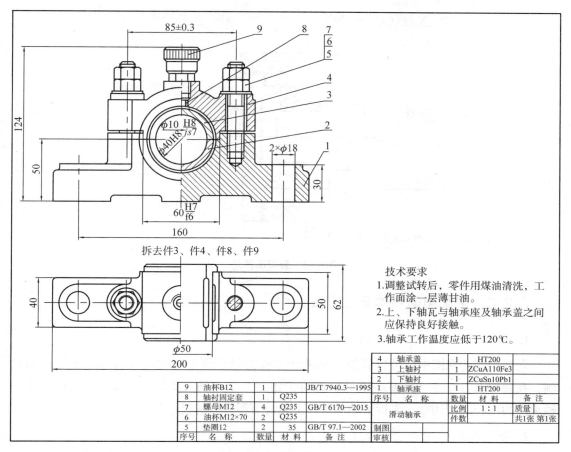

图 7-1 滑动轴承装配图

## §7.2 装配图的表达方法

在绘制零件图时采用时的各种表达方法同样适用于装配图。但由于装配图和零件图的表达重点不同，因此，国家标准对装配图在表达方法上还有一些专门的规定。

### 7.2.1 装配图的规定画法

（1）相邻两零件的接触面和配合面只画一条线，如图 7-2 中"①"所示。相邻两件不接触的表面，即使间隙很小，也必须画两条线，如图 7-2 中"②"所示。

（2）两个相邻的金属零件，其剖面线方向一般应相反，如图 7-2 中"⑦"所示。当三个零件彼此相邻时，则需要通过剖面线的间距加以区分，如图 7-2 中的滚动轴承与座体和端盖。

（3）当剖切平面通过螺纹紧固件以及实心轴、手柄、连杆、球、销、键等零件的轴线时，这些零件均按不剖绘制，如图 7-2 中"④"所示。

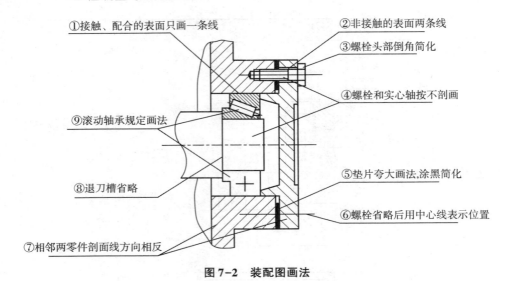

图 7-2 装配图画法

## 7.2.2 装配图的特殊表达方法

**1. 拆卸画法和沿结合面剖切**

在装配图的视图中,可以假想沿某两个零件的结合面进行剖切或拆卸某些零件后绘制,在视图上方标注"拆去××零件"即可,如图 7-1 中俯视图的右半部分是沿轴承盖与轴承座的结合面剖切后,再拆去轴承盖、上轴衬等零件后的投影。

**2. 夸大画法**

在装配图上,对于直径或厚度小于 2 mm 的孔、薄垫片、细丝弹簧、小间隙及较小的斜度、锥度等,若按其实际尺寸绘制难以明显表达时,允许将该部分不按比例而是适当夸大地画出,以便于画图和看图,如图 7-2 中"⑤"所示。

**3. 简化画法**

(1) 在装配图中,零件的工艺结构,如退刀槽、圆角、倒角等允许省略不画,如图 7-2 中"③"和"⑧"所示。

(2) 对于装配图中的若干个相同的零件组,如螺栓、螺钉的连接等,可详细地画出一组,其余的用中心线表示其位置,如图 7-2 中"⑥"所示。

(3) 在装配图中被弹簧或网状零件挡住的结构一般不画出,可见轮廓线从弹簧外轮廓处或弹簧钢丝剖面的中心线画起。

(4) 滚动轴承、密封圈等可采用规定画法,如图 7-2 中"⑨"所示。

**4. 假想画法**

为了表示运动零件的极限位置、部件和相邻零件或部件的关系,可以用细双点画线画出其轮廓,如图 7-3(a)所示。

当需要表达本部件与相邻零件的装配关系时,可用细双点画线画出其相邻零件的轮廓，如图 7-3（b）所示的主轴箱。

5. 展开画法

为了表达传动系统的传动关系及各轴的装配关系，假想将各轴按传动顺序用多个平面沿它们的轴线剖开，依次将剖切平面展开在一个平面上，画出其剖视图，这种画法称为展开画法。这种展开画法在表达机床的主轴箱、进给箱和汽车的变速箱等装置时经常运用，展开图必须进行标注，图 7-3（b）所示为三行星齿轮传动机构的展开画法。

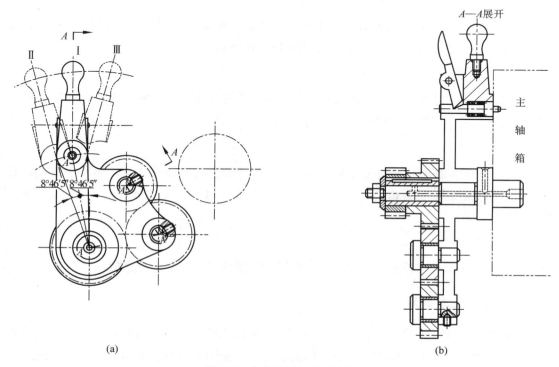

图 7-3　假想画法和展开画法

## §7.3　装配图的尺寸标注和技术要求

装配图中的尺寸标注和技术要求是确保实现装配体功能所必不可少的重要内容，其具体标注要求与零件图有所区别。

### 7.3.1　装配图的尺寸标注

装配图中不标注每个零件的全部尺寸，只需标注与部件性能、装配、安装、运输等有关的必要的尺寸。根据其作用一般包括以下 5 类尺寸。

1. 性能（规格）尺寸

表示机器或部件性能（规格）的尺寸，这些尺寸在设计时就已经确定。如图 7-1 中滑动轴承的轴孔直径为 $\phi 40H8$，它表明了该滑动轴承所支承的轴的大小。

2. 装配尺寸

装配尺寸是用以保证零件装配性能的尺寸，其包括以下两种。

(1) 配合尺寸。配合尺寸是表示零件之间配合性质的尺寸。如图 7-1 中尺寸 $60\frac{H7}{f6}$、$\phi 10\frac{H8}{js7}$ 等。

(2) 相对位置尺寸。相对位置尺寸表示零件之间重要的相对位置。如图 7-1 中轴孔中心到轴承座下底面的中心高度 50，两螺柱中心距 85±0.3。

3. 安装尺寸

机器或部件安装在其他零部件或基座上时所需要的尺寸叫作安装尺寸，如图 7-1 中轴承座下底板上两个安装孔的定形、定位尺寸 2×$\phi$18、160。

4. 外形尺寸

外形尺寸表示机器或部件外形轮廓的大小，即总长、总宽和总高。外形尺寸是机器或部件在包装、运输、安装和厂房设计时的依据，如图 7-1 中滑动轴承总长 200、总宽 62、总高 124。

5. 其他重要尺寸

除了以上四类尺寸外，在设计过程中经过计算或选定的尺寸，应直接标注在图中。

### 7.3.2 技术要求

装配图的技术要求是指在装配时进行调整、试验和检验的有关数据和说明，以及技术性能指标、维护、保养、使用等注意事项的说明。一般用文字写在明细表的上方或图纸的空白处。

## §7.4 装配图的零件序号和明细栏

为了便于看图、装配、图样管理，以及做好生产准备工作，必须在装配图中对每个不同的零件或组件进行编号，这种编号称为零件的序号，同时要编制相应的明细栏。

### 7.4.1 零件序号

(1) 装配图中的序号是由点、指引线、横线（或圆圈）和序号数字组成的。指引线、横线用细实线画出。指引线之间不允许相交，但允许折弯一次。指引线通过剖面线区域时应避免与剖面线平行。序号要比图中尺寸数字的字体大一号或两号，如图 7-4 (a) 所示。

（2）不同的零件编写不同的序号，规格完全相同的零件编写同一个序号。

（3）零件序号的方向应按水平或竖直方向整齐地顺序排列，可以按顺时针方向排列也可以按逆时针方向排列，序号的间隔尽量一致如图7-4（c）所示。

（4）对紧固件组或装配关系清楚的零件组，可采用公共指引线如图7-4（c）所示。若指引线所指的部分很薄时可将该部分涂黑，或在指引线的末端绘制箭头，指向该部分的轮廓，如图7-4（b）所示。

（5）装配图中的标准化组件（如油杯、油标、滚动轴承等）可视为一个整体，编写一个序号。

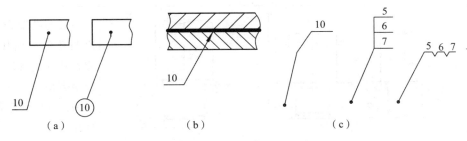

图 7-4　零件序号的编写形式

### 7.4.2　明细栏

明细栏是机器或部件中全部零件的详细记录表。明细栏的画法应遵守如下规则。

（1）明细栏应画在标题栏上方，序号自下而上排列，如图7-5所示。

（2）当标题栏上方不足以列出全部零件时，可以将明细栏分段画在标题栏的左侧。若明细栏不能配置在标题栏的上方，可作为装配图的续页，按A4幅面单独绘制，但须遵守自上而下绘制的规则。

（3）明细栏的左右框线用粗实线绘制，内部框线和最上面的框线用细实线绘制。

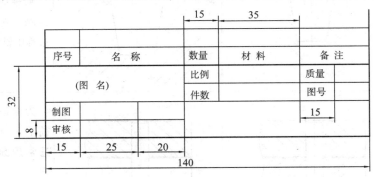

图 7-5　标题栏与明细栏

## §7.5 常见的装配工艺结构

在设计和绘制装配图的过程中，必须考虑装配结构的合理性，以保证机器或部件的性能，并便于零件的加工和拆装。表7-1为装配结构合理性的正误对照。

表7-1 装配结构合理性正误对照表

| 内容 | 合理结构 | 不合理结构 | 说明 |
|---|---|---|---|
| 接触面交角结构 | 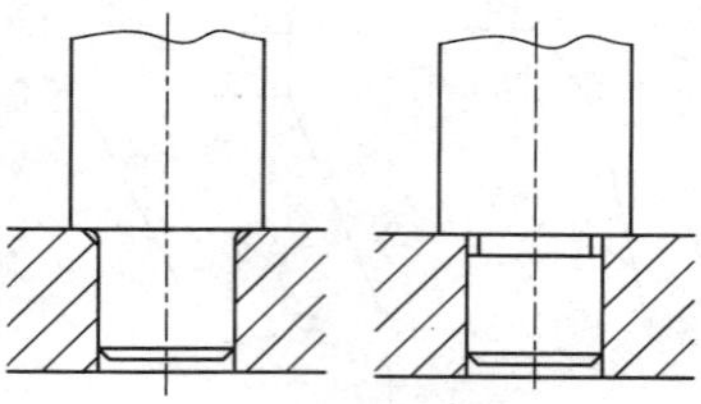 | 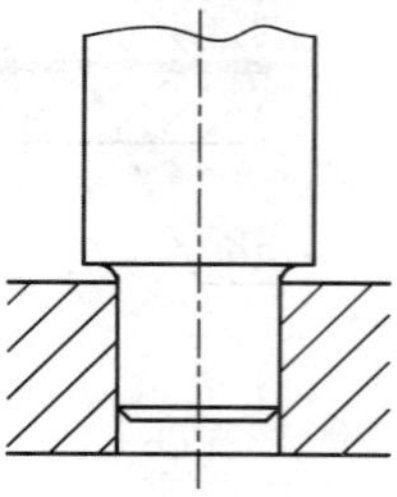 | 当轴与孔配合，且轴肩与孔的端面接触时，应在孔的接触端面制出接触倒角或在轴肩根部切槽，以保证零件接触良好 |
| 两零件接触面的数量 | 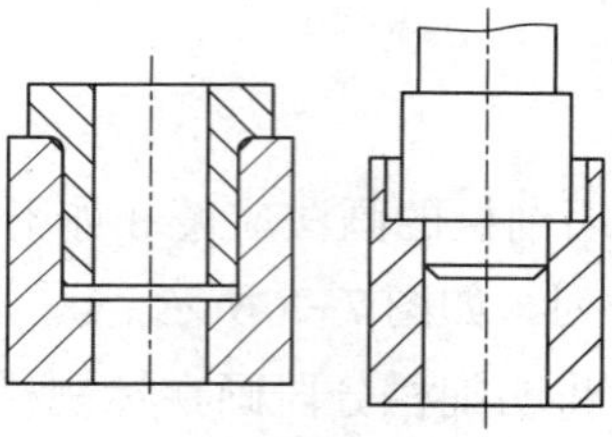 | 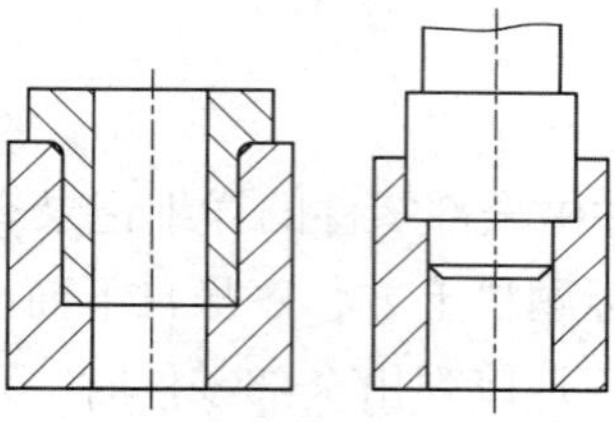 | 当两个零件接触时，同一方向应只有一个接触面，这样既便于装配又降低制造成本 |
| 锥面配合 | 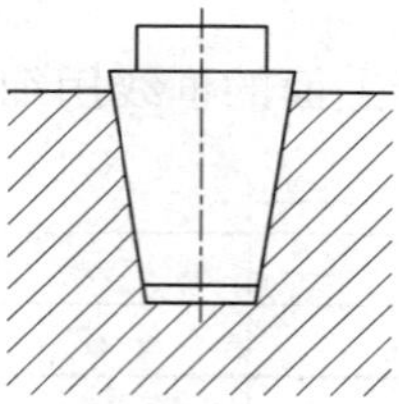 | 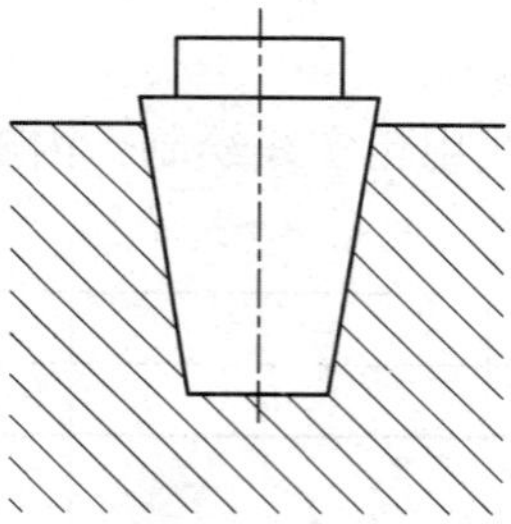 | 圆锥面和端面若同时接触，则不能保证使用过程中锥面接触良好 |
| 销孔 | 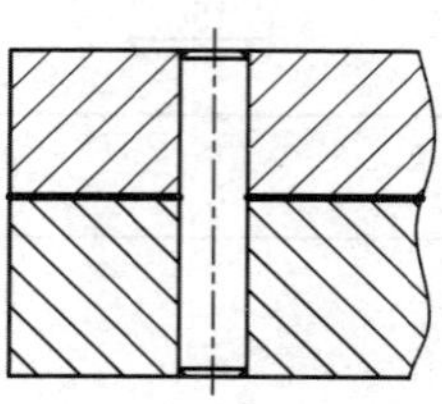 | 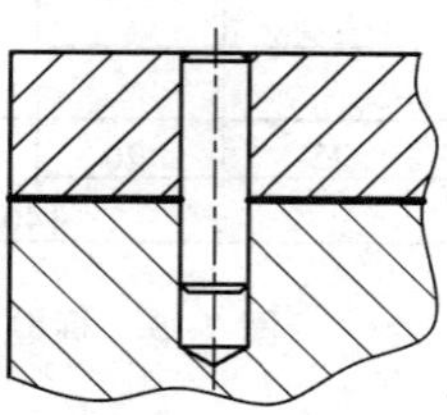 | 为保证两零件在装拆前后不至于降低精度，通常用圆柱销或圆锥销定位<br>为便于加工和拆卸，最好将销孔做成通孔 |

续表

| 内容 | 合理结构 | 不合理结构 | 说明 |
|---|---|---|---|
| 凸台与沉孔 | | | 为保证接触良好,需在被连接件上做出凸台或沉孔 |
| 拆装空间 | | | 螺纹连接处要留有足够的拆卸空间 |
| 轴承拆卸 | | | 滚动轴承要考虑拆卸方便 |

## §7.6 由零件图画装配图

机器或部件由零件组成,根据零件图和装配示意图,就可画出机器或部件的装配图。

画装配图与画零件图的方法步骤类似,首先要了解装配体的工作原理和零件的种类、每个零件在装配体中的功能和零件间的装配关系等,然后看懂每个零件的零件图,想象出零件的结构形状。下面以齿轮泵为例,说明由零件图画装配图的方法和步骤。齿轮泵是液压传动和润滑系统中常用的一个部件,起到对油进行加压和输出的作用。图7-6所示为齿轮泵装配示意图,该部件由15种零件组成,其中左泵盖、主动齿轮轴、右泵盖、泵体的零件图分别如图6-1、图6-8、图6-9、图6-30所示,其余非标准件的零件图如图7-7~图7-11所示。

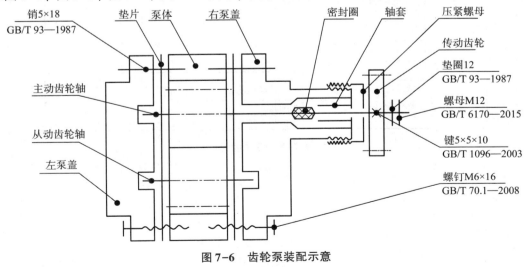

图7-6 齿轮泵装配示意

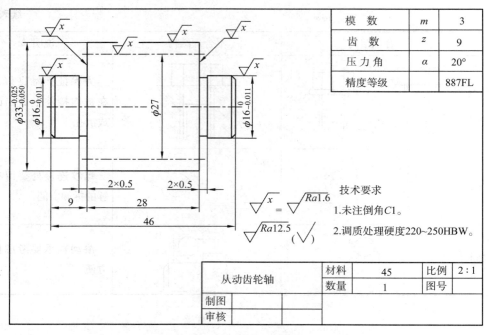

图 7-7 从动齿轮轴

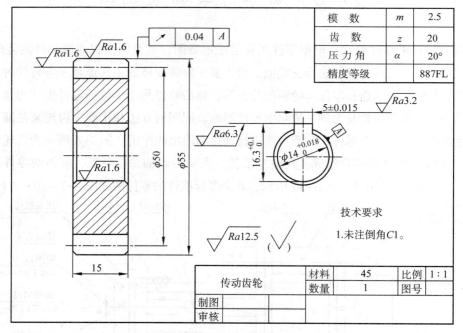

图 7-8 传动齿轮

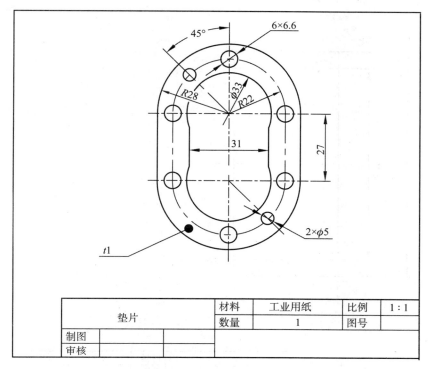

图 7-9 垫片

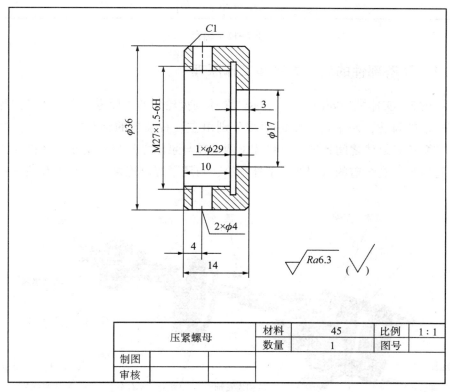

图 7-10 压紧螺母

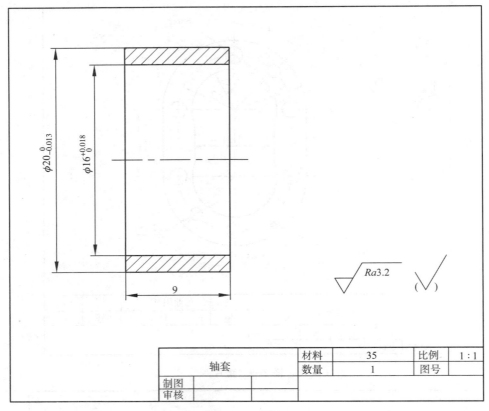

图 7-11　轴套

### 7.6.1　了解部件的装配关系和工作原理

齿轮泵的 3D 实体模型如图 7-12 所示。泵体为齿轮泵的主要零件之一，其内腔容纳一对吸油和压油的齿轮，两个齿轮轴的两端分别由左、右泵盖的轴孔加以支承。为防止漏油，左、右泵盖和泵体之间各加一个垫片，两泵盖与泵体之间分别用 6 个螺钉连接和 2 个圆柱销进行定位。右泵盖的右端加工了外螺纹，与压紧螺母连接，内部装有轴套和密封圈进行密封。

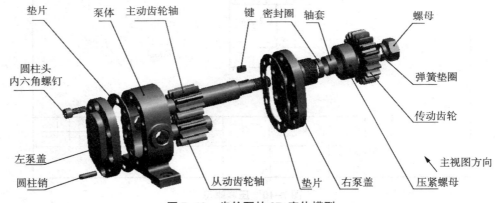

图 7-12　齿轮泵的 3D 实体模型

传动齿轮通过键连接带动主动齿轮轴转动,当主动齿轮轴逆时针旋转带动从动齿轮轴顺时针旋转时,右侧吸油口处产生由于压力降低而产生局部真空,油箱内的油在大气压力的作用下被吸入右侧的吸油口。随着齿轮的转动,齿槽中的油不断被带到左侧的出油口泵出,如图 7-13 所示。

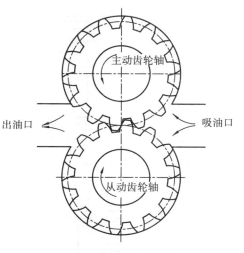

图 7-13 齿轮泵工作原理

### 7.6.2 确定表达方案

1. 选择主视图

部件的主视图通常按工作位置画出,并选择能反映零部件的装配关系、工作原理和主要零件的结构特点的方向作为主视图的投射方向。如图 7-12 所示的齿轮泵,按箭头所示方向作为主视图的投射方向,作全剖视图,并对齿轮轴的轮齿部分采用了局部剖视图,可清楚表达各主要零件的结构形状以及装配关系。

2. 选择其他视图

根据已经确定的主视图,再考虑反映其他装配关系、局部结构和外形的视图。如图 7-12 所示,左视方向沿左泵盖与泵体的接合面进行剖切,采用半剖视图,既可表达泵盖和泵体的外形,也可表达齿轮啮合及进、出油口的情况,清晰地表达了齿轮泵的工作原理。

### 7.6.3 画装配图的步骤

1. 选比例,定图幅,布图

根据装配体的大小、视图数量,定出比例和图纸幅面,合理布置视图位置。画出各视图的作图基准线(如对称中心线、主要轴线和主要零部件的基准面等)。

2. 画底稿

一般从主视图画起,几个视图配合进行。画每个视图时,应先画部件的主要零件及主要结构,再画出次要零件及局部结构。齿轮泵的装配图可先画出泵体,如图 7-14(a)所示;然后按照装配的顺序,依次画出主、从动齿轮轴,垫片以及左、右泵盖,如图 7-14(b)所示;再画出轴套、填料、压紧螺母和传动齿轮两个视图的轮廓线,如图 7-14(c)所示;最后画出螺钉、销、键、弹簧垫圈以及螺母等标准件,如图 7-14(d)所示。

3. 检查、描深、完成全图

检查底稿,准确无误后将图线进行描深,再画剖面线、标注尺寸,然后编写零件序号,填写标题栏、明细栏和技术要求,最后完成的齿轮泵装配图如图 7-15 所示。

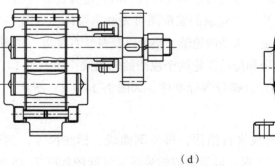

图 7-14 齿轮泵装配图画图步骤

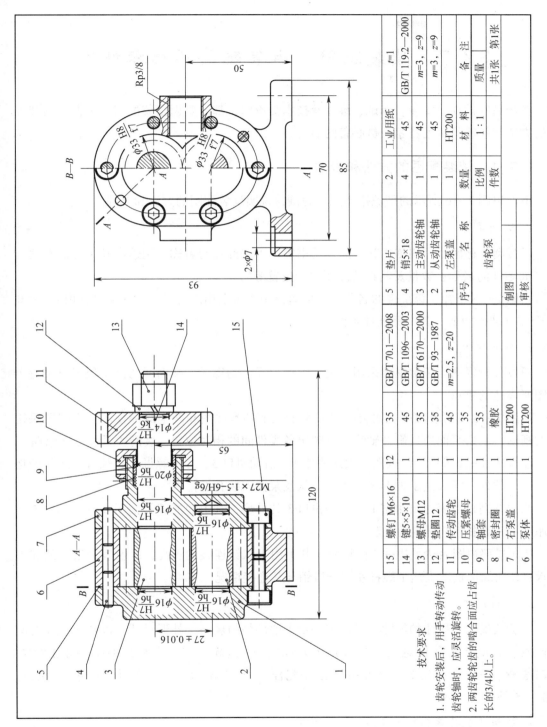

图7-15 齿轮泵装配图

# §7.7 读装配图，由装配图拆画零件图

在产品的设计、安装、调试、维修及技术交流中，都需要识读装配图。掌握识读装配图的方法和技能是工程技术人员必备的能力。

## 7.7.1 读装配图的方法和步骤

下面以图7-16所示的平虎钳装配图为例，说明读装配图的方法和步骤。

1. 概括了解

通过阅读标题栏、明细栏和产品说明书等，了解部件的名称、用途以及零件的相关信息（如零件的名称、数量及其在装配图中的位置等）。

由图7-16可知，该部件的名称为平虎钳，是机床上用来夹紧工件的夹具，由11种共15个零件装配而成，其中标准件4种。

2. 分析视图

通过分析视图，了解视图采用的表达方法，弄清剖视图、断面图的剖切位置以及每个视图所表达的重点。

从图7-16中可看出平虎钳装配图采用了三个基本视图和两个局部视图。主视图采用全剖视图，剖切平面通过螺杆轴线，反映出各零件间的相对位置、装配关系和工作原理。

左视图A—A采用全剖视图，表达钳座1、活动钳口3、方形螺母4和螺钉7之间的连接关系。此外，还表达了方形螺母4的形状及泵体安装孔的位置。

俯视图则重点表达出钳座1和活动钳口3的外形，其中的局部剖视图表达了垫铁5和钳座1、活动钳口3的连接关系。

B向局部视图表达了垫铁5的形状、其上用于螺钉连接的沉孔，以及表面滚花的加工要求；C向局部视图表达了螺杆左端开口销与其连接情况。

3. 分析尺寸

分析装配图上所注的尺寸，可以进一步了解部件的规格、外形尺寸，以及零件间的配合性质、装配要求等信息。图7-16中 0～67、74是规格尺寸；$\phi 12H8/f7$、$\phi 18H8/f7$、$\phi 20H8/f8$、Tr18×4-7H/7e、M10-6H/6g是配合尺寸；206、136、59是外形尺寸；$2\times\phi 11$、110、65是安装尺寸。

4. 分析装配关系和工作原理

从主视图入手，根据各装配干线，分析各零件的相对位置、定位、连接及装配关系。

平虎钳上螺杆的轴线是装配的主要路线。将螺杆2旋入方形螺母4内，螺杆两端的圆柱面与钳座1左右的两轴孔配合（分别为基孔制的间隙配合$\phi 12H8/f7$和$\phi 18H8/f7$），螺

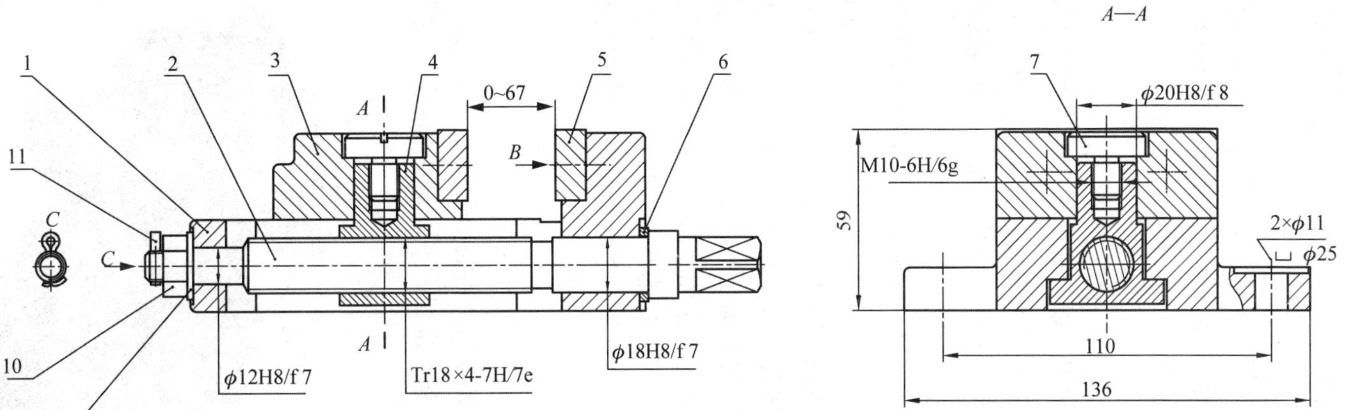

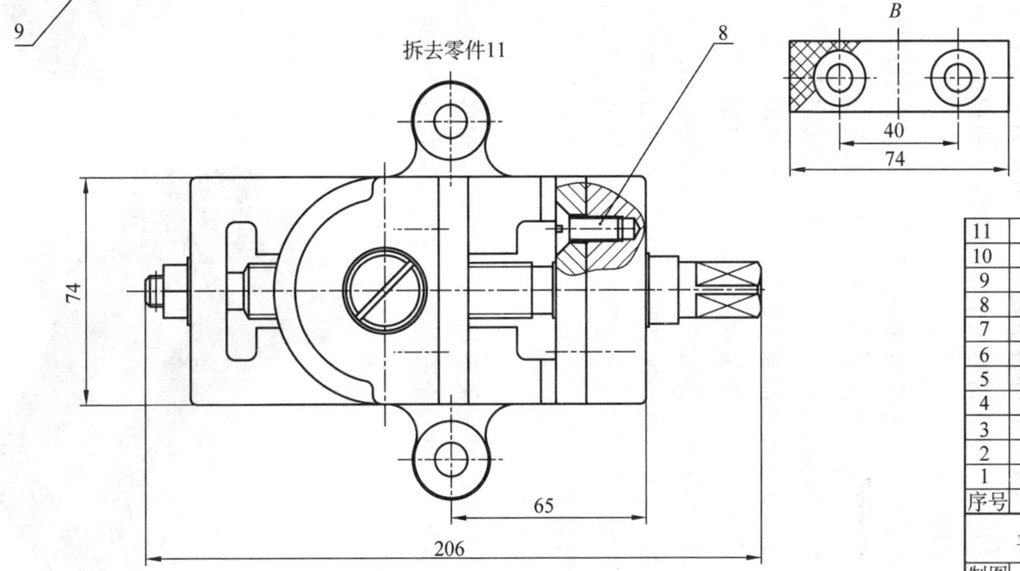

## 技术要求

转动螺杆，方形螺母在钳座中移动灵活。

| 11 | 销2.5×18 | 1 |  | GB/T 91—2000 |
|---|---|---|---|---|
| 10 | 螺母M10 | 1 |  | GB/T 6170—2015 |
| 9 | 垫圈10 | 1 |  | GB/T 97.1—2008 |
| 8 | 螺钉M8×16 | 4 |  | GB/T 68—2016 |
| 7 | 螺钉 | 1 | Q235A |  |
| 6 | 调整垫 | 1 | Q275A |  |
| 5 | 垫铁 | 2 | 45 |  |
| 4 | 方形螺母 | 1 | Q275A |  |
| 3 | 活动钳口 | 1 | 45 |  |
| 2 | 螺杆 | 1 | HT200 |  |
| 1 | 钳座 | 1 | HT200 |  |
| 序号 | 名 称 | 数量 | 材 料 | 备注 |
| 平虎钳 | | 比例 1:1 | | 共1张 第1张 |
| | | 件数 | 质量 | |
| 制图 | | | | |
| 审核 | | | | |

图7-16 平虎钳装配图

杆右端的轴肩通过调整垫 6 在钳座的右端起到轴向定位的作用，其左端用销 11、垫圈 9、螺母 10 与其连接，起到轴向定位作用，从而使螺杆只能在钳座的轴孔内转动。

方形螺母 4 的上端由下而上垂直穿入活动钳口 3 的孔内，$\phi 20H8/f8$ 表示它们之间是基孔制的间隙配合，螺钉 7 将活动钳口 3 和方形螺母 4 连接在一起，方形螺母 4 的下端则安装在钳座 1 的方形槽内。活动钳口 3 的底面平放在钳座左端的上表面。两块垫铁则分别用两个开槽沉头螺钉连接在钳座 1 和活动钳口 3 上。

当沿顺时针方向转动螺杆 2 时，与其螺纹连接的方形螺母 4 则沿着钳座 1 底部长方槽内的平面滑动，带动活动钳口 3 右移，使垫铁 5 闭合夹紧工件。当逆时针转动螺杆 2 时，钳口松开卸下工件。

5. 分析零、部件的结构形状

根据零件序号、明细栏、剖面线方向和间距、投影规律，以及规定画法等将零件从装配图中分离出来，先分析主要零件，再分析其他零件。当零件在装配图中表达不完整时，可结合其作用，并在对有关的其他零件仔细观察和分析后，再进行结构分析，从而确定该零件的结构形状。

平虎钳的主要零件有钳座、活动钳口、方形螺母、螺杆等，下面以钳座为例，进行结构分析。钳座的基本体是由四棱柱体切割而成，其左侧较低的台阶面中间为工字形槽，工字形槽下方为四棱柱通槽，台阶面即为活动钳口的滑行轨道。钳座左右各加工出一个圆柱沉孔，用以放置垫圈以及供螺杆穿出。旋转螺杆时，方块螺母会在槽内水平移动。台阶面右端细小的凹槽应为加工台阶面所需的退刀槽结构。钳座的右部还有一窄小的台阶面以及向上凸起的四棱柱，四棱柱左侧面有两个螺纹孔，四棱柱及其左侧台阶面一起用以安放钳口板及对其定位。在钳座底部的中间，前后对称地分布了两个 U 形凸台，凸台上的圆柱形沉孔用于螺纹紧固件与其他基体相连接，以固定平虎钳。由此可分析想象出钳座的结构形状，如图 7-17 所示。

6. 归纳总结

在对零件的装配关系和主要零件的结构形状分析的基础上，还要结合尺寸分析、技术要求等对装配图进行全面分析，进而加深对整个部件的全面认识。平虎钳的 3D 实体模型如图 7-18 所示。

图 7-17　钳座 3D 实体模型

图 7-18　平虎钳 3D 实体模型

### 7.7.2 根据装配图拆画零件图

设计部件时，需要根据装配图拆画零件图，简称拆图，它是一项重要的生产准备工作，需要在读懂装配图的基础上进行。拆图时应注意以下问题。

#### 1. 零件的视图表达

由于零件图与装配图的作用不同，零件图的视图及表达要根据零件自身的结构特点进行选择，而不能从装配图上照搬。另外，装配图表达的是零件的主要形状和结构，零件的工艺结构在装配图中省略未画，但在零件图中必须清楚表达。

#### 2. 零件图上的尺寸

零件图的尺寸应按第 6 章中所讲 "正确、完整、清晰、合理" 的要求进行标注。拆图时，零件图上的尺寸一般分为以下 5 种情况。

（1）装配图已经注出的尺寸，如装配尺寸、规格尺寸等，应直接拆注在零件图上，如图 7-19 中的 $\phi 12_{\ 0}^{+0.027}$、$\phi 18_{\ 0}^{+0.027}$、$24_{\ 0}^{+0.033}$、74 等尺寸。

（2）零件上标准的工艺结构，如螺纹孔、倒角、圆角、螺纹退刀槽、砂轮越程槽等的尺寸应从机械设计相关手册中查表确定，然后注在零件图上。

（3）两个零件上互相关联的尺寸必须对应，如旋合的内、外螺纹。如图 7-19 中安装垫铁 5 的螺纹孔为 M8-6H，应与装配图中螺钉 8 的螺纹尺寸对应。

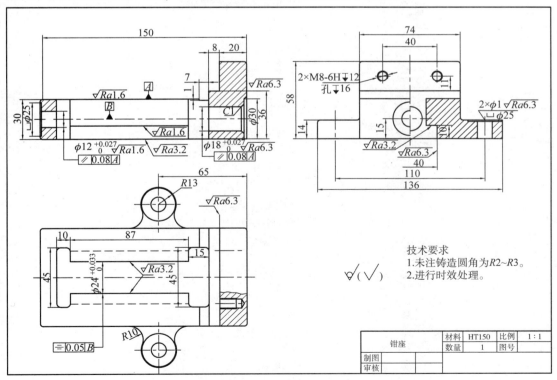

图 7-19　钳座零件图

（4）如有齿轮，则其分度圆、齿顶圆的直径尺寸需要通过计算得到。

（5）装配图上未注的尺寸，需要从装配图中直接量取，按比例计算，取整后标注在零件图上。

3. 技术要求的注写

表面粗糙度 $Ra$ 的值一般根据零件的功能和加工方法，查阅相关手册参照确定，也可以用类比法确定。其他技术要求则需要技术人员根据相关的专业知识和工作经验加以制定。

# 第8章 AutoCAD 二维绘图简介

AutoCAD 是美国 Autodesk 公司开发的一款很有代表性的二/3D 交互图形软件，是目前在计算机上应用最广泛的通用图形软件之一。它具有如下特点：

（1）提供多种用户接口，具有友好的用户界面；
（2）提供基本绘图功能，二维绘图功能十分强大；
（3）提供很强的图形编辑功能；
（4）具有 3D 造型功能；
（5）具有开放的体系结构，提供二次开发接口，如 AutoLISP 编程语言和 VBA；
（6）支持基本图形的交换标准（如 IGES、DXF 等），便于与其他 CAD 系统或 CAPP/CAM 系统交换数据；
（7）提供方便实用的辅助作图功能。

## §8.1 AutoCAD 基础知识简介

### 8.1.1 AutoCAD 的启动

本章以 AutoCAD 2018 为基础介绍 AutoCAD 系列软件的相关知识。启动 AutoCAD 2018，启动后的工作窗口如图 8-1 所示。

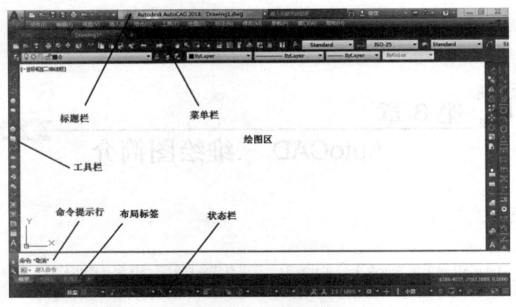

图 8-1 AutoCAD 2018 工作窗口

## 8.1.2 工作窗口

1. 标题栏

标题栏位于工作窗口的顶部，其左侧显示当前正在运行的程序名及当前打开的图形文件名；右侧为 AutoCAD 2018 窗口的控制按钮："最小化"按钮、"最大化/还原"按钮、"关闭"按钮。

2. 绘图区

绘图区是用户绘制图形的区域，类似于手工绘图用的图纸，用户可在绘图区绘制、修改图形文件。通过缩放功能可以无限地放大或缩小绘图区，且没有限制。

3. 菜单栏

菜单栏包含了"文件""编辑""视图""插入""格式""工具""绘图""标注""修改""参数""窗口""帮助"等选项，有的选项还包含下拉菜单，这些下拉菜单几乎涵盖了 AutoCAD 2018 所有的绘图命令。

4. 工具栏

工具栏中的每一个命令都以按钮的形式存在，当光标接触按钮时会出现命令提示。将光标移动到工具栏边界，并按住鼠标左键能够将工具栏移动到任何位置。

设置工具栏执行方式的方法有以下 3 种。

（1）将光标指向任意工具栏按钮并右击，在所示菜单中选择所需工具栏即可。

（2）选择菜单"视图"→"工具栏"。

（3）选择菜单"工具"→"自定义"→"工具栏"。

5. 命令提示行

命令提示行也称文本区，由两部分组成："命令历史"窗口和"命令行"。绘图时应时刻注意此区域的提示信息，否则将会造成错误操作。

6. 布局标签

绘图窗口的底部有"模型""布局1""布局2"三个标签。它们用来控制绘图工作是在模型空间，还是在图纸空间进行。一般绘图工作在模型空间进行，图纸空间主要用于打印、输出图形的最终布局。

7. 状态栏

状态栏用户界面的最下方，状态栏显示当前十字光标所处位置的3D坐标和一些辅助绘图工具按钮的开关状态，如"捕捉""栅格""正交""极轴""对象捕捉""对象追踪""线宽显示"等；还可以设置某些开关按钮的选项配置。

### 8.1.3 文件操作

1. 新建文件

单击菜单栏"文件"→"新建"，或者在工具栏直接单击"新建"按钮，这时弹出"选择样板"对话框，在对话框中出现许多样板文件，然后选择其中一个样板文件（如 acadiso.dwt 样板文件），最后单击"打开"按钮即完成新文件的创建。

2. 打开文件

单击菜单栏"文件"→"打开"，或者在工具栏直接单击"打开"按钮，这时弹出"选择文件"对话框，根据目标文件的保存路径，找到目标文件，然后选择文件，最后单击"打开"按钮即可打开目标文件。

3. 保存文件

单击菜单栏"文件"→"保存"，或者在工具栏直接单击"保存"按钮，当前文件被保存；如果继续编辑、修改文件，则要重新保存文件；如果需要改变文件保存路径或者重命名，单击"文件"→"另存为"命令，这时弹出"图形另存为"对话框，输入文件名称并选择保存路径后，单击"保存"按钮即完成文件的保存。

4. 退出

要退出 AutoCAD 2018 系统，可单击菜单栏"文件"→"退出"，或者在标题栏直接单击"关闭"按钮。如果未保存文件，系统会提示用户保存文件，如果文件已经保存，系统会直接退出。

### 8.1.4 命令输入

AutoCAD 图形的修改、编辑、绘制、标注尺寸等功能是通过输入命令来完成的，通常通过以下4种方式输入命令。

（1）键盘输入。键盘输入可以是直接在动态行输入命令，也可以是在动态窗口输入命令。具体操作方法为在输入命令的首字母后，再按下<Enter>键，命令输入就完成了。例如输入"REC"（"矩形"命令），再按下<Enter>键，"矩形"命令输入就完成了。

（2）菜单输入。将光标移动到菜单栏的任意菜单选项上，此菜单选项的颜色会发生改变，单击打开下拉菜单，将光标放在下拉菜单里的某一命令上，此命令会变为蓝色，单击该命令完成选择。例如选择"修改"→"删除"，表示在"修改"菜单中选择了"删除"命令。

（3）图标按钮输入。将光标移动到工具栏的某一图标按钮上，该图标按钮会自动凸起，并显示此图标按钮的命令指示，单击即完成操作。

（4）快捷键输入。单击菜单栏中的菜单选项，比如"绘图""修改""标注"等，弹出下拉菜单，下拉菜单里的命令选项后面的括号里显示该命令的快捷键。如"直线"命令的快捷键是"L"，将十字光标放在绘图区，直接由键盘输入"L"，则可启动"直线"命令。

### 8.1.5 命令的取消、重复和撤销

某一命令启动后未完成执行，想要取消该命令，可按下<Esc>键。

某一命令完成执行后，想继续重复该命令，可按下<Enter>键或<Space>键。

某一命令完成执行后，想要撤销其执行结果可直接输入"U"，再按下<Enter>键。

### 8.1.6 数据输入

在使用AutoCAD 2018进行图形绘制和修改编辑的过程中，必须要输入一些数据，比如线段的长度、圆的半径、旋转的角度等。常见的数据输入方式有光标拾取、键盘输入、对象捕捉和动态输入。这里只介绍光标拾取和键盘输入两种方法。

1. 光标拾取

用十字光标直接在绘图区内选取点的位置，当光标移动时，可使状态栏左侧显示的坐标值发生即时变化。

2. 键盘输入

键盘输入的特点是准确、方便，点的位置、圆的半径、线段的长度、移动的距离等都可由键盘直接输入。

AutoCAD 2018软件包含用户坐标系（UCS）和世界坐标系（WCS），在进行二维图形的绘制时，最常用的是世界坐标系。在世界坐标系中，水平方向用$X$轴表示，向左为负，向右为正；竖直方向用$Y$轴表示，向下为负，向上为正。键盘输入数据的方式有以下3种。

1）直角坐标法

（1）绝对直角坐标：输入点的绝对坐标值$(x, y)$。直接输入点坐标$(x, y)$，其中$x$

为输入点相对于原点的横坐标值，$y$ 为输入点相对于原点的纵坐标值，注意中间必须用"，"隔开。例如输入坐标值"（30，30）"后按下<Enter>键，系统会自动捕捉到点，如图 8-2（a）所示。

（2）相对直角坐标：输入点的相对坐标值（@$\Delta x$，$\Delta y$）。$\Delta x$ 和 $\Delta y$ 为要确定的点相对于前一点的坐标差值，一定要在输入坐标前输入"@"。例如以点（10，10）为基准点，输入相对坐标值"（@20，20）"后按下<Enter>键，系统会自动捕捉到点，如图 8-2（b）所示。

2）极坐标法

（1）绝对极坐标：输入点的绝对极坐标值为（$r<\alpha$）。其中 $r$ 为输入点距离坐标系原点的距离，$\alpha$ 为输入点相对于 $X$ 轴正方向旋转的角度（逆时针为正，顺时针为负），在 $r$ 和 $\alpha$ 之间输入"<"。例如输入绝对极坐标值"（40<30）"后按下<Enter>键，系统会自动捕捉到距离原点 45，与 $X$ 轴正方向成 30°角的点，如图 8-2（c）所示。

（2）相对极坐标：输入点的相对极坐标值为（@$r<\alpha$），$r$ 为输入点相对于前一输入点的距离，$\alpha$ 为输入点与前一输入点之间的连线与 $X$ 轴正方向的夹角。例如以点（10，10）为基准点，输入相对极坐标值"（@40<30）"后按下<Enter>键，系统会自动捕捉到点，如图 8-2（d）所示。

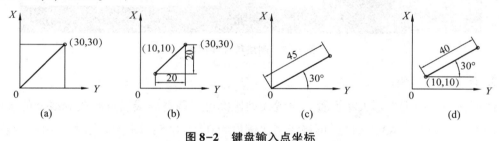

图 8-2　键盘输入点坐标

（a）绝对直角坐标；（b）相对直角坐标；（c）绝对极坐标；（d）相对极坐标

3）鼠标法

用鼠标控制方向，直接用键盘输入距离。

### 8.1.7　绘图环境的设置

#### 1. 设置绘图界限

用户在使用 AutoCAD 2018 绘图时，系统对绘图范围没有作任何设置，绘图区可看作一幅无穷大的图纸，而用户绘制的图形大小是有限的，为了便于绘图工作，需要设置绘图界限，即设置绘图的有效范围和图纸的边界。

设置绘图界限的操作步骤为：单击菜单栏"格式"→"图形界限"命令，启动"图形界限"命令。键入的命令如下。

命令：limits

重新设置模型空间界限：

指定左下角点或 [开（ON）、(OFF)] <0.0000, 0.0000>：↙
指定右上角点 <420.0000, 297.0000>：↙

2. 设置图层

AutoCAD 2018 的图层管理器是用来创建新图层的，每一种线型位于一个单独的图层内，所以一个完整的图形是由若干个图层组合而成的。用户可以在图层特性管理器中进行图层"颜色""线型""线宽"的设置，如图 8-3 所示。

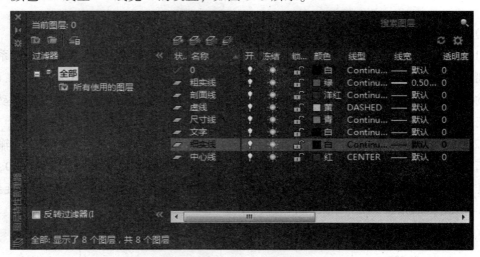

图 8-3　图层特性管理器

3. 设置线型比例

线型比例要根据图形大小设置，设置线型比例可以调整虚线、点画线等线型的疏密程度。当图幅较小时（A3、A4），可将线型比例设为 0.3～0.5；图幅较大时（A0），线型比例可设为 10～25。键入的命令如下。

命令：ltscale（或 lts）
输入新线型比例因子 <1.0000>：0.4↙

4. 设置文字样式

根据国家标准中有关字体的规定，一般要创建"汉字""数字与字母"两种文字样式，分别用于文字书写和尺寸标注。

1）创建"汉字"样式

（1）单击菜单栏"格式"→"文字样式"，弹出如图 8-4 所示的"文字样式"对话框。

（2）单击"新建"按钮，在弹出的"新建文字样式"对话框中的"样式名"文本框中输入"汉字"，然后单击"确定"按钮。

（3）在"文字样式"对话框中，取消"使用大字体"复选按钮，单击"字体名"下拉列表框，从中选择"仿宋_GB2312"，设置"宽度因子"为 0.8。

(4)设置完成后,单击"应用"按钮。

2)创建"数字和字母"样式

(1)继续单击"新建"按钮,在弹出的"新建文字样式"对话框中的"样式名"文本框中输入"数字和字母",然后单击"确定"按钮。

(2)在"文字样式"对话框中单击"字体名"下拉列表框,从中选择"isocp.shx"(或其他接近国标规定字体的字体),设置"倾斜角度"为15°。

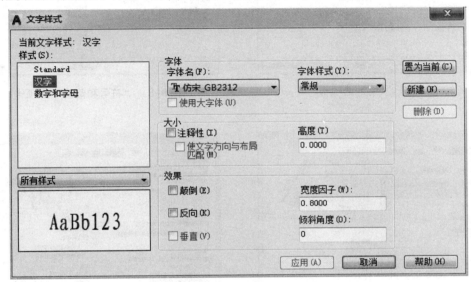

图8-4 "文字样式"对话框

(3)设置完成后,单击"应用"按钮。

5. 设置尺寸标注样式

单击菜单栏"格式"→"标注样式",弹出如图8-5所示的"标注样式管理器"对话框。单击"新建"按钮,分别设置线性尺寸、直径尺寸及半径尺寸,然后设置角度尺寸和用于引线标注的样式。下面仅以线性尺寸为例,"创建新标注样式"对话框及部分选项卡的参数设置见图8-6~图8-11,其余参数均为默认设置。

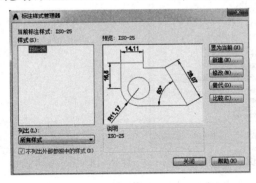

图8-5 "标注样式管理器"对话框

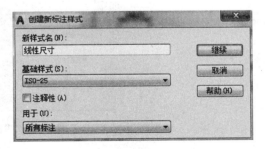

图8-6 "创建新标注样式"对话框

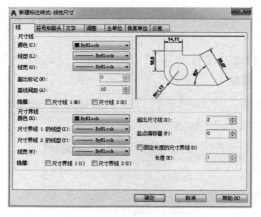
图 8-7　"线"选项卡

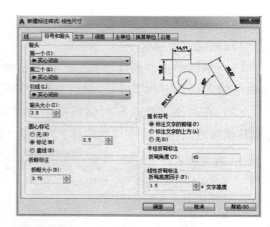
图 8-8　"符号和箭头"选项卡

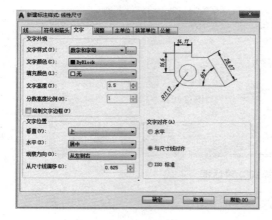
图 8-9　"文字"选项卡

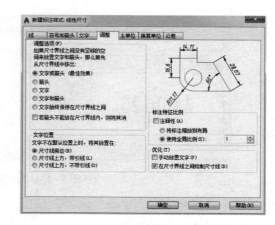
图 8-10　"调整"选项卡

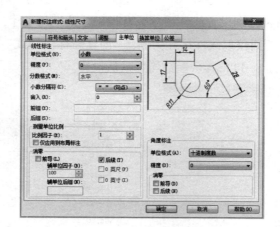
图 8-11　"主单位"选项卡

### 8.1.8 常用绘图命令

任何复杂的图形都是由基本图元（如线段、圆、圆弧、矩形和多边形等）组成的，这些命令都包含在"绘图"工具栏中，如图 8-12 所示。表 8-1 所示为常用"绘图"命令的执行方式和操作格式。

图 8-12 "绘图"工具栏

表 8-1 常用"绘图"命令的执行方式和操作格式

| 命令名称 | 执行方式 | 操作格式 |
| --- | --- | --- |
| 直线 | 命令提示行中输入"LINE（L）"<br>菜单栏中选择"绘图"→"直线"<br>"绘图"工具栏："直线" ╱ 命令 | 命令：LINE<br>指定第一点：<br>指定下一点或 [放弃（U）]：<br>指定下一点或 [闭合（C）/放弃（U）]： |
| 多段线 | 命令提示行中输入"PLINE（PL）"<br>菜单栏中选择"绘图"→"多段线"<br>"绘图"工具栏："多段线" ⌒ 命令 | 命令：PLINE<br>指定起点：<br>当前线宽为 0.0000<br>指定下一个点或 [圆弧（A）/半宽（H）/长度（L）/放弃（U）/宽度（W）]： |
| 正多边形 | 命令提示行中输入"POLYGON（POL）"<br>菜单栏中选择"绘图"→"正多边形"<br>"绘图"工具栏："正多边形" ⬠ 命令 | 命令：POLYGON<br>输入边的数目<4>：<br>指定正多边形的中心点或 [边（E）]：<br>输入选项 [内接于圆（I）/外切于圆（C）] <I>：<br>指定圆的半径： |
| 矩形 | 命令提示行中输入"RECTANG（REC）"<br>菜单栏中选择"绘图"→"矩形"<br>"绘图"工具栏："矩形" ▭ 命令 | 命令：RECTANG<br>指定第一个角点或 [倒角（C）/标高（E）/圆角（F）/厚度（T）/宽度（W）]：<br>指定另一个角点或 [面积（A）/尺寸（D）/旋转（R）]： |
| 圆弧 | 命令提示行中输入"ARC（A）"<br>菜单栏中选择"绘图"→"圆弧"<br>"绘图"工具栏："圆弧" ⌒ 命令 | 命令：ARC<br>指定圆弧的起点或 [圆心（C）]：<br>指定圆弧的第二点或 [圆心（C）/端点（E）]：<br>指定圆弧的端点： |

续表

| 命令名称 | 执行方式 | 操作格式 |
|---|---|---|
| 圆 | 命令提示行中输入"CIRCLE（C）"<br>菜单栏中选择"绘图"→"圆"<br>"绘图"工具栏："圆" 命令 | 命令：CIRCLE<br>指定圆的圆心或［三点（3P）/两点（2P）/相切、相切、半径（T）］：<br>指定圆的半径或［直径（D）］： |
| 样条曲线 | 命令提示行中输入"SPLINE（SPL）"<br>菜单栏中选择"绘图"→"样条曲线"<br>"绘图"工具栏："样条曲线"  命令 | 命令：SPLINE<br>当前设置：方式=拟合 节点=弦<br>指定第一个点或［方式（M）/节点（K）/对象（O）］：<br>输入下一个点或［起点切向（T）/公差（L）］：<br>输入下一个点或［端点相切（T）/公差（L）/放弃（U）］：<br>输入下一个点或［端点相切（T）/公差（L）/放弃（U）/闭合（C）］： |

### 8.1.9 常用修改命令

应用 AutoCAD 2018 软件绘制二维图形时，除"绘图"命令外，最常用的就是"修改"命令，"修改"工具栏如图 8-13 所示。表 8-2 介绍了几种常用的"修改"命令的执行方式和操作格式。

图 8-13 "修改"工具栏

表 8-2 常用"修改"命令的执行方式和操作格式

| 命令名称 | 执行方式 | 操作格式 |
|---|---|---|
| 删除 | 命令提示行中输入"erase（e）"<br>菜单栏中选择"修改"→"删除"<br>"修改"工具栏："删除"  命令 | 命令：erase<br>选择对象： |
| 复制 | 命令提示行中输入"copy（co）"<br>菜单栏中选择"修改"→"复制"<br>"修改"工具栏："复制"  命令 | 命令：copy<br>选择对象：<br>指定基点或［位移（d）/模式（o）］＜位移＞：<br>指定第二个点或［阵列（a）］＜使用第一个点作为位移＞： |

续表

| 命令名称 | 执行方式 | 操作格式 |
|---|---|---|
| 镜像 | 命令提示行中输入"mirror（mi）"<br>菜单栏中选择"修改"→"镜像"<br>"修改"工具栏："镜像" ▲▲ 命令 | 命令：mirror<br>选择对象：<br>指定镜像线的第一点：<br>指定镜像线的第二点： |
| 偏移 | 命令提示行中输入"offset（o）"<br>菜单栏中选择"修改"→"偏移"<br>"修改"工具栏："偏移" ⌐ 命令 | 命令：offset<br>指定偏移距离或［通过（t）/删除（e）/图层（1）］<通过>：<br>选择要偏移的对象，或［退出（e）放弃（u）］<退出>：<br>指定要偏移的那一侧上的点，或［退出（e）多个（m）放弃（u）］<退出>： |
| 阵列 | 命令提示行中输入"array（ar）"<br>菜单栏中选择"修改"→"阵列"<br>"修改"工具栏："阵列" ▦ 命令 | 命令：array<br>输入阵列类型［矩形（r）路径（pa）极轴（po）］<矩形>： |
| 移动 | 命令提示行中输入"move（m）"<br>菜单栏中选择"修改"→"移动"<br>"修改"工具栏："移动" ✥ 命令 | 命令：move<br>选择对象： |
| 旋转 | 命令提示行中输入"rotate（ro）"<br>菜单栏中选择"修改"→"旋转"<br>"修改"工具栏："旋转" ↻ 命令 | 命令：rotate<br>选择对象：<br>指定基点：<br>指定旋转角度，或［复制（c）参照（r）］<0>： |
| 修剪 | 命令提示行中输入"trim（tr）"<br>菜单栏中选择"修改"→"修剪"<br>"修改"工具栏："修剪" ─╱─ 命令 | 命令：trim<br>选择剪切边……<br>选择对象<或全部选择>： |
| 圆角 | 命令提示行中输入"fillet（f）"<br>菜单栏中选择"修改"→"圆角"<br>"修改"工具栏："圆角" ⌐ 命令 | 命令：fillet<br>当前设置：模式 = 修剪，半径 = 0.0000<br>选择第一个对象或［放弃（u）/多段线（p）/半径（r）/修剪（t）/多个（m）］：<br>选择第二个对象，或按住 shift 键选择对象以应用角点或［半径（r）］： |

续表

| 命令名称 | 执行方式 | 操作格式 |
| --- | --- | --- |
| 倒角 | 命令提示行中输入"chamfer（cha）"<br>菜单栏中选择"修改"→"倒角"<br>"修改"工具栏："倒角" ▰ 命令 | 命令：chamfer<br>（"修剪"模式）当前倒角距离 1 = 0.0000，距离 2 = 0.0000<br>选择第一条直线或［放弃（u）/多段线（p）/距离（d）/角度（a）/修剪（t）/方式（e）/多个（m）］：<br>选择第一条直线或［放弃（u）/多段线（p）/距离（d）/角度（a）/修剪（t）/方式（e）/多个（m）］： |

### 8.1.10 常用标注命令

应用 AutoCAD 2018 软件绘制完成二维图形后，要对图形进行尺寸标注。用户可以通过单击"标注"下拉菜单里的命令进行尺寸标注；还可以通过选择"标注"工具栏里的命令按钮，进行尺寸标注，如图 8-14 所示。常用的"标注"命令包括"线性""对齐""半径""直径""角度"等。

图 8-14 "标注"工具栏

### 8.1.11 辅助定点方法

AutoCAD 2018 提供了一些辅助定点的工具，可以帮助用户更快、更精确地绘图。常用的辅助定点工具有"正交""对象捕捉""对象追踪"等，可以通过状态栏上的按钮打开或关闭这些工具，如图 8-15 所示。

图 8-15 状态栏

1. 正交模式

当启用正交模式时，画线或移动对象时只能沿水平方向或垂直方向移动光标，因此只能画平行于坐标轴的正交线段，快捷键为<F8>。

2. 栅格工具

用户可以应用显示栅格工具使绘图区域上出现可见的网格，它是一个形象的画图工具，就像传统的坐标纸一样，快捷键为<F7>。

3. 捕捉工具

为了准确地在屏幕上捕捉点，AutoCAD 2018 提供了捕捉工具，可以在屏幕上生成一个隐含的栅格（捕捉栅格），这个栅格能够捕捉光标，约束它只能落在栅格的某一个节点上，使用户能够高精度地捕捉和选择这个栅格上的点。"捕捉和栅格"选项卡如图8-16所示。

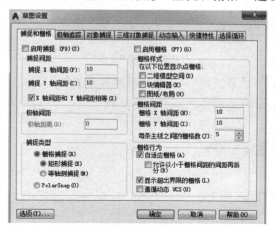

图8-16 "捕捉和栅格"选项卡

4. 对象捕捉

在利用AutoCAD 2018画图时经常要用到一些特殊的点，例如圆心、切点、线段或圆弧的端点、中点等，如果用鼠标拾取的方法，要准确地找到这些点是十分困难的。为此，AutoCAD 2018提供了一些识别这些点的工具，通过这些工具更容易构造新的几何体，能更精确地画出创建的对象，其结果比传统手工绘图更精确且更容易维护。AutoCAD 2018将这种功能称为"对象捕捉"功能，如图8-17所示。"对象捕捉"功能的快捷键为<F3>。

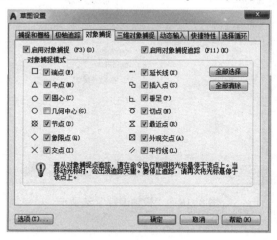

图8-17 "对象捕捉"选项卡

5. 对象追踪

对象追踪是指按指定角度或与其他对象的指定关系绘制对象。可以结合"对象捕捉"功能进行自动追踪，也可以指定临时点进行临时追踪。"极轴追踪"是在作图时沿着某一角度进行追踪的功能，用户可以在草图设置中自行编辑增量角度，如此在增量角度的整数倍方向上都能进行追踪，如图 8-18 所示。

1)"对象捕捉"追踪

"对象捕捉"的执行方式如下。

（1）命令行中输入"DDOSNAP"。

（2）菜单栏中选择"工具"→"草图设置"。

（3）工具栏中选择"对象捕捉"→"对象捕捉设置"。

（4）状态栏中选择"对象捕捉"+"对象追踪"。

（5）快捷键：<F11>。

（6）快捷菜单：对象捕捉设置。

2)"极轴追踪"

"极轴追踪"的执行方式如下。

（1）命令行中输入"DDOSNAP"。

（2）菜单栏中选择"工具"→"草图设置"。

（3）工具栏中选择"对象捕捉"→"对象捕捉设置"。

（4）状态栏中选择"对象捕捉"+"极轴"。

（5）快捷键：<F10>。

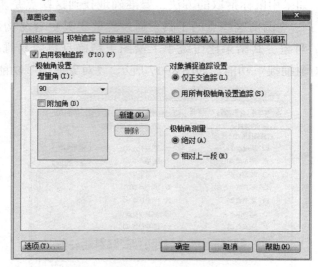

图 8-18 "极轴追踪"选项卡

## §8.2 AutoCAD 二维绘图实例

### 8.2.1 二维图形的绘制

绘制如图 8-19 所示的"扳手"图形并完成尺寸标注。

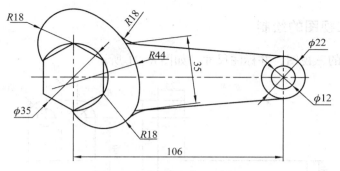

图 8-19　平面图形——扳手

启动 AutoCAD 2018，新建一个文件，选取 A4 样板图为模板，在绘制二维图形之前，还要对绘图环境进行设置，包括创建图层、设置文字样式、设置标注样式。

二维图形绘制步骤如下。

（1）选择中心线图层为当前层，绘制 3 条细点画线，将 $\phi 35$ 圆的圆心与同心圆 $\phi 12$、$\phi 22$ 的圆心定位，两个圆心距离 106 mm；然后改变图层，使用"圆"命令绘制 3 个整圆，使用"多边形"命令绘制正六边形。在绘制 $\phi 12$、$\phi 22$ 同心圆的时候，可先绘制一个圆，使用"偏移"命令绘制另外一个圆，如图 8-20（a）所示。

（2）绘制 R18 的两个整圆，圆心为正六边形的两个顶点；然后启动"圆"命令，在命令提示行输入"T"，通过"相切、相切、半径"的方式绘制 R44 圆；完成整圆绘制后，启动"修剪"命令，将多余的圆弧删除，如图 8-20（b）所示。

（3）应用"极轴追踪"的方法捕捉扳手手柄直线边与 R44 圆弧的交点，连接交点与 $\phi 22$ 圆的象限点，通过"相切、相切、半径"的方式绘制 R18 圆角，启动"修剪"命令，将多余的圆弧删除，如图 8-20（c）所示。

（4）对图线进行最后处理，进行尺寸标注，尺寸标注不仅要遵循国家标准，还要做到整齐美观，如图 8-20（d）所示。

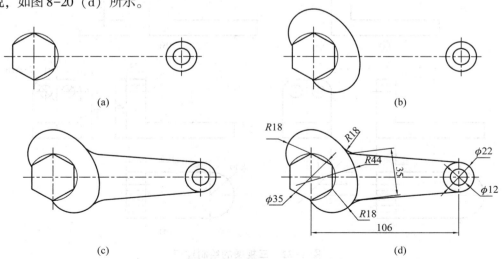

图 8-20　扳手的绘制过程

### 8.2.2 三视图的绘制

绘制组合体的三视图，并标注尺寸，如图 8-21 所示。

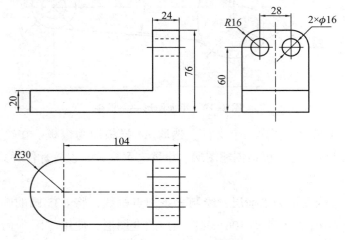

图 8-21 组合体的三视图

启动 AutoCAD 2018，新建一个文件，选取 A4 样板图为模板，对绘图环境进行设置，包括创建图层、设置文字样式、设置标注样式。

（1）对立体进行形体分析。通过观察三视图，可以认为该立体是由下底板和侧面立板两部分组成，侧面立板上加工了两个 φ16 的通孔；左视图和俯视图图形前后对称。

（2）按尺寸绘制主视图的外轮廓，主视图下底板的下表面底边总长可由俯视图下底板的半圆板和矩形底板尺寸相加算出，圆孔的定形尺寸与定位尺寸可以通过左视图得出，如图 8-22（a）所示。

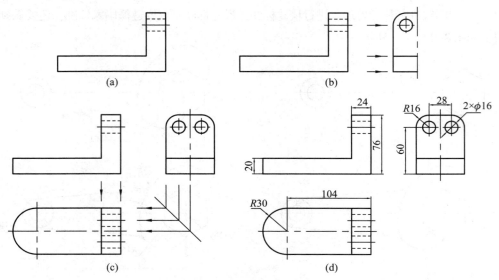

图 8-22 三视图的绘制过程

（3）绘制形体的左视图，根据"主、左视图高平齐"的原则，应用"对象追踪"的方法，确定左视图中的下底板上、下表面投影的位置；左视图为左、右对称图形，可以先画一半，再通过"镜像"命令画另一半，如图 8-22（b）所示。

（4）绘制形体的俯视图。通过三等关系绘制形体的俯视图，侧立板的投影位置可由主视图确定，圆孔的位置可由左视图确定，如图 8-22（c）所示。

（5）标注尺寸，标注尺寸不仅要遵循国家标准，还要做到整齐美观，如图 8-22（d）所示。

### 8.2.3 零件图的绘制

绘制如图 8-23 所示的阀杆零件图。作图过程如下。

（1）单击菜单栏"文件"→"新建"，弹出"选择样板"对话框，然后选择制定好的 A4 图纸样板。

（2）按照尺寸及比例绘制轴的零件图，并标注尺寸。其中有几个尺寸需要进行修改，$\phi24.7$ 与 $\phi18$ 轴段需要添加直径代号，单击"标注"工具栏的"线性"命令，选取轴段端面的两个端点标注尺寸，命令提示行显示"［多行文字（M）/文字（T）/角度（A）/］"，输入"M"可以进行尺寸的编辑和修改，输入"%%c"系统会自动生成"$\phi$"。在标记外螺纹尺寸时，也可用同样的方法。

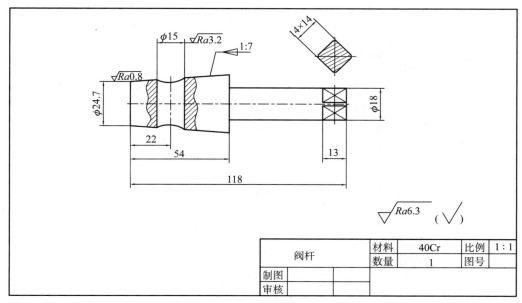

图 8-23　阀杆零件图

（3）创建表面粗糙度图块。首先绘制表面粗糙度符号，如图 8-24 所示。在未启动任何命令的情况下，输入"wblock"，系统会自动弹出"写块"对话框，单击"基点"选项组内的"拾取点"图标后，选取表面粗糙度符号三角形的最下方顶点为基点。单击"对象"选项组内的"选择对象"图标后，选取所绘制的表面粗糙度符号，按下<Enter>键后，再次弹出"写块"对话框，设置图块的保存路径，单击"确定"按钮完成外部块的创建，如图 8-25 所示。

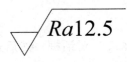

图 8-24　粗糙度符号　　　　　　　　　　图 8-25　图块的创建

如果将表面粗糙度图块设置在图形的样板内，定义属性后则会使作图更为方便。

# 附 录

## 一、螺纹

（一）普通螺纹（GB/T 193—2003，GB/T 196—2003）

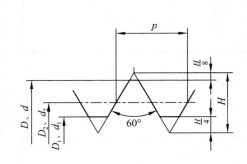

$D_2 = D - 2 \times \dfrac{3}{8}H = D - 0.6495P$；

$d_2 = d - 2 \times \dfrac{3}{8}H = d - 0.6495P$；

$D_1 = D - 2 \times \dfrac{5}{8}H = D - 1.0825P$；

$d_1 = d - 2 \times \dfrac{5}{8}H = d - 1.0825P$；

其中：$H = \dfrac{\sqrt{3}}{2}P = 0.866\,025\,404\,P$。

按以上公式计算螺纹的中径和小径值时，计算数值应圆整到小数点后的第三位。

**标记示例**

公称直径为 8 mm、螺距为 1 mm 的左旋单线细牙普通螺纹：

$$M8\times1\text{-}LH$$

附表1　普通螺纹的直径与螺距系列　　　　　　　　　　（单位：mm）

| 公称直径 D、d | | 螺距 P | | 公称直径 D、d | | 螺距 P | | 公称直径 D、d | | 螺距 P | |
|---|---|---|---|---|---|---|---|---|---|---|---|
| 第一系列 | 第二系列 | 粗牙 | 细牙 | 第一系列 | 第二系列 | 粗牙 | 细牙 | 第一系列 | 第二系列 | 粗牙 | 细牙 |
| 3 | | 0.5 | 0.35 | 12 | | 1.75 | 1.5, 1.25, 1 | 33 | | 3.5 | (3), 2, 1.5 |
| | 3.5 | 0.6 | | | 14 | 2 | 1.5, 1.25*, 1 | 36 | | 4 | 3, 2, 1.5 |
| 4 | | 0.7 | 0.5 | 16 | | | | | 39 | | |
| | 4.5 | 0.75 | | | 18 | 2.5 | 2, 1.5, 1 | 42 | | 4.5 | |
| 5 | | 0.8 | | 20 | | | | | 45 | | |
| 6 | | 1 | 0.75 | | 22 | | | 48 | | 5 | 4, 3, 2, 1.5 |
| | 7 | | 1, 0.75 | 24 | | 3 | | | 52 | | |
| 8 | | 1.25 | | | 27 | | | 56 | | 5.5 | |
| 10 | | 1.5 | 1.25, 1, 0.75 | 30 | | 3.5 | (3), 2, 1.5, 1 | 60 | | | |

注：1. 优先选用第一系列，括号内尺寸尽可能不用。

2. 公称直径 $D$、$d$ 为 $1\sim2.5$ 和 $64\sim300$ 的部分未列入；第三系列全部未列入。

3. *M14×1.25 仅用于发动机的火花塞。

附表2　普通螺纹的基本尺寸　　　　　　　　　　（单位：mm）

| 公称直径（大径）$D$、$d$ | 螺距 $P$ | 中径 $D_2$、$d_2$ | 小径 $D_1$、$d_1$ | 公称直径（大径）$D$、$d$ | 螺距 $P$ | 中径 $D_2$、$d_2$ | 小径 $D_1$、$d_1$ | 公称直径（大径）$D$、$d$ | 螺距 $P$ | 中径 $D_2$、$d_2$ | 小径 $D_1$、$d_1$ |
|---|---|---|---|---|---|---|---|---|---|---|---|
| 3 | 0.5 | 2.675 | 2.459 | 10 | 1.5 | 9.026 | 8.376 | 18 | 2.5 | 16.376 | 15.294 |
| | 0.35 | 2.773 | 2.621 | | 1.25 | 9.188 | 8.647 | | 2 | 16.701 | 15.835 |
| 3.5 | 0.6 | 3.110 | 2.850 | | 1 | 9.350 | 8.917 | | 1.5 | 17.026 | 16.376 |
| | 0.35 | 3.273 | 3.121 | | 0.75 | 9.513 | 9.188 | | 1 | 17.350 | 16.917 |
| 4 | 0.7 | 3.545 | 3.242 | 12 | 1.75 | 10.863 | 10.106 | 20 | 2.5 | 18.376 | 17.294 |
| | 0.5 | 3.675 | 3.459 | | 1.5 | 11.026 | 10.376 | | 2 | 18.701 | 17.835 |
| 4.5 | 0.75 | 4.013 | 3.688 | | 1.25 | 11.188 | 10.647 | | 1.5 | 19.026 | 18.376 |
| | 0.5 | 4.175 | 3.859 | | 1 | 11.350 | 10.917 | | 1 | 19.350 | 18.917 |

续表

| 公称直径（大径）$D$、$d$ | 螺距 $P$ | 中径 $D_2$、$d_2$ | 小径 $D_1$、$d_1$ | 公称直径（大径）$D$、$d$ | 螺距 $P$ | 中径 $D_2$、$d_2$ | 小径 $D_1$、$d_1$ | 公称直径（大径）$D$、$d$ | 螺距 $P$ | 中径 $D_2$、$d_2$ | 小径 $D_1$、$d_1$ |
|---|---|---|---|---|---|---|---|---|---|---|---|
| 5 | 0.8 | 4.480 | 4.134 | 14 | 2 | 12.701 | 11.835 | 22 | 2.5 | 20.376 | 19.294 |
| 5 | 0.5 | 4.675 | 4.459 | 14 | 1.5 | 13.026 | 12.376 | 22 | 2 | 20.701 | 19.835 |
| 6 | 1 | 5.530 | 4.917 | 14 | 1.25 | 13.188 | 12.647 | 22 | 1.5 | 21.026 | 20.376 |
| 6 | 0.75 | 5.513 | 5.188 | 14 | 1 | 13.350 | 12.917 | 22 | 1 | 21.350 | 20.917 |
| 7 | 1 | 6.350 | 5.917 | 16 | 2 | 14.701 | 13.835 | 24 | 3 | 22.051 | 20.752 |
| 7 | 0.75 | 6.513 | 6.188 | 16 | 1.5 | 15.026 | 14.376 | 24 | 2 | 22.701 | 21.835 |
| 8 | 1.25 | 7.188 | 6.647 | 16 | 1 | 15.350 | 14.917 | 24 | 1.5 | 23.026 | 22.376 |
| 8 | 1 | 7.350 | 6.917 |  |  |  |  | 24 | 1 | 23.350 | 22.917 |
| 8 | 0.75 | 7.513 | 7.188 |  |  |  |  |  |  |  |  |

注：公称直径 $D$、$d$ 为 1～2.5 和 27～300 的部分未列入，第三系列全部未列入。

## （二）梯形螺纹（GB/T 5796.2—2005，GB/T 5796.3—2005）

**标记示例**

公称直径为 40 mm、导程为 14 mm、螺距为 7 mm 的左旋双线梯形螺纹：

Tr40×14（P7）LH

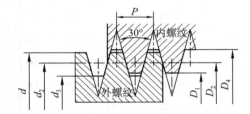

附表3  梯形螺纹的直径与螺距系列、基本尺寸　　（单位：mm）

| 公称直径 $d$ | | 螺距 $P$ | 中径 $d_2 = D_2$ | 大径 $D_4$ | 小径 | | 公称直径 $d$ | | 螺距 $P$ | 中径 $d_2 = D_2$ | 大径 $D_4$ | 小径 | |
|---|---|---|---|---|---|---|---|---|---|---|---|---|---|
| 第一系列 | 第二系列 | | | | $d_3$ | $D_1$ | 第一系列 | 第二系列 | | | | $d_3$ | $D_1$ |
| 8 |  | 1.5 | 7.250 | 8.300 | 6.200 | 6.500 | 12 |  | 2 | 11.000 | 12.500 | 9.500 | 10.000 |
|  | 9 | 1.5 | 8.250 | 9.300 | 7.200 | 7.500 |  |  | 3 | 10.500 | 12.500 | 8.500 | 9.000 |
|  | 9 | 2 | 8.000 | 9.500 | 6.500 | 7.000 |  | 14 | 2 | 13.000 | 14.500 | 11.500 | 12.000 |
| 10 |  | 1.5 | 9.250 | 10.300 | 8.200 | 8.500 |  | 14 | 3 | 12.500 | 14.500 | 10.500 | 11.000 |
| 10 |  | 2 | 9.000 | 10.500 | 7.500 | 8.000 | 16 |  | 2 | 15.000 | 16.500 | 13.500 | 14.000 |
|  | 11 | 2 | 10.000 | 11.500 | 8.500 | 9.000 | 16 |  | 4 | 14.000 | 16.500 | 11.500 | 12.000 |
|  | 11 | 3 | 9.500 | 11.500 | 7.500 | 8.000 |  |  |  |  |  |  |  |

续表

| 公称直径 d | | 螺距 P | 中径 $d_2=D_2$ | 大径 $D_4$ | 小径 | | 公称直径 d | | 螺距 P | 中径 $d_2=D_2$ | 大径 $D_4$ | 小径 | |
|---|---|---|---|---|---|---|---|---|---|---|---|---|---|
| 第一系列 | 第二系列 | | | | $d_3$ | $D_1$ | 第一系列 | 第二系列 | | | | $d_3$ | $D_1$ |
| | 18 | 2 | 17.000 | 18.500 | 15.500 | 16.000 | | 30 | 3 | 28.500 | 30.500 | 26.500 | 29.000 |
| | | <u>4</u> | 16.000 | 18.500 | 13.500 | 14.000 | | | <u>6</u> | 27.000 | 31.000 | 23.000 | 24.000 |
| | | | | | | | | | 10 | 25.000 | 31.000 | 19.000 | 20.500 |
| 20 | | 2 | 19.000 | 20.500 | 17.500 | 18.000 | 32 | | 3 | 30.500 | 32.500 | 28.500 | 29.000 |
| | | <u>4</u> | 18.000 | 20.500 | 15.500 | 16.000 | | | <u>6</u> | 29.000 | 33.000 | 25.000 | 26.000 |
| | | | | | | | | | 10 | 27.000 | 33.000 | 21.000 | 22.000 |
| | 22 | 3 | 20.500 | 22.500 | 18.500 | 19.000 | | 34 | 3 | 32.500 | 34.500 | 30.500 | 31.000 |
| | | <u>5</u> | 19.500 | 22.500 | 16.500 | 17.000 | | | <u>6</u> | 31.000 | 35.000 | 27.000 | 28.000 |
| | | 8 | 18.000 | 23.000 | 13.000 | 14.000 | | | 10 | 29.000 | 35.000 | 23.000 | 24.000 |
| 24 | | 3 | 22.500 | 24.500 | 20.500 | 21.000 | 36 | | 3 | 34.500 | 36.500 | 32.500 | 33.000 |
| | | <u>5</u> | 21.500 | 24.500 | 18.500 | 19.000 | | | <u>6</u> | 33.000 | 37.000 | 29.000 | 30.000 |
| | | 8 | 20.000 | 25.000 | 15.000 | 16.000 | | | 10 | 31.000 | 37.000 | 25.000 | 26.000 |
| | 26 | 3 | 24.500 | 26.500 | 22.500 | 23.000 | | 38 | 3 | 36.500 | 38.500 | 34.500 | 35.00 |
| | | <u>5</u> | 23.500 | 26.500 | 20.500 | 21.000 | | | <u>7</u> | 34.500 | 39.000 | 30.000 | 31.000 |
| | | 8 | 22.000 | 27.000 | 17.000 | 18.000 | | | 10 | 33.000 | 39.000 | 27.000 | 28.000 |
| 28 | | 3 | 26.500 | 28.500 | 24.500 | 25.000 | 40 | | 3 | 38.500 | 40.500 | 36.500 | 37.000 |
| | | <u>5</u> | 25.500 | 28.500 | 22.500 | 23.000 | | | <u>7</u> | 36.500 | 41.000 | 32.000 | 33.000 |
| | | 8 | 24.000 | 29.000 | 19.000 | 20.000 | | | 10 | 35.000 | 41.000 | 29.000 | 30.000 |

注：1. 优先选用第一系列，其次选用第二系列；新产品设计中，不宜选用第三系列。

2. 公称直径 d 为 42~300 的部分未列入，第三系列全部未列入。

3. 优先选用表中带下划线的螺距。

### （三）55°非密封管螺纹（GB/T 7307—2001）

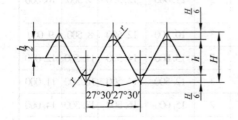

$H = 0.960\ 491\ P$

$h = 0.640\ 327\ P$

$r = 0.137\ 329\ P$

**标记示例**

尺寸代号为 2 的右旋 55°非密封管螺纹：G2

**附表4　55°非密封管螺纹的尺寸代号及基本尺寸**　　　　　（单位：mm）

| 尺寸代号 | 每25.4 mm 内所包含的牙数 $n$ | 螺距 $P$ | 牙高 $h$ | 基本直径 大径 $d=D$ | 中径 $d_2=D_2$ | 小径 $d_1=D_1$ |
|---|---|---|---|---|---|---|
| 1/16 | 28 | 0.907 | 0.581 | 7.723 | 7.142 | 6.561 |
| 1/8 | 28 | 0.907 | 0.581 | 9.728 | 9.147 | 8.566 |
| 1/4 | 19 | 1.337 | 0.856 | 13.157 | 12.301 | 11.445 |
| 3/8 | 19 | 1.337 | 0.856 | 16.662 | 15.806 | 14.950 |
| 1/2 | 14 | 1.814 | 1.162 | 20.955 | 19.793 | 18.631 |
| 5/8 | 14 | 1.814 | 1.162 | 22.911 | 21.749 | 20.587 |
| 3/4 | 14 | 1.814 | 1.162 | 26.441 | 25.279 | 24.117 |
| 7/8 | 14 | 1.814 | 1.162 | 30.201 | 29.039 | 27.877 |
| 1 | 11 | 2.309 | 1.479 | 33.249 | 31.770 | 30.291 |
| $1^{1/8}$ | 11 | 2.309 | 1.479 | 37.897 | 36.418 | 34.939 |
| $1^{1/4}$ | 11 | 2.309 | 1.479 | 41.910 | 40.431 | 38.952 |
| $1^{1/2}$ | 11 | 2.309 | 1.479 | 47.803 | 46.324 | 44.845 |
| $1^{3/4}$ | 11 | 2.309 | 1.479 | 53.746 | 52.267 | 50.788 |
| 2 | 11 | 2.309 | 1.479 | 59.614 | 58.135 | 56.656 |
| $2^{1/4}$ | 11 | 2.309 | 1.479 | 65.710 | 64.231 | 62.752 |
| $2^{1/2}$ | 11 | 2.309 | 1.479 | 75.184 | 73.706 | 72.226 |
| $2^{3/4}$ | 11 | 2.309 | 1.479 | 81.534 | 80.055 | 78.576 |
| 3 | 11 | 2.309 | 1.479 | 87.884 | 86.405 | 84.926 |
| $3^{1/2}$ | 11 | 2.309 | 1.479 | 100.330 | 98.851 | 97.372 |
| 4 | 11 | 2.309 | 1.479 | 113.030 | 111.51 | 110.072 |
| $4^{1/2}$ | 11 | 2.309 | 1.479 | 125.730 | 124.251 | 11.72 |
| 5 | 11 | 2.309 | 1.479 | 138.430 | 136.951 | 135.472 |
| $5^{1/2}$ | 11 | 2.309 | 1.479 | 151.130 | 149.651 | 148.172 |
| 6 | 11 | 2.309 | 1.479 | 163.830 | 162.351 | 160.872 |

## 二、常用标准件

### （一）螺栓

六角头螺栓—C 级（GB/T 5780—2016）　　六角头螺栓—A 级和 B 级（GB/T 5782—2016）

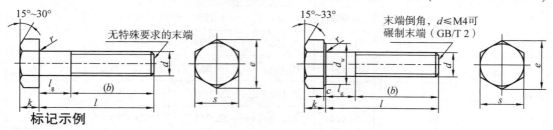

**标记示例**

螺纹规格 $d$ = M12、公称长度 $l$ = 80 mm、性能等级为 8.8 级、表面氧化、产品等级为 A 级的六角头螺栓：

螺栓 GB/T 5782　M12×80

附表5　六角头螺栓各部分尺寸　　　　　　　　　　（单位：mm）

| 螺纹规格 $d$ | | | M3 | M4 | M5 | M6 | M8 | M10 | M12 | M16 | M20 | M24 | M30 | M36 | M42 |
|---|---|---|---|---|---|---|---|---|---|---|---|---|---|---|---|
| 螺距 $P$ | | | 0.5 | 0.7 | 0.8 | 1 | 1.25 | 1.5 | 1.75 | 2 | 2.5 | 3 | 3.5 | 4 | 4.5 |
| $b$ 参考 | $l$≤125 | | 12 | 14 | 16 | 18 | 22 | 26 | 30 | 38 | 46 | 54 | 66 | — | — |
| | 125<$l$≤200 | | 18 | 20 | 22 | 24 | 28 | 32 | 36 | 44 | 52 | 60 | 72 | 84 | 96 |
| | $l$>200 | | 31 | 33 | 35 | 37 | 41 | 45 | 49 | 57 | 65 | 73 | 85 | 97 | 109 |
| $c$　max | | | 0.4 | 0.4 | 0.5 | 0.5 | 0.6 | 0.6 | 0.6 | 0.8 | 0.8 | 0.8 | 0.8 | 0.8 | 1.0 |
| $d_w$ | 产品等级 | A | 4.57 | 5.88 | 6.88 | 8.88 | 11.63 | 14.63 | 16.63 | 22.49 | 28.19 | 33.61 | — | — | — |
| | | B、C | 4.45 | 5.74 | 6.74 | 8.74 | 11.47 | 14.47 | 16.47 | 22 | 27.7 | 33.25 | 42.75 | 51.11 | 59.95 |
| $e$ | 产品等级 | A | 6.01 | 7.66 | 8.79 | 11.05 | 14.38 | 17.77 | 20.03 | 26.75 | 33.53 | 39.98 | — | — | — |
| | | B、C | 5.88 | 7.50 | 8.63 | 10.89 | 14.20 | 17.59 | 19.85 | 26.17 | 32.95 | 39.55 | 50.85 | 60.79 | 71.3 |
| $k$ 公称 | | | 2 | 2.8 | 3.5 | 4 | 5.3 | 6.4 | 7.5 | 10 | 12.5 | 15 | 18.7 | 22.5 | 26 |
| $r$ min | | | 0.1 | 0.2 | 0.2 | 0.25 | 0.4 | 0.4 | 0.6 | 0.6 | 0.8 | 0.8 | 1 | 1 | 1.2 |
| $s$ 公称 | | | 5.5 | 7 | 8 | 10 | 13 | 16 | 18 | 24 | 30 | 36 | 46 | 55 | 65 |
| $l$（商品规格范围） | | | 20~30 | 25~40 | 25~50 | 30~60 | 40~80 | 45~100 | 50~120 | 65~160 | 80~200 | 90~240 | 110~300 | 140~360 | 160~440 |
| $l$ 系列 | | | 12, 16, 20, 25, 30, 35, 40, 45, 50, 55, 60, 65, 70, 80, 90, 100, 110, 120, 130, 140, 150, 160, 180, 200, 220, 240, 260, 280, 300, 320, 340, 360, 380, 400, 420, 440, 460, 480, 500 | | | | | | | | | | | | |

注：1. A 级用于 $d$≤24 mm 和 $l$≤10$d$ 或 ≤150 mm 的螺栓；B 级用于 $d$>24 mm 和 $l$>10$d$ 或 150 mm 的螺栓。

2. 螺纹规格 $d$ 的范围：GB/T 5780 为 M5~M64；GB/T 5782 为 M1.6~M64。

3. 公称长度 $l$ 的范围：GB/T 5780 为 25~500；GB/T 5782 为 12~500。

## （二）双头螺柱

双头螺柱—$b_m = 1d$（GB/T 897—1988）

双头螺柱—$b_m = 1.25d$（GB/T 898—1988）

双头螺柱—$b_m = 1.5d$（GB/T 899—1988）

双头螺柱—$b_m = 2d$（GB/T 900—1988）

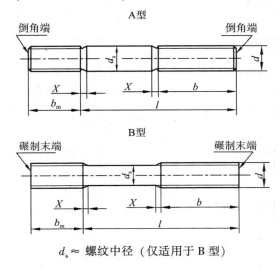

$d_s ≈$ 螺纹中径（仅适用于 B 型）

**标记示例**

两端均为粗牙普通螺纹、$d = 10$ mm、$l = 50$ mm、性能等级为 4.8 级、不经表面处理、B 型、$b_m = 1d$ 的双头螺柱：

$$螺柱\quad GB/T\ 897\quad M10×50$$

旋入端为粗牙普通螺纹、紧固端为螺距 $P = 1$ mm 的细牙普通螺纹、$d = 10$ mm、$l = 50$ mm、性能等级为 4.8 级、不经表面处理、A 型、$b_m = 1.25d$ 的双头螺柱：

$$螺柱\quad GB/T\ 898\quad AM10—M10×1×50$$

附表6 双头螺柱各部分尺寸

(单位：mm)

| 螺纹规格 | | M5 | M6 | M8 | M10 | M12 | M16 | M20 | M36 | M42 | M48 |
|---|---|---|---|---|---|---|---|---|---|---|---|
| $b_m$ 公称 | GB/T 897—1988 | 5 | 6 | 8 | 10 | 12 | 16 | 20 | 36 | 42 | 48 |
| | GB/T 898—1988 | 6 | 8 | 10 | 12 | 15 | 20 | 25 | 45 | 52 | |
| | GB/T 899—1988 | 8 | 10 | 12 | 15 | 18 | 24 | 30 | 54 | 65 | |
| | GB/T 900—1988 | 10 | 12 | 16 | 20 | 24 | 32 | 40 | 72 | 84 | |
| $d_s$ | max | 5 | 6 | 8 | 10 | 12 | 16 | 20 | 36 | 42 | 48 |
| | min | 4.7 | 5.7 | 7.64 | 9.64 | 11.57 | 15.57 | 19.48 | 35.48 | 41.38 | 47.38 |
| X max | | | | | | | 1.5P | | | | |
| $l/b$ | | $\frac{16\sim(22)}{10}$ | $\frac{20\sim(22)}{10}$ | $\frac{20\sim(22)}{12}$ | $\frac{25\sim(28)}{14}$ | $\frac{25\sim30}{16}$ | $\frac{30\sim(38)}{20}$ | $\frac{35\sim40}{25}$ | $\frac{(65)\sim(75)}{45}$ | $\frac{70\sim80}{50}$ | $\frac{80\sim90}{60}$ |
| | | $\frac{25\sim50}{16}$ | $\frac{25\sim30}{14}$ | $\frac{25\sim30}{16}$ | $\frac{30\sim(38)}{16}$ | $\frac{(32)\sim40}{20}$ | $\frac{40\sim(55)}{30}$ | $\frac{45\sim(65)}{35}$ | $\frac{80\sim110}{60}$ | $\frac{(85)\sim110}{70}$ | $\frac{(95)\sim110}{80}$ |
| | | | $\frac{(32)\sim(75)}{18}$ | $\frac{(32)\sim90}{22}$ | $\frac{40\sim120}{26}$ | $\frac{45\sim120}{30}$ | $\frac{60\sim120}{38}$ | $\frac{70\sim120}{46}$ | $\frac{120}{78}$ | $\frac{120}{90}$ | $\frac{120}{102}$ |
| | | | | | $\frac{130}{32}$ | $\frac{130\sim180}{38}$ | $\frac{130\sim200}{44}$ | $\frac{130\sim200}{52}$ | $\frac{130\sim200}{84}$ | $\frac{130\sim200}{96}$ | $\frac{130\sim200}{108}$ |
| | | | | | | | | | $\frac{210\sim300}{97}$ | $\frac{210\sim300}{109}$ | $\frac{210\sim300}{121}$ |
| l 系列 | | 16, (18), 20, (22), 25, (28), 30, (32), 35, (39), 40, 45, 50, (55), 60, (65), 70, (75), 80, (85), 90, (95), 100, 110, 120, 130, 140, 150, 160, 170, 180, 190, 200, 210, 220, 230, 240, 250, 260, 280, 300 | | | | | | | | | | |

注：1. 尽可能不采用括号内的规格。
2. P表示粗牙螺纹的螺距。
3. 螺纹规格 $d$ = M5～M48，括号内的螺纹规格未列出。
4. 当 $b-b_m$ < 5 mm 时，旋螺母的一端应制成倒圆端。

## （三）螺钉

### 1. 开槽圆柱头螺钉（GB/T 65—2016）

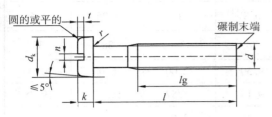

**标记示例**

螺纹规格 $d$ = M5、公称长度 $l$ = 20 mm、性能等级为 4.8 级、表面不经处理的 A 级开槽圆柱头螺钉：

螺钉　GB/T 65　M5×20

附表 7　开槽圆柱头螺钉各部分尺寸　　　　（单位：mm）

| 螺纹规格 $d$ | | M3 | M4 | M5 | M6 | M8 | M10 |
|---|---|---|---|---|---|---|---|
| $P$（螺距） | | 0.5 | 0.7 | 0.8 | 1 | 1.25 | 1.5 |
| $b$　min | | 25 | 38 | 38 | 38 | 38 | 38 |
| $d_k$ | 公称=max | 5.50 | 7.00 | 8.50 | 10.00 | 13.00 | 16.00 |
| | min | 5.32 | 6.78 | 8.28 | 9.78 | 12.73 | 15.73 |
| $k$ | 公称=max | 2.0 | 3.6 | 3.3 | 3.9 | 5.0 | 6.0 |
| | min | 1.86 | 2.46 | 3.12 | 3.6 | 4.7 | 5.7 |
| $n$ 公称 | | 0.8 | 1.2 | 1.2 | 1.6 | 2 | 2.5 |
| $r$　min | | 0.1 | 0.2 | 0.2 | 0.25 | 0.4 | 0.4 |
| $t$　min | | 0.85 | 1.1 | 1.3 | 1.6 | 2 | 2.4 |
| $l$ | | 4~30 | 5~40 | 6~50 | 8~60 | 10~80 | 12~80 |
| $l$ 系列 | | 2, 3, 4, 5, 6, 8, 10, 12,（14）, 16, 20, 25, 30, 35, 40, 45, 50,（55）, 60,（65）, 70,（75）, 80 | | | | | |

注：1. 公称长度 $l$ ≤ 40 mm 的螺钉，制出全螺纹。

2. 尽可能不采用括号内的规格。

3. 螺纹规格 $d$ = M1.6~M10，公称长度 $l$ = 2~80 mm。$d$<M3 的螺钉未列入。

### 2. 开槽盘头螺钉（GB/T 67—2016）

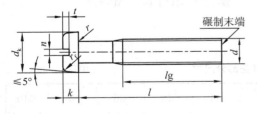

**标记示例**

螺纹规格 $d$ = M5、公称长度 $l$ = 20 mm、性能等级为 4.8 级、表面不经处理的 A 级开槽盘头螺钉：

螺钉　GB/T 67　M5×20

**附表8　开槽盘头螺钉各部分尺寸**　　　　　　　　　　（单位：mm）

| 螺纹规格 $d$ | | M3 | M4 | M5 | M6 | M8 | M10 |
|---|---|---|---|---|---|---|---|
| $P$（螺距） | | 0.5 | 0.7 | 0.8 | 1 | 1.25 | 1.5 |
| $b$　min | | 25 | 38 | 38 | 38 | 38 | 38 |
| $d_k$ | 公称=max | 5.60 | 8.00 | 9.50 | 12.00 | 16.00 | 20.00 |
| | min | 5.3 | 7.64 | 9.14 | 11.57 | 15.57 | 19.48 |
| $k$ | 公称=max | 1.8 | 2.4 | 3.0 | 3.6 | 4.8 | 6.0 |
| | min | 1.66 | 2.26 | 2.88 | 3.3 | 4.5 | 5.7 |
| $n$ 公称 | | 0.8 | 1.2 | 1.2 | 1.6 | 2 | 2.5 |
| $r$　min | | 0.1 | 0.2 | 0.2 | 0.25 | 0.4 | 0.4 |
| $t$　min | | 0.85 | 1.1 | 1.3 | 1.6 | 2 | 2.4 |
| $r_f$（参考） | | 0.9 | 1.2 | 1.5 | 1.8 | 2.4 | 3 |
| $l$ | | 4~30 | 5~40 | 6~50 | 8~60 | 10~80 | 12~80 |
| $l$ 系列 | | 2，2.5，3，4，5，6，8，10，12，（14），16，20，25，30，35，40，45，50，（55），60，（65），70，（75），80 | | | | | | |

注：1. 尽可能不采用括号内的规格。
2. 螺纹规格 $d$=M1.6~M10，公称长度 $l$=2~80 mm。$d$<M3 的螺钉未列入。
3. M1.6~M3 的螺钉，公称长度 $l$≤30 mm 时，制出全螺纹；M4~M10 的螺钉，公称长度 $l$≤40 mm 时，制出全螺纹。

### 3. 开槽沉头螺钉（GB/T 68—2016）

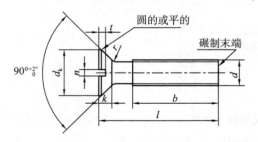

**标记示例**

螺纹规格 $d$=M5、公称长度 $l$=20 mm、性能等级为4.8级、表面不经处理的 A 级开槽沉头螺钉：

螺钉　GB/T 68　M5×20

**附表9　开槽沉头螺钉各部分尺寸**　　　　　　　　　　（单位：mm）

| 螺纹规格 $d$ | M1.6 | M2 | M2.5 | M3 | M4 | M5 | M6 | M8 | M10 |
|---|---|---|---|---|---|---|---|---|---|
| $P$（螺距） | 0.35 | 0.4 | 0.45 | 0.5 | 0.7 | 0.8 | 1 | 1.25 | 1.5 |
| $b$　min | 25 | 25 | 25 | 25 | 38 | 38 | 38 | 38 | 38 |

续表

| 螺纹规格 $d$ | M1.6 | M2 | M2.5 | M3 | M4 | M5 | M6 | M8 | M10 |
|---|---|---|---|---|---|---|---|---|---|
| $d_k$ | 3.6 | 4.4 | 5.5 | 6.3 | 9.4 | 10.4 | 12.6 | 17.3 | 20 |
| $k$ | 1 | 1.2 | 1.5 | 1.65 | 2.7 | 2.7 | 3.3 | 4.65 | 5 |
| $n$ 公称 | 0.4 | 0.5 | 0.6 | 0.8 | 1.2 | 1.2 | 1.6 | 2 | 2.5 |
| $r$ max | 0.4 | 0.5 | 0.6 | 0.8 | 1 | 1.3 | 1.5 | 2 | 2.5 |
| $t$ max | 0.5 | 0.6 | 0.75 | 0.85 | 1.3 | 1.4 | 1.6 | 2.3 | 2.6 |
| $l$ | 2.5~16 | 3~20 | 4~25 | 5~30 | 6~40 | 8~50 | 8~60 | 10~80 | 12~80 |
| $l$ 系列 | 2.5、3、4、5、6、8、10、12、(14)、16、20、25、30、35、40、45、50、(55)、60、(65)、70、(75)、80 | | | | | | | | |

注：1. 螺纹规格 $d$=M1.6~M10，尽可能不采用括号内的规格。
2. M1.6~M3 的螺钉，公称长度 $l$≤30 mm 时，制出全螺纹；M4~M10 的螺钉，公称长度 $l$≤45 mm 时，制出全螺纹。

4. 内六角圆柱头螺钉（GB/T 70.1—2008）

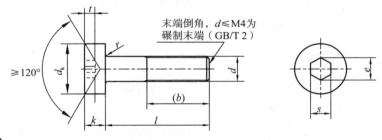

**标记示例**

螺纹规格 $d$=M5、公称长度 $l$=20 mm、性能等级为 8.8 级、表面氧化的 A 级内六角圆柱头螺钉：

螺钉　GB/T 70.1　M5×20

附表 10　内六角圆柱头螺钉各部分尺寸　　　　　（单位：mm）

| 螺纹规格 $d$ | M3 | M4 | M5 | M6 | M8 | M10 | M12 | M16 | M20 |
|---|---|---|---|---|---|---|---|---|---|
| $P$（螺距） | 0.5 | 0.7 | 0.8 | 1 | 1.25 | 1.5 | 1.75 | 2 | 2.5 |
| $b$（参考） | 18 | 20 | 22 | 24 | 28 | 32 | 36 | 44 | 52 |
| $d_k$ max | 5.5 | 7 | 8.5 | 10 | 13 | 16 | 18 | 24 | 30 |
| $k$ max | 3 | 4 | 5 | 6 | 8 | 10 | 12 | 16 | 20 |
| $t$ min | 1.3 | 2 | 2.5 | 3 | 4 | 5 | 6 | 8 | 10 |

续表

| 螺纹规格 d | M3 | M4 | M5 | M6 | M8 | M10 | M12 | M16 | M20 |
|---|---|---|---|---|---|---|---|---|---|
| s | 2.5 | 3 | 4 | 5 | 6 | 8 | 10 | 14 | 17 |
| e min | 2.873 | 3.443 | 4.583 | 5.723 | 6.683 | 9.149 | 11.429 | 15.996 | 19.437 |
| r min | 0.1 | 0.2 | 0.2 | 0.25 | 0.4 | 0.4 | 0.6 | 0.6 | 0.8 |
| 公称长度 l | 5~30 | 6~40 | 8~50 | 10~60 | 12~80 | 16~100 | 20~120 | 25~160 | 30~200 |
| l≤表中数值时，制出全螺纹 | 20 | 25 | 25 | 30 | 35 | 40 | 45 | 55 | 65 |
| l 系列 | 2.5, 3, 4, 5, 6, 8, 10, 12, 16, 20, 25, 30, 35, 40, 45, 50, 55, 60, 65, 70, 80, 90, 100, 110, 120, 130, 140, 150, 160, 180, 200, 220, 240, 260, 280, 300 ||||||||||

注：1. 螺纹规格 d=M1.6~M64。d<M3 和 d>M20 的螺钉未列入。
2. 六角槽端部允许倒圆或制出沉孔。

5. 紧定螺钉

开槽锥端紧定螺钉（GB/T 71—2018）　开槽平端紧定螺钉（GB/T 73—2017）　开槽长圆柱端紧定螺钉（GB/T 75—2018）

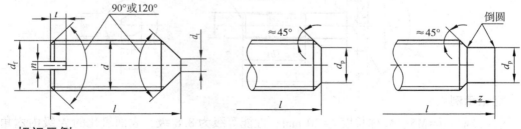

**标记示例**

螺纹规格 $d=$ M5、公称长度 $l=12$ mm、钢制硬度等级为 14H 级、表面不经处理、产品等级 A 级的开槽平端紧定螺钉：

螺钉　GB/T 73　M5×12

附表 11　紧定螺钉各部分尺寸　　　　　　　　　　（单位：mm）

| 螺纹规格 d | M1.6 | M2 | M2.5 | M3 | M4 | M5 | M6 | M8 | M10 | M12 |
|---|---|---|---|---|---|---|---|---|---|---|
| P（螺距） | 0.35 | 0.4 | 0.45 | 0.5 | 0.7 | 0.8 | 1 | 1.25 | 1.5 | 1.75 |
| n（公称） | 0.25 | 0.25 | 0.4 | 0.4 | 0.6 | 0.8 | 1 | 1.2 | 1.6 | 2 |
| t max | 0.74 | 0.84 | 0.95 | 1.05 | 1.42 | 1.63 | 2 | 2.5 | 3 | 3.6 |

续表

| 螺纹规格 $d$ | | M1.6 | M2 | M2.5 | M3 | M4 | M5 | M6 | M8 | M10 | M12 |
|---|---|---|---|---|---|---|---|---|---|---|---|
| $d_t$ max | | 0.16 | 0.2 | 0.25 | 0.3 | 0.4 | 0.5 | 1.5 | 2 | 2.5 | 3 |
| $d_p$ max | | 0.8 | 1 | 1.5 | 2 | 2.5 | 3.5 | 4 | 5.5 | 7 | 8.5 |
| $z$ max | | 10.5 | 1.25 | 1.5 | 1.75 | 2.25 | 2.75 | 3.25 | 4.3 | 5.3 | 6.3 |
| 公称长度 $l$ | GB/T 71—2018 | 2~8 | 3~10 | 3~12 | 4~16 | 6~20 | 8~25 | 8~30 | 10~40 | 12~50 | 14~60 |
| | GB/T 73—2017 | 2~8 | 2~10 | 2.5~12 | 3~16 | 4~20 | 5~25 | 6~30 | 8~40 | 10~50 | 12~60 |
| | GB/T 75—2018 | 2.5~8 | 3~10 | 4~12 | 5~16 | 6~20 | 8~25 | 10~30 | 10~40 | 12~50 | 14~60 |
| $l$ 系列 | | 2, 2.5, 3, 4, 5, 6, 8, 10, 12, (14), 16, 20, 25, 30, 35, 40, 45, 50, 55, 60 | | | | | | | | | | |

注：1. 尽可能不采用括号内的规格。

2. $d_f$ 不大于螺纹小径。在 GB/T 71 中，当 $d$=M2.5、$l$=3 mm 时，螺钉两端倒角均为 120°，其余均为 90°。

3. 在 GB/T 71、GB/T 73 中，螺纹规格 $d$=M1.2~M12；在 GB/T 75 中，螺纹规格 $d$=M1.6~M12。

（四）螺母

1 型六角螺母—C 级（GB/T 41—2016）；1 型六角螺母—A、B 级（GB/T 6170—2015）；六角薄螺母（GB/T 6172.102016）

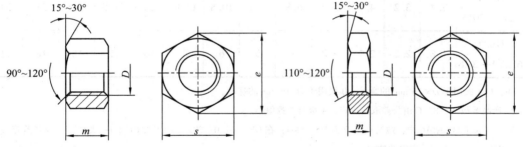

**标记示例**

螺纹规格 $D$=M12、性能等级为 5 级、表面不经处理、产品等级为 C 级的 1 型六角螺母：

螺母 GB/T 41 M12

螺纹规格 $D$=M12、性能等级为 8 级、表面不经处理、产品等级为 A 级的 1 型六角螺母：

螺母 GB/T 6170 M12

附表12 螺母各部分尺寸　　　　　　　　　　　　　　　　（单位：mm）

| 螺纹规格 $D$ | | M3 | M4 | M5 | M6 | M8 | M10 | M12 | M16 | M20 | M24 | M30 | M36 | M42 |
|---|---|---|---|---|---|---|---|---|---|---|---|---|---|---|
| $e$ | GB/T 41—2016 | — | — | 8.63 | 10.89 | 14.20 | 17.59 | 19.85 | 26.17 | 32.95 | 39.55 | 50.85 | 60.79 | 71.30 |
| | GB/T 6170—2015 | 6.01 | 7.66 | 8.79 | 11.05 | 14.38 | 17.77 | 20.03 | 26.75 | 32.95 | 39.55 | 50.85 | 60.79 | 71.30 |
| | GB/T 6172.1—2016 | 6.01 | 7.66 | 8.79 | 11.05 | 14.38 | 17.77 | 20.03 | 26.75 | 32.95 | 39.55 | 50.85 | 60.79 | 71.30 |
| $s$ | GB/T 41—2016 | — | — | 8 | 10 | 13 | 16 | 18 | 24 | 30 | 36 | 46 | 55 | 65 |
| | GB/T 6170—2015 | 5.5 | 7 | 8 | 10 | 13 | 16 | 18 | 24 | 30 | 36 | 46 | 55 | 65 |
| | GB/T 6172.1—2016 | 5.5 | 7 | 8 | 10 | 13 | 16 | 18 | 24 | 30 | 36 | 46 | 55 | 65 |
| $m$ | GB/T 41—2016 | — | — | 5.6 | 6.4 | 7.9 | 9.5 | 12.2 | 15.9 | 19 | 22.3 | 26.4 | 31.9 | 34.9 |
| | GB/T 6170—2015 | 2.4 | 3.2 | 4.7 | 5.2 | 6.8 | 8.4 | 10.8 | 14.8 | 18 | 21.5 | 25.6 | 31 | 34 |
| | GB/T 6172.1—2016 | 1.8 | 2.2 | 2.7 | 3.2 | 4 | 5 | 6 | 8 | 10 | 12 | 15 | 18 | 21 |

注：1. A级用于 $D \leqslant 16$ mm 的螺母；B级用于 $D > 16$ mm 的螺母。

2. 产品等级 A、B、C 由公差取值决定，A级公差数值小。

3. 在 GB/T 41—2016 中，螺纹规格 $D$ 为 M5~M64；在 GB/T 6170—2015 和 GB/T 6172.1—2016 中，螺纹规格 $D$ 为 M1.6~M64；表中未列入完整的数据。

**（五）垫圈**

**1. 平垫圈**

小垫圈—A级（GB/T 848-2002）；平垫圈—A级（GB/T 97.1—2002）；平垫圈—倒角型—A级（GB/T 97.2—2002）。

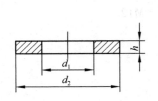
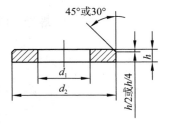

**标记示例**

标准系列、公称规格为 8 mm、由钢制造的硬度等级为 200HV 级、不经表面处理、产品等级为 A 级的平垫圈：

垫圈 GB/T 97.1 8

附表 13 平垫圈各部分尺寸 （单位：mm）

| 公称规格 ($螺纹大径 d$) | | 1.6 | 2 | 2.5 | 3 | 4 | 5 | 6 | 8 | 10 | 12 | 16 | 20 | 24 | 30 | 36 |
|---|---|---|---|---|---|---|---|---|---|---|---|---|---|---|---|---|
| $d_1$ | GB/T 848—2002 | 1.7 | 2.2 | 2.7 | 3.2 | 4.3 | 5.3 | 6.4 | 8.4 | 10.5 | 13 | 17 | 21 | 25 | 31 | 37 |
| | GB/T 97.1—2002 | 1.7 | 2.2 | 2.7 | 3.2 | 4.3 | 5.3 | 6.4 | 8.4 | 10.5 | 13 | 17 | 21 | 25 | 31 | 37 |
| | GB/T 97.2—2002 | — | — | — | — | — | 5.3 | 6.4 | 8.4 | 10.5 | 13 | 17 | 21 | 25 | 31 | 37 |
| $d_2$ | GB/T 848—2002 | 3.5 | 4.5 | 5 | 6 | 8 | 9 | 11 | 15 | 18 | 20 | 28 | 34 | 39 | 50 | 60 |
| | GB/T 97.1—2002 | 4 | 5 | 6 | 7 | 9 | 10 | 12 | 16 | 20 | 24 | 30 | 37 | 44 | 56 | 66 |
| | GB/T 97.2—2002 | — | — | — | — | — | 10 | 12 | 16 | 20 | 24 | 30 | 37 | 44 | 56 | 66 |
| $h$ | GB/T 848—2002 | 0.3 | 0.3 | 0.5 | 0.5 | 0.5 | 1 | 1.6 | 1.6 | 1.6 | 2 | 2.5 | 3 | 4 | 4 | 5 |
| | GB/T 97.1—2002 | 0.3 | 0.3 | 0.5 | 0.5 | 0.8 | 1 | 1.6 | 1.6 | 2 | 2.5 | 3 | 3 | 4 | 4 | 5 |
| | GB/T 97.2—2002 | — | — | — | — | — | 1 | 1.6 | 1.6 | 2 | 2.5 | 3 | 3 | 4 | 4 | 5 |

注：1. 在 GB/T 848—2002 中公称规格为 1.6～36 mm；在 GB/T 97.1—2002 中公称规格为 1.6～64 mm；在 GB/T 97.2—2002 中公称规格为 5～64 mm。

2. 表中仅列出 $d \leqslant 36$ mm 的优选尺寸；$d > 36$ mm 的优选尺寸和非优选尺寸未列出。

## 2. 标准型弹簧垫圈（GB/T 93—1987）

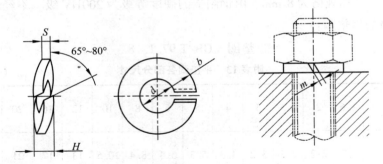

**标记示例**

规格为 16 mm、材料为 65Mn、表面氧化的标准型弹簧垫圈：

垫圈 GB/T 93 16

附表 14　标准型弹簧垫圈各部分尺寸　　　　　　　　　　（单位：mm）

| 规格<br>（螺纹大径） | | 3 | 4 | 5 | 6 | 8 | 10 | 12 | (14) | 16 | (18) | 20 | (22) | 24 | (27) | 30 |
|---|---|---|---|---|---|---|---|---|---|---|---|---|---|---|---|---|
| $d$ | min | 3.1 | 4.1 | 5.1 | 6.1 | 8.1 | 10.2 | 12.2 | 14.2 | 16.2 | 18.2 | 20.2 | 22.5 | 24.5 | 27.5 | 30.5 |
|   | max | 3.4 | 4.4 | 5.4 | 6.68 | 8.68 | 10.9 | 12.9 | 14.9 | 16.9 | 19.04 | 21.04 | 23.34 | 25.5 | 28.5 | 31.5 |
| $S$（$b$）公称 | | 0.8 | 1.1 | 1.3 | 1.6 | 2.1 | 2.6 | 3.1 | 3.6 | 4.1 | 4.5 | 5 | 5.5 | 6 | 6.8 | 7.5 |
| $H$ | min | 1.6 | 2.2 | 2.6 | 3.2 | 4.2 | 5.2 | 6.2 | 7.2 | 8.2 | 9 | 10 | 11 | 12 | 13.6 | 15 |
|   | max | 2 | 2.75 | 3.25 | 4 | 5.25 | 6.5 | 7.75 | 9 | 10.25 | 11.25 | 12.5 | 13.75 | 15 | 17 | 18.75 |
| $m \leqslant$ | | 0.4 | 0.55 | 0.65 | 0.8 | 1.05 | 1.3 | 1.55 | 1.8 | 2.05 | 2.25 | 2.5 | 2.75 | 3 | 3.4 | 3.75 |

注：1. 公称规格为 2~48 mm，尽可能不采用括号内的规格。

2. $m$ 应大于 0。

## （六）键

### 1. 平键、键槽的剖面尺寸（GB/T 1095—2003）

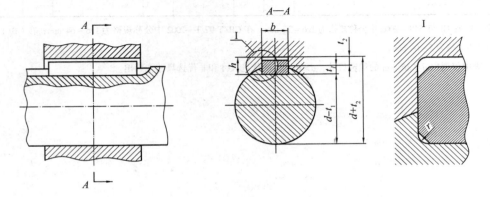

## 附表15 普通平键、键槽的尺寸与公差 （单位：mm）

| 轴径 公称直径 $d$ | 键 公称尺寸 $b\times h$ | 键槽 宽度 基本尺寸 | 极限偏差 正常联结 轴 N9 | 极限偏差 正常联结 毂 JS9 | 极限偏差 紧密联结 轴和毂 P9 | 极限偏差 松联结 轴 H9 | 极限偏差 松联结 毂 D10 | 深度 轴 $t_1$ 基本尺寸 | 深度 轴 $t_1$ 极限偏差 | 深度 毂 $t_2$ 基本尺寸 | 深度 毂 $t_2$ 极限偏差 | 半径 $r$ min | 半径 $r$ max |
|---|---|---|---|---|---|---|---|---|---|---|---|---|---|
| 6~8 | 2×2 | 2 | -0.004 / -0.029 | ±0.0125 | -0.006 / -0.031 | +0.025 / 0 | +0.060 / +0.020 | 1.2 | +0.1 / 0 | 1.0 | +0.1 / 0 | 0.08 | 0.16 |
| >8~10 | 3×3 | 3 | | | | | | 1.8 | | 1.4 | | | |
| >10~12 | 4×4 | 4 | 0 / -0.030 | ±0.015 | -0.012 / -0.042 | +0.030 / 0 | +0.078 / +0.030 | 2.5 | | 1.8 | | | |
| >12~17 | 5×5 | 5 | | | | | | 3.0 | | 2.3 | | | |
| >17~22 | 6×6 | 6 | | | | | | 3.5 | | 2.8 | | 0.16 | 0.25 |
| >22~30 | 8×7 | 8 | 0 / -0.036 | ±0.018 | -0.015 / -0.051 | +0.036 / 0 | +0.098 / +0.040 | 4.0 | | 3.3 | | | |
| >30~38 | 10×8 | 10 | | | | | | 5.0 | | 3.3 | | | |
| >38~44 | 12×8 | 12 | 0 / -0.043 | ±0.0215 | -0.018 / -0.061 | +0.043 / 0 | +0.120 / +0.050 | 5.0 | | 3.3 | | 0.25 | 0.40 |
| >44~50 | 14×9 | 14 | | | | | | 5.5 | | 3.8 | | | |
| >50~58 | 16×10 | 16 | | | | | | 6.0 | +0.2 / 0 | 4.3 | +0.2 / 0 | | |
| >58~65 | 18×11 | 18 | | | | | | 7.0 | | 4.4 | | | |
| >65~75 | 20×12 | 20 | 0 / -0.052 | ±0.026 | -0.022 / -0.074 | +0.052 / 0 | +0.149 / +0.065 | 7.5 | | 4.9 | | | |
| >75~85 | 22×14 | 22 | | | | | | 9.0 | | 5.4 | | 0.40 | 0.60 |
| >85~95 | 25×14 | 25 | | | | | | 9.0 | | 5.4 | | | |
| >95~110 | 28×16 | 28 | | | | | | 10.0 | | 6.4 | | | |
| >110~130 | 32×18 | 32 | | | | | | 11.0 | | 7.4 | | | |
| >130~150 | 36×20 | 36 | 0 / -0.062 | ±0.031 | -0.026 / -0.088 | +0.062 / 0 | +0.180 / +0.080 | 12.0 | | 8.4 | | | |
| >150~170 | 40×22 | 40 | | | | | | 13.0 | | 9.4 | | 0.70 | 1.00 |
| >170~200 | 45×25 | 45 | | | | | | 15.0 | | 10.4 | | | |
| >200~230 | 50×28 | 50 | | | | | | 17.0 | | 11.4 | | | |
| >230~260 | 56×32 | 56 | | | | | | 20.0 | +0.3 / 0 | 12.4 | +0.3 / 0 | | |
| >260~290 | 63×32 | 63 | 0 / -0.074 | ±0.037 | -0.031 / -0.106 | +0.074 / 0 | +0.220 / +0.100 | 20.0 | | 12.4 | | 1.20 | 1.60 |
| >290~330 | 70×36 | 70 | | | | | | 22.0 | | 14.4 | | | |
| >330~380 | 80×40 | 80 | | | | | | 25.0 | | 15.4 | | | |
| >380~440 | 90×45 | 90 | 0 / -0.087 | ±0.0435 | -0.037 / -0.124 | +0.087 / 0 | +0.260 / +0.120 | 28.0 | | 17.4 | | 2.00 | 2.50 |
| >440~500 | 100×50 | 100 | | | | | | 31.0 | | 19.5 | | | |

注：1. 平键键槽的长度公差用 H14 表示。

2. 零件图中轴槽深用 $d-t_1$ 标注，轮毂槽深用 $d+t_2$ 标注。

3. 轴槽及轮毂槽的宽度 $b$ 对轴及轮毂轴心线的对称度，一般可按 GB/T 1184—1996 表 B4 中对称度公差 7~9 级选取。

4. 轴槽、轮毂槽的键槽宽度 $b$ 两侧面粗糙度参数 $Ra$ 值推荐为 1.6~3.2 μm，轴槽底面、轮毂槽底面的表面粗糙度参数 $Ra$ 值为 6.3 μm。

## 2. 普通型平键（GB/T 1096—2003）

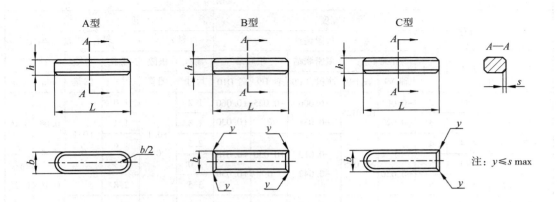

**标记示例**

宽度 $b=16$ mm、高度 $h=10$ mm、长度 $L=100$ mm 的普通 A 型平键：GB/T 1096 键 16×10×100

宽度 $b=16$ mm、高度 $h=10$ mm、长度 $L=100$ mm 的普通 B 型平键：GB/T 1096 键 B 16×10×100

宽度 $b=16$ mm、高度 $h=10$ mm、长度 $L=100$ mm 的普通 C 型平键：GB/T 1096 键 C 16×10×100

附表16 普通平键的尺寸与公差 （单位：mm）

| 宽度 $b$ | 基本尺寸 | 2 | 3 | 4 | 5 | 6 | 8 | 10 | 12 | 14 | 16 | 18 | 20 | 22 |
|---|---|---|---|---|---|---|---|---|---|---|---|---|---|---|
| | 极限偏差 (h8) | 0<br>−0.014 | | 0<br>−0.018 | | | 0<br>−0.022 | | 0<br>−0.027 | | | 0<br>−0.033 | | |
| 高度 $h$ | 基本尺寸 | 2 | 3 | 4 | 5 | 6 | 7 | 8 | 8 | 9 | 10 | 11 | 12 | 14 |
| | 极限偏差 矩形 (h11) | — | | | | | | 0<br>−0.090 | | | 0<br>−0.110 | | | |
| | 极限偏差 方形 (h8) | 0<br>−0.014 | 0<br>−0.018 | | | | | — | | | — | | | |
| 倒角或倒圆 $s$ | | 0.16~0.25 | | | 0.25~0.40 | | | 0.40~0.60 | | | | 0.60~0.80 | | |
| 长度 $L$ 基本尺寸 | 极限偏差 (h14) | | | | | | | | | | | | | |

续表

| | | | | | | | | | | | | | |
|---|---|---|---|---|---|---|---|---|---|---|---|---|---|
| 6 | 0<br>-0.36 | | — | — | — | — | — | — | — | — | — | — | — |
| 8 | | | | — | | | | | | | | | |
| 10 | | | | — | | | | | | | | | |
| 12 | 0<br>-0.43 | | | | | | | — | | | | | |
| 14 | | | | | | | | — | | | | | |
| 16 | | | | | | | | — | | | | | |
| 18 | | | | | | | | | | | | | |
| 20 | 0<br>-0.52 | | — | | 标准 | | | — | | | | | |
| 22 | | | — | | | | | — | | | | | |
| 25 | | | — | | | | | — | | | | | |
| 28 | | | | | | | | | | | | | |
| 32 | 0<br>-0.62 | | — | | | | | | | — | | | |
| 36 | | | — | | | | | | | — | | | |
| 40 | | | — | — | | 长度 | | | | — | | | |
| 45 | | | — | — | | | | | | | | | — |
| 50 | | | | | | | | | | | | | — |
| 56 | 0<br>-0.74 | | — | — | — | — | | | | | | | |
| 63 | | | — | — | — | — | | | | | | | |
| 70 | | | — | — | — | — | | | | | | | |
| 80 | | | — | — | — | — | — | 范围 | | | | | |
| 90 | 0<br>-0.87 | | — | — | — | — | — | | | | | | |
| 100 | | | — | — | — | — | — | | | | | | |
| 110 | | | — | — | — | — | — | | | | | | |
| 125 | 0<br>-1.00 | | — | — | — | — | — | — | | | | | |
| 140 | | | — | — | — | — | — | — | | | | | |
| 160 | | | — | — | — | — | — | — | | | | | |
| 180 | | | — | — | — | — | — | — | — | | | | |
| 200 | 0<br>-1.15 | | — | — | — | — | — | — | — | | | | |
| 220 | | | — | — | — | — | — | — | — | — | | | |
| 250 | | | — | — | — | — | — | — | — | — | | | |

注：1. 标准中规定了宽度 $b=2\sim100$ mm 的普通 A 型、B 型、C 型的平键。本表中 $b=25\sim100$ mm 的普通型平键未列入。

2. 普通型平键的技术条件应符合 GB/T 1568—2008 的规定。

3. 键槽的尺寸应符合 GB/T 1095—2003 的规定。

4. 当键长大于 500 mm 时,其长度应按 GB/T 321—2005 的 R20 系列选取,为减小由于直线度而引起的问题,键长应小于 10 倍的键宽。

## (七) 销

### 1. 圆柱销

圆柱销—不淬硬钢和奥氏体不锈钢(GB/T 119.1—2000)

圆柱销—淬硬钢和马氏体不锈钢(GB/T 119.2—2000)

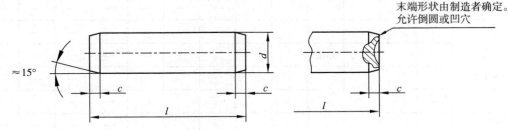

**标记示例**

公称直径 $d=6$ mm、公差为 m6、公称长度 $l=30$ mm、材料为钢、不经淬火、不经表面处理的圆柱销:

销 GB/T 119.1 6m6×30

公称直径 $d=6$ mm、公差为 m6、公称长度 $l=30$ mm、材料为钢、普通淬火(A 型)、表面氧化处理的圆柱销:

销 GB/T 119.2 6×30

附表 17 圆柱销各部分尺寸 (单位:mm)

| 公称直径 $d$ | | 3 | 4 | 5 | 6 | 8 | 10 | 12 | 16 | 20 | 25 | 30 | 40 | 50 |
|---|---|---|---|---|---|---|---|---|---|---|---|---|---|---|
| $c \approx$ | | 0.50 | 0.63 | 0.80 | 1.2 | 1.6 | 2.0 | 2.5 | 3.0 | 3.5 | 4.0 | 5.0 | 6.3 | 8.0 |
| 公称长度 $l$ | GB/T 119.1 | 8~30 | 8~40 | 10~50 | 12~60 | 14~80 | 18~95 | 22~140 | 26~180 | 35~200 | 50~200 | 60~200 | 80~200 | 95~200 |
| | GB/T 119.2 | 8~30 | 10~40 | 12~50 | 14~60 | 18~80 | 22~100 | 26~100 | 40~100 | 50~100 | — | — | — | — |
| $l$ 系列 | | 8, 10, 12, 14, 16, 18, 20, 22, 24, 26, 28, 30, 32, 35, 40, 45, 50, 55, 60, 65, 70, 75, 80, 85, 90, 95, 100, 120, 140, 160, 180, 200, … |||||||||||||

注:1. GB/T /119.1—2000 中圆柱销的公称直径 $d=0.6~50$ mm,公称长度 $l=2~200$ mm,公差为 m6 和 h8,表中 $d<3$ mm 的圆柱销未列入。

2. GB/T 119.2—2000 中圆柱销的公称直径 $d=1~20$ mm,公称长度 $l=3~100$ mm,公差为 m6,表中 $d<3$ mm 的圆柱销未列入。

3. GB/T /119.1—2000 中公称长度大于 100 mm、GB/T 119.2—2000 中公称长度大于 200 mm,则按 20 mm 递增。

4. 当圆柱销公差为 m6 时,其表面粗糙度参数 $Ra \leq 0.8$ μm;公差为 h8 时,$Ra \leq 1.6$ μm。

## 2. 圆锥销（GB/T 117—2000）

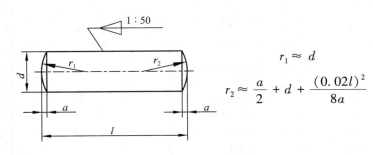

**标记示例**

公称直径 $d=6$ mm、公称长度 $l=30$ mm、材料为35钢、热处理硬度 28 ~ 38HRC、表面氧化处理的 A 型圆锥销：

销 GB/T 117 6×30

$$r_1 \approx d$$

$$r_2 \approx \frac{a}{2} + d + \frac{(0.02l)^2}{8a}$$

附表 18　圆锥销各部分尺寸　　　　　（单位：mm）

| 公称直径 $d$ | 4 | 5 | 6 | 8 | 10 | 12 | 16 | 20 | 25 | 30 | 40 | 50 |
|---|---|---|---|---|---|---|---|---|---|---|---|---|
| $a\approx$ | 0.5 | 0.63 | 0.8 | 1 | 1.2 | 1.6 | 2 | 2.5 | 3 | 4 | 5 | 6.3 |
| 公称长度 $l$ | 14 ~ 55 | 18 ~ 60 | 22 ~ 90 | 22 ~ 120 | 26 ~ 160 | 32 ~ 180 | 40 ~ 200 | 45 ~ 200 | 50 ~ 200 | 55 ~ 200 | 60 ~ 200 | 65 ~ 200 |
| $l$ 系列 | 2，3，4，5，6，8，10，12，14，16，18，20，22，24，26，28，30，32，35，40，45，50，55，60，65，70，75，80，85，90，95，100，120，140，160，180，200，… ||||||||||||

注：1. 本标准规定了公称直径 $d=0.6~50$ mm、A 型和 B 型的圆锥销，$d<4$ mm 的圆锥销未列出。
2. A 型为磨削，锥面表面粗糙度 $Ra=0.8$ μm；B 型为切削或冷镦，锥面表面粗糙度 $Ra=3.2$ μm。
3. 表中公称直径 $d$ 的公差为 h10，其他公差需供需双方协议。
4. 公称长度大于 200 mm，则按 20 mm 递增。

## （八）滚动轴承

### 1. 深沟球轴承（GB/T 276—2013）

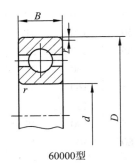

60000型

**标记示例**

内径 $d=60$ mm、尺寸系列代号为 02 的深沟球轴承：

滚动轴承　6212　GB/T 276—2013

· 225 ·

附表19 60000型深沟球轴承尺寸 （单位：mm）

| 轴承代号 | 外形尺寸 | | | | 轴承代号 | 外形尺寸 | | | |
|---|---|---|---|---|---|---|---|---|---|
| | $d$ | $D$ | $B$ | $r_{smin}$ | | $d$ | $D$ | $B$ | $r_{smin}$ |
| 01 系列 | | | | | 03 系列 | | | | |
| 6000 | 10 | 26 | 8 | 0.3 | 6300 | 10 | 35 | 11 | 0.6 |
| 6001 | 12 | 28 | 8 | 0.3 | 6301 | 12 | 37 | 12 | 1 |
| 6002 | 15 | 32 | 9 | 0.3 | 6302 | 15 | 42 | 13 | 1 |
| 6003 | 17 | 35 | 10 | 0.3 | 6303 | 17 | 47 | 14 | 1 |
| 6004 | 20 | 42 | 12 | 0.6 | 6304 | 20 | 52 | 15 | 1.1 |
| 60/22 | 22 | 44 | 12 | 0.6 | 63/22 | 22 | 56 | 16 | 1.1 |
| 6005 | 25 | 47 | 12 | 0.6 | 6305 | 25 | 62 | 17 | 1.1 |
| 60/28 | 28 | 52 | 12 | 0.6 | 63/28 | 28 | 68 | 18 | 1.1 |
| 6006 | 30 | 55 | 13 | 1 | 6306 | 30 | 72 | 19 | 1.1 |
| 60/32 | 32 | 58 | 13 | 1 | 63/32 | 32 | 75 | 20 | 1.1 |
| 6007 | 35 | 62 | 14 | 1 | 6307 | 35 | 80 | 21 | 1.5 |
| 6008 | 40 | 68 | 15 | 1 | 6308 | 40 | 90 | 23 | 1.5 |
| 6009 | 45 | 75 | 16 | 1 | 6309 | 45 | 100 | 25 | 1.5 |
| 6010 | 50 | 80 | 16 | 1 | 6310 | 50 | 110 | 27 | 2 |
| 6011 | 55 | 90 | 18 | 1.1 | 6311 | 55 | 120 | 29 | 2 |
| 6012 | 60 | 95 | 18 | 1.1 | 6312 | 60 | 130 | 31 | 2.1 |
| 02 系列 | | | | | 04 系列 | | | | |
| 626 | 6 | 19 | 6 | 0.3 | | | | | |
| 627 | 7 | 22 | 7 | 0.3 | 6403 | 17 | 62 | 17 | 1.1 |
| 628 | 8 | 24 | 8 | 0.3 | 6404 | 20 | 72 | 19 | 1.1 |
| 629 | 9 | 26 | 9 | 0.3 | 6405 | 25 | 80 | 21 | 1.5 |
| 6200 | 10 | 30 | 9 | 0.6 | 6406 | 30 | 90 | 23 | 1.5 |
| 6201 | 12 | 32 | 10 | 0.6 | 6407 | 35 | 100 | 25 | 1.5 |
| 6202 | 15 | 35 | 11 | 0.6 | 6408 | 40 | 110 | 27 | 2 |
| 6203 | 17 | 40 | 12 | 0.6 | 6409 | 45 | 120 | 29 | 2 |
| 6204 | 20 | 47 | 14 | 1 | 6410 | 50 | 130 | 31 | 2.1 |
| 62/22 | 22 | 50 | 14 | 1 | 6411 | 55 | 140 | 33 | 2.1 |
| 6205 | 25 | 52 | 15 | 1 | 6412 | 60 | 150 | 35 | 2.1 |
| 62/28 | 28 | 58 | 16 | 1 | 6413 | 65 | 160 | 37 | 2.1 |
| 6206 | 30 | 62 | 16 | 1 | 6414 | 70 | 180 | 42 | 3 |
| 62/32 | 32 | 65 | 17 | 1 | 6415 | 75 | 190 | 45 | 3 |
| 6207 | 35 | 72 | 17 | 1.1 | 6416 | 80 | 200 | 48 | 3 |
| 6208 | 40 | 80 | 18 | 1.1 | 6417 | 85 | 210 | 52 | 4 |
| 6209 | 45 | 85 | 19 | 1.1 | 6418 | 90 | 225 | 54 | 4 |
| 6210 | 50 | 90 | 20 | 1.1 | 6419 | 95 | 240 | 55 | 4 |
| 6211 | 55 | 100 | 21 | 1.5 | 6420 | 100 | 250 | 58 | 4 |
| 6212 | 60 | 110 | 22 | 1.5 | 6422 | 110 | 280 | 65 | 4 |

注：1. 最大倒角尺寸规定在 GB/T 274—2000 中。
2. 表中未列入的轴承代号以及其他系列尺寸，可查阅相关标准。

## 2. 圆锥滚子轴承（GB/T 297—2015）

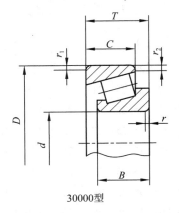

30000型

**标注示例**

内径 $d=25$ mm、尺寸系列代号为 02 的圆锥滚子轴承：

滚动轴承　30205　GB/T 297—2015

附表 20　圆锥滚子轴承尺寸　　　　　　　　　　（单位：mm）

| 轴承代号 | 外形尺寸 | | | | | | | 轴承代号 | 外形尺寸 | | | | | | |
|---|---|---|---|---|---|---|---|---|---|---|---|---|---|---|---|
| | $d$ | $D$ | $T$ | $B$ | $C$ | $r_{smin}$ | $r_{1smin}$ | | $d$ | $D$ | $T$ | $B$ | $C$ | $r_{smin}$ | $r_{1smin}$ |
| 02 系列 | | | | | | | | 13 系列 | | | | | | | |
| 30202 | 15 | 35 | 11.75 | 11 | 10 | 0.6 | 0.6 | 31305 | 25 | 62 | 18.25 | 17 | 13 | 1.5 | 1.5 |
| 30203 | 17 | 40 | 13.25 | 12 | 11 | 1 | 1 | 31306 | 30 | 72 | 20.75 | 19 | 14 | 1.5 | 1.5 |
| 30204 | 20 | 47 | 15.25 | 14 | 12 | 1 | 1 | 31307 | 35 | 80 | 22.75 | 21 | 15 | 2 | 1.5 |
| 30205 | 25 | 52 | 16.25 | 15 | 13 | 1 | 1 | 31308 | 40 | 90 | 25.25 | 23 | 17 | 2 | 1.5 |
| 30206 | 30 | 62 | 17.25 | 16 | 14 | 1 | 1 | 31309 | 45 | 100 | 27.25 | 25 | 18 | 2 | 1.5 |
| 302/32 | 32 | 65 | 18.25 | 17 | 15 | 1 | 1 | 31310 | 50 | 110 | 29.25 | 27 | 19 | 2.5 | 2 |
| 30207 | 35 | 72 | 18.25 | 17 | 15 | 1.5 | 1.5 | 31311 | 55 | 120 | 31.5 | 29 | 21 | 2.5 | 2 |
| 30208 | 40 | 80 | 19.75 | 18 | 16 | 1.5 | 1.5 | 31312 | 60 | 130 | 33.5 | 31 | 22 | 3 | 2.5 |
| 30209 | 45 | 85 | 20.75 | 19 | 16 | 1.5 | 1.5 | 31313 | 65 | 140 | 36 | 33 | 23 | 3 | 2.5 |
| 30210 | 50 | 90 | 21.75 | 20 | 17 | 1.5 | 1.5 | 31314 | 70 | 150 | 38 | 35 | 25 | 3 | 2.5 |
| 30211 | 55 | 100 | 22.75 | 21 | 18 | 2 | 1.5 | 31315 | 75 | 160 | 40 | 37 | 26 | 3 | 2.5 |
| 30212 | 60 | 110 | 23.75 | 22 | 19 | 2 | 1.5 | 31316 | 80 | 170 | 42.5 | 39 | 27 | 3 | 2.5 |
| 30213 | 65 | 120 | 24.75 | 23 | 20 | 2 | 1.5 | 31317 | 85 | 180 | 44.5 | 41 | 28 | 4 | 3 |
| 30214 | 70 | 125 | 26.25 | 24 | 21 | 2 | 1.5 | 31318 | 90 | 190 | 46.5 | 43 | 30 | 4 | 3 |
| 30215 | 75 | 130 | 27.25 | 25 | 22 | 2 | 1.5 | 31319 | 95 | 200 | 49.5 | 45 | 32 | 4 | 3 |
| 30216 | 80 | 140 | 28.25 | 26 | 22 | 2.5 | 2 | 31320 | 100 | 215 | 56.5 | 51 | 35 | 4 | 3 |

续表

| 轴承代号 | 外形尺寸 | | | | | | | 轴承代号 | 外形尺寸 | | | | | | |
|---|---|---|---|---|---|---|---|---|---|---|---|---|---|---|---|
| | $d$ | $D$ | $T$ | $B$ | $C$ | $r_{smin}$ | $r_{1smin}$ | | $d$ | $D$ | $T$ | $B$ | $C$ | $r_{smin}$ | $r_{1smin}$ |
| 03 系列 | | | | | | | | 23 系列 | | | | | | | |
| 30302 | 15 | 42 | 14.25 | 13 | 11 | 1 | 1 | 32303 | 17 | 47 | 20.25 | 19 | 16 | 1 | 1 |
| 30303 | 17 | 47 | 15.25 | 14 | 12 | 1 | 1 | 32304 | 20 | 52 | 22.25 | 21 | 18 | 1.5 | 1.5 |
| 30304 | 20 | 52 | 16.25 | 15 | 13 | 1.5 | 1.5 | 32305 | 25 | 62 | 25.25 | 24 | 20 | 1.5 | 1.5 |
| 30305 | 25 | 62 | 18.25 | 17 | 15 | 1.5 | 1.5 | 32306 | 30 | 72 | 28.75 | 27 | 23 | 1.5 | 1.5 |
| 30306 | 30 | 72 | 20.75 | 19 | 16 | 1.5 | 1.5 | 32307 | 35 | 80 | 32.75 | 31 | 25 | 2 | 1.5 |
| 30307 | 35 | 80 | 22.75 | 21 | 18 | 2 | 1.5 | 32308 | 40 | 90 | 35.25 | 33 | 27 | 2 | 1.5 |
| 30308 | 40 | 90 | 25.25 | 23 | 20 | 2 | 1.5 | 32309 | 45 | 100 | 38.25 | 36 | 30 | 2 | 1.5 |
| 30309 | 45 | 100 | 27.25 | 25 | 22 | 2 | 1.5 | 32310 | 50 | 110 | 42.25 | 40 | 33 | 2.5 | 2 |
| 30310 | 50 | 110 | 29.25 | 27 | 23 | 2.5 | 2 | 32311 | 55 | 120 | 45.5 | 43 | 35 | 2.5 | 2 |
| 30311 | 55 | 120 | 31.5 | 29 | 25 | 2.5 | 2 | 32312 | 60 | 130 | 48.5 | 46 | 37 | 3 | 2.5 |
| 30312 | 60 | 130 | 33.5 | 31 | 26 | 3 | 2.5 | 32313 | 65 | 140 | 51 | 48 | 39 | 3 | 2.5 |
| 30313 | 65 | 140 | 36 | 33 | 28 | 3 | 2.5 | 32314 | 70 | 150 | 54 | 51 | 42 | 3 | 2.5 |
| 30314 | 70 | 150 | 38 | 35 | 30 | 3 | 2.5 | 32315 | 75 | 160 | 58 | 55 | 45 | 3 | 2.5 |
| 30315 | 75 | 160 | 40 | 37 | 31 | 3 | 2.5 | 32316 | 80 | 170 | 61.5 | 58 | 48 | 3 | 2.5 |
| 30316 | 80 | 170 | 42.5 | 39 | 33 | 3 | 2.5 | 32317 | 85 | 180 | 63.5 | 60 | 49 | 4 | 3 |

注：对应的最大倒角尺寸规定在 GB/T 274—2000 中。

2. 本标准未规定尺寸 $r_2$，但前端面倒角不应为锐角。

3. 表中未列入的轴承代号以及其他系列尺寸，可查阅相关标准。

### 3. 推力球轴承（GB/T 301—2015）

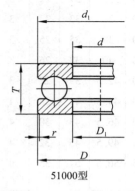

51000型

**标记示例**

内径 $d$ = 50 mm、尺寸系列代号为 12 的推力球轴承：

滚动轴承　51210　GB/T 301—2015

附表21 推力球轴承尺寸　　　　　　　　　　　　　　（单位：mm）

| 轴承代号 | 尺寸 | | | | | | 轴承代号 | 尺寸 | | | | | |
|---|---|---|---|---|---|---|---|---|---|---|---|---|---|
| | $d$ | $D$ | $T$ | $D_{1smin}$ | $d_{1smax}$ | $r_{smin}$ | | $d$ | $D$ | $T$ | $D_{1smin}$ | $d_{1smax}$ | $r_{smin}$ |
| | 11 系列 | | | | | | | 13 系列 | | | | | |
| 51104 | 20 | 35 | 10 | 21 | 35 | 0.3 | 51304 | 20 | 47 | 18 | 22 | 47 | 1 |
| 51105 | 25 | 42 | 11 | 26 | 42 | 0.6 | 51305 | 25 | 52 | 18 | 27 | 52 | 1 |
| 51106 | 30 | 47 | 11 | 32 | 47 | 0.6 | 51306 | 30 | 60 | 21 | 323 | 60 | 1 |
| 51107 | 35 | 52 | 12 | 37 | 52 | 0.6 | 51307 | 35 | 68 | 24 | 37 | 68 | 1 |
| 51108 | 40 | 60 | 13 | 42 | 60 | 0.6 | 51308 | 40 | 78 | 26 | 42 | 78 | 1 |
| 51109 | 45 | 65 | 14 | 47 | 65 | 0.6 | 51309 | 45 | 85 | 28 | 47 | 85 | 1 |
| 51110 | 50 | 70 | 14 | 52 | 70 | 0.6 | 51310 | 50 | 95 | 31 | 52 | 95 | 1.1 |
| 51111 | 55 | 78 | 16 | 57 | 78 | 0.6 | 51311 | 55 | 105 | 35 | 57 | 105 | 1.1 |
| 51112 | 60 | 85 | 17 | 62 | 85 | 1 | 51312 | 60 | 110 | 35 | 62 | 110 | 1.1 |
| 51113 | 65 | 90 | 18 | 67 | 90 | 1 | 51313 | 65 | 115 | 36 | 67 | 115 | 1.1 |
| 51114 | 70 | 95 | 18 | 72 | 95 | 1 | 51314 | 70 | 125 | 40 | 72 | 125 | 1.1 |
| 51115 | 75 | 100 | 19 | 77 | 100 | 1 | 51315 | 75 | 135 | 44 | 77 | 135 | 1.5 |
| 51116 | 80 | 105 | 19 | 82 | 105 | 1 | 51316 | 80 | 140 | 44 | 82 | 140 | 1.5 |
| 51117 | 85 | 110 | 19 | 87 | 110 | 1 | 51317 | 85 | 150 | 49 | 88 | 150 | 1.5 |
| 51118 | 90 | 120 | 22 | 92 | 120 | 1 | 51318 | 90 | 155 | 50 | 93 | 155 | 1.5 |
| 51120 | 100 | 135 | 25 | 102 | 135 | 1 | 51320 | 100 | 170 | 55 | 103 | 170 | 1.5 |
| | 12 系列 | | | | | | | 14 系列 | | | | | |
| 51204 | 20 | 40 | 14 | 22 | 40 | 0.6 | 51405 | 25 | 60 | 24 | 27 | 60 | 1 |
| 51205 | 25 | 47 | 15 | 27 | 47 | 0.6 | 51406 | 30 | 70 | 28 | 32 | 70 | 1 |
| 51206 | 30 | 52 | 16 | 32 | 52 | 0.6 | 51407 | 35 | 80 | 32 | 37 | 80 | 1.1 |
| 51207 | 35 | 62 | 18 | 37 | 62 | 1 | 51408 | 40 | 90 | 36 | 42 | 90 | 1.1 |
| 51208 | 40 | 68 | 19 | 42 | 68 | 1 | 51409 | 45 | 100 | 39 | 47 | 100 | 1.1 |
| 51209 | 45 | 73 | 20 | 47 | 73 | 1 | 51410 | 50 | 110 | 43 | 52 | 110 | 1.5 |
| 51210 | 50 | 78 | 22 | 52 | 78 | 1 | 51411 | 55 | 120 | 48 | 57 | 120 | 1.5 |
| 51211 | 55 | 90 | 25 | 57 | 90 | 1 | 51412 | 60 | 130 | 51 | 62 | 130 | 1.5 |
| 51212 | 60 | 95 | 26 | 62 | 95 | 1 | 51413 | 65 | 140 | 56 | 68 | 140 | 2 |
| 51213 | 65 | 100 | 27 | 67 | 100 | 1 | 51414 | 70 | 150 | 60 | 73 | 150 | 2 |
| 51214 | 70 | 105 | 27 | 72 | 105 | 1 | 51415 | 75 | 160 | 65 | 78 | 160 | 2 |
| 51215 | 75 | 110 | 27 | 77 | 110 | 1 | 51416 | 80 | 170 | 68 | 83 | 170 | 2.1 |
| 51216 | 80 | 115 | 28 | 82 | 115 | 1 | 51417 | 85 | 180 | 72 | 88 | 177 | 2.1 |
| 51217 | 85 | 125 | 31 | 88 | 125 | 1 | 51418 | 90 | 190 | 77 | 93 | 187 | 2.1 |
| 51218 | 90 | 135 | 35 | 93 | 135 | 1.1 | 51420 | 100 | 210 | 85 | 103 | 205 | 3 |
| 51220 | 100 | 150 | 38 | 103 | 150 | 1.1 | 51422 | 110 | 230 | 95 | 113 | 225 | 3 |

注：1. 对应的最大倒角尺寸规定在 GB/T 274—2000 中。
2. 表中未列入的轴承代号以及其他系列尺寸，可查阅相关标准。

## （九）弹簧

普通圆柱螺旋压缩弹簧尺寸及参数（两端圈并紧磨平或制扁）（GB/T 2089—2009）

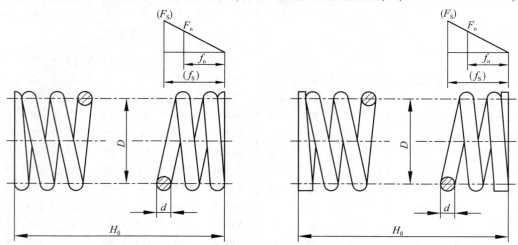

YA 型（冷卷，两端圈并紧磨平型）　　YB 型（热卷，两端圈并紧制扁型）

**标记示例**

YA 型弹簧，材料直径为 1.2 mm，弹簧中径为 8 mm，自由高度 40 mm，精度等级为 2 级，左旋的两端圈并紧磨平的冷卷压缩弹簧：

$$\text{YA} \quad 1.2 \times 8 \times 40 \quad 左 \quad \text{GB/T} \quad 2089$$

YB 型弹簧，材料直径为 30 mm，弹簧中径为 160 mm，自由高度 200 mm，精度等级为 3 级，右旋的并紧制扁的热卷压缩弹簧：

$$\text{YB} \quad 30 \times 160 \times 200 - 3 \quad \text{GB/T} \quad 2089$$

附表 22　圆柱螺旋压缩弹簧尺寸

| $d$ / mm | $D$ / mm | $F_n$ / N | $n=2.5$ 圈 | | $n=4.5$ 圈 | | $n=6.5$ 圈 | |
|---|---|---|---|---|---|---|---|---|
| | | | $H_0$ / mm | $f_n$ / mm | $H_0$ / mm | $f_n$ / mm | $H_0$ / mm | $f_n$ / mm |
| 1.2 | 6 | 86 | 9 | 2.3 | 12 | 4.1 | 17 | 5.7 |
| | 8 | 65 | 11 | 4.1 | 16 | 7.3 | 24 | 11 |
| | 10 | 52 | 14 | 6.3 | 24 | 11 | 32 | 16 |
| 2 | 10 | 215 | 13 | 3.4 | 20 | 6.1 | 28 | 9 |
| | 16 | 134 | 19 | 8.9 | 30 | 16 | 42 | 23 |
| | 20 | 107 | 24 | 14 | 40 | 24 | 55 | 36 |
| 2.5 | 12 | 339 | 16 | 3.8 | 24 | 6.8 | 32 | 10 |
| | 20 | 204 | 24 | 11 | 38 | 19 | 52 | 28 |
| | 25 | 163 | 30 | 16 | 48 | 30 | 70 | 43 |

续表

| $d$/mm | $D$/mm | $F_n$/N | $n=2.5$ 圈 | | $n=4.5$ 圈 | | $n=6.5$ 圈 | |
|---|---|---|---|---|---|---|---|---|
| | | | $H_0$/mm | $f_n$/mm | $H_0$/mm | $f_n$/mm | $H_0$/mm | $f_n$/mm |
| 4 | 22 | 695 | 28 | 7.4 | 40 | 13 | 55 | 19 |
| | 28 | 545 | 34 | 12 | 50 | 21 | 70 | 30 |
| | 30 | 509 | 36 | 14 | 55 | 24 | 75 | 36 |
| 6 | 38 | 1276 | 42 | 14 | 65 | 24 | 90 | 35 |
| | 40 | 1204 | 45 | 15 | 70 | 27 | 95 | 39 |
| | 45 | 1070 | 48 | 19 | 75 | 35 | 105 | 49 |
| 10 | 40 | 5181 | 56 | 8 | 80 | 15 | 110 | 22 |
| | 45 | 4605 | 58 | 11 | 85 | 19 | 115 | 28 |
| | 50 | 4145 | 61 | 13 | 90 | 24 | 120 | 34 |

注：1. 弹簧材料直径 $d=0.5\sim60$ mm，$d$ 对应的 $D$ 和 $n$ 也有多种参数，表中未列入的弹簧尺寸参数，可查阅相关标准。

2. $F_n$ 为最大工作负荷，$f_n$ 为最大工作变形量。

3. 采用冷卷工艺时，选用材料性能不低于 GB/T 4357—2009 中规定的 C 级碳素弹簧钢丝；采用热卷工艺时，选用材料性能不低于 GB/T 1222—2016 中规定的 60Si2MnCrV 材料。

4. 当弹簧高径比 $b=H_0/D>3.7$ 时，应考虑设置芯轴或套筒。

5. 冷卷或热卷弹簧的制造精度分别按 GB/T 1239.2—2009 或 GB/T 23934—2015 规定的 2、3 级精度选用。

## 三、极限与配合

### 附表23 标准公差数值（GB/T 1800.2—2009）

| 公称尺寸/mm | | 标准公差等级 | | | | | | | | | | | | | | | | |
|---|---|---|---|---|---|---|---|---|---|---|---|---|---|---|---|---|---|---|
| | | IT1 | IT2 | IT3 | IT4 | IT5 | IT6 | IT7 | IT8 | IT9 | IT10 | IT11 | IT12 | IT13 | IT14 | IT15 | IT16 | IT17 | IT18 |
| 大于 | 至 | μm | | | | | | | | | | | mm | | | | | | |
| — | 3 | 0.8 | 1.2 | 2 | 3 | 4 | 6 | 10 | 14 | 25 | 40 | 60 | 0.1 | 0.14 | 0.25 | 0.4 | 0.6 | 1 | 1.4 |
| 3 | 6 | 1 | 1.5 | 2.5 | 4 | 5 | 8 | 12 | 18 | 30 | 48 | 75 | 0.12 | 0.18 | 0.3 | 0.48 | 0.75 | 1.2 | 1.8 |
| 6 | 10 | 1 | 1.5 | 2.5 | 4 | 6 | 9 | 15 | 22 | 36 | 58 | 90 | 0.15 | 0.22 | 0.36 | 0.58 | 0.9 | 1.5 | 2.2 |
| 10 | 18 | 1.2 | 2 | 3 | 5 | 8 | 11 | 18 | 27 | 43 | 70 | 110 | 0.18 | 0.27 | 0.43 | 0.7 | 1.1 | 1.8 | 2.7 |
| 18 | 30 | 1.5 | 2.5 | 4 | 6 | 9 | 13 | 21 | 33 | 52 | 84 | 130 | 0.21 | 0.33 | 0.52 | 0.84 | 1.3 | 2.1 | 3.3 |
| 30 | 50 | 1.5 | 2.5 | 4 | 7 | 11 | 16 | 25 | 39 | 62 | 100 | 160 | 0.25 | 0.39 | 0.62 | 1 | 1.6 | 2.5 | 3.9 |
| 50 | 80 | 2 | 3 | 5 | 8 | 13 | 19 | 30 | 46 | 74 | 120 | 190 | 0.3 | 0.46 | 0.74 | 1.2 | 1.9 | 3 | 4.6 |
| 80 | 120 | 2.5 | 4 | 6 | 10 | 15 | 22 | 35 | 54 | 87 | 140 | 220 | 0.35 | 0.54 | 0.87 | 1.4 | 2.2 | 3.5 | 5.4 |
| 120 | 180 | 3.5 | 5 | 8 | 12 | 18 | 25 | 40 | 63 | 100 | 160 | 250 | 0.4 | 0.63 | 1 | 1.6 | 2.5 | 4 | 6.3 |
| 180 | 250 | 4.5 | 7 | 10 | 14 | 20 | 29 | 46 | 72 | 115 | 185 | 290 | 0.46 | 0.72 | 1.15 | 1.85 | 2.9 | 4.6 | 7.2 |
| 250 | 315 | 6 | 8 | 12 | 16 | 23 | 32 | 52 | 81 | 130 | 210 | 320 | 0.52 | 0.81 | 1.3 | 2.1 | 3.2 | 5.2 | 8.1 |
| 315 | 400 | 7 | 9 | 13 | 18 | 25 | 36 | 57 | 89 | 140 | 230 | 360 | 0.57 | 0.89 | 1.4 | 2.3 | 3.6 | 5.7 | 8.9 |

续表

| 公称尺寸/ mm | | 标准公差等级 | | | | | | | | | | | | | | | | |
|---|---|---|---|---|---|---|---|---|---|---|---|---|---|---|---|---|---|---|
| | | IT1 | IT2 | IT3 | IT4 | IT5 | IT6 | IT7 | IT8 | IT9 | IT10 | IT11 | IT12 | IT13 | IT14 | IT15 | IT16 | IT17 | IT18 |
| 大于 | 至 | μm | | | | | | | | | | | mm | | | | | | |
| 400 | 500 | 8 | 10 | 15 | 20 | 27 | 40 | 63 | 95 | 155 | 250 | 400 | 0.63 | 0.97 | 1.55 | 2.5 | 4 | 6.3 | 9.7 |
| 500 | 630 | 9 | 11 | 16 | 22 | 32 | 44 | 70 | 110 | 175 | 280 | 440 | 0.7 | 1.1 | 1.75 | 2.8 | 4.4 | 7 | 11 |
| 630 | 800 | 10 | 13 | 18 | 25 | 36 | 50 | 80 | 125 | 200 | 320 | 500 | 0.8 | 1.25 | 2 | 3.2 | 5 | 8 | 12.5 |
| 800 | 1 000 | 11 | 15 | 21 | 28 | 40 | 56 | 90 | 140 | 230 | 360 | 560 | 0.9 | 1.4 | 2.3 | 3.6 | 5.6 | 9 | 14 |
| 1 000 | 1 250 | 13 | 18 | 24 | 33 | 47 | 66 | 105 | 165 | 260 | 420 | 660 | 1.05 | 1.65 | 2.6 | 4.2 | 6.6 | 10.5 | 16.5 |
| 1 250 | 1 600 | 15 | 21 | 29 | 39 | 55 | 78 | 125 | 195 | 310 | 500 | 780 | 1.25 | 1.95 | 3.1 | 5 | 7.8 | 12.5 | 19.5 |
| 1 600 | 2 000 | 18 | 25 | 35 | 46 | 65 | 92 | 150 | 230 | 370 | 600 | 920 | 1.5 | 2.3 | 3.7 | 6 | 9.2 | 15 | 23 |
| 2 000 | 2 500 | 22 | 30 | 41 | 55 | 78 | 110 | 175 | 280 | 440 | 700 | 1100 | 1.75 | 2.8 | 4.4 | 7 | 11 | 17.5 | 28 |
| 2 500 | 3 150 | 26 | 36 | 50 | 68 | 96 | 135 | 210 | 330 | 540 | 860 | 1350 | 2.1 | 3.3 | 5.4 | 8.6 | 13.5 | 21 | 33 |

注：1. 公称尺寸大于 500 mm 的 IT1～IT5 的标准公差数值为试行的数值。

2. 公称尺寸小于或等于 1 mm 时，无 IT14～IT18。

3. 标准公差等级 IT01 和 IT0 在工业中很少用到，如需要可查阅相关标准。

根据 GB/T 1801—2009 中优先选用孔、轴公差带，摘录部分孔、轴的极限偏差数值，见附表 24 和附表 25。

附表 24　孔的极限偏差数值（GB/T 1800.2—2009）　　　　（单位：μm）

| 公称尺寸/ mm | | 公差带 | | | | | | | | | | | |
|---|---|---|---|---|---|---|---|---|---|---|---|---|---|
| | | C | D | F | G | H | | | | K | N | P | S | U |
| 大于 | 至 | 11 | 9 | 8 | 7 | 7 | 8 | 9 | 11 | 7 | 7 | 7 | 7 | 7 |
| — | 3 | +120<br>+60 | +45<br>+20 | +20<br>+6 | +12<br>+2 | +10<br>0 | +14<br>0 | +25<br>0 | +60<br>0 | 0<br>−10 | −4<br>−14 | −6<br>−16 | −14<br>−24 | −18<br>−28 |
| 3 | 6 | +145<br>+70 | +60<br>+30 | +28<br>+10 | +16<br>+4 | +12<br>0 | +18<br>0 | +30<br>0 | +75<br>0 | +3<br>−9 | −4<br>−16 | −8<br>−20 | −15<br>−27 | −19<br>−31 |
| 6 | 10 | +170<br>+80 | +76<br>+40 | +35<br>+13 | +20<br>+5 | +15<br>0 | +22<br>0 | +36<br>0 | +90<br>0 | +5<br>−10 | −4<br>−19 | −9<br>−24 | −17<br>−32 | −22<br>−37 |
| 10 | 14 | +205<br>+95 | +93<br>+50 | +43<br>+16 | +24<br>+6 | +18<br>0 | +27<br>0 | +43<br>0 | +110<br>0 | +6<br>−12 | −5<br>−23 | −11<br>−29 | −21<br>−39 | −26<br>−44 |
| 14 | 18 | | | | | | | | | | | | | |
| 18 | 24 | +240<br>+110 | +117<br>+65 | +53<br>+20 | +28<br>+7 | +21<br>0 | +33<br>0 | +52<br>0 | +130<br>0 | +6<br>−15 | −7<br>−28 | −14<br>−35 | −27<br>−48 | −33<br>−54 |
| 24 | 30 | | | | | | | | | | | | | −40<br>−61 |

续表

| 公称尺寸/mm | | 公差带 | | | | | | | | | | | |
|---|---|---|---|---|---|---|---|---|---|---|---|---|---|
| | | C | D | F | G | H | | | | K | N | P | S | U |
| 大于 | 至 | 11 | 9 | 8 | 7 | 7 | 8 | 9 | 11 | 7 | 7 | 7 | 7 | 7 |
| 30 | 40 | +280<br>+120 | +142<br>+80 | +64<br>+25 | +34<br>+9 | +25<br>0 | +39<br>0 | +62<br>0 | +160<br>0 | +7<br>−18 | −8<br>−33 | −17<br>−42 | −34<br>−59 | −51<br>−76 |
| 40 | 50 | +290<br>+130 | | | | | | | | | | | | −61<br>−86 |
| 50 | 65 | +330<br>+140 | +174<br>+100 | +76<br>+30 | +40<br>+10 | +30<br>0 | +46<br>0 | +74<br>0 | +190<br>0 | +9<br>−21 | −9<br>−39 | −21<br>−51 | −42<br>−72 | −76<br>−106 |
| 65 | 80 | +340<br>+150 | | | | | | | | | | | −48<br>−78 | −91<br>−121 |
| 80 | 100 | +390<br>+170 | +207<br>+120 | +90<br>+36 | +47<br>+12 | +35<br>0 | +54<br>0 | +87<br>0 | +220<br>0 | +10<br>−25 | −10<br>−45 | −24<br>−59 | −58<br>−93 | −111<br>−146 |
| 100 | 120 | +400<br>+180 | | | | | | | | | | | −66<br>−101 | −131<br>−166 |
| 120 | 140 | +450<br>+200 | +245<br>+145 | +106<br>+43 | +54<br>+14 | +40<br>0 | +63<br>0 | +120<br>0 | +250<br>0 | +12<br>−28 | −12<br>−52 | −28<br>−68 | −77<br>−117 | −155<br>−195 |
| 140 | 160 | +460<br>+210 | | | | | | | | | | | −85<br>−125 | −175<br>−215 |
| 160 | 180 | +480<br>+230 | | | | | | | | | | | −93<br>−133 | −195<br>−235 |
| 180 | 200 | +530<br>+240 | +285<br>+170 | +122<br>+50 | +61<br>+15 | +46<br>0 | +72<br>0 | +115<br>0 | +290<br>0 | +13<br>−33 | −14<br>−60 | −33<br>−79 | −105<br>−151 | −219<br>−265 |
| 200 | 225 | +550<br>+260 | | | | | | | | | | | −113<br>−159 | −241<br>−287 |
| 225 | 250 | +570<br>+280 | | | | | | | | | | | −123<br>−169 | −276<br>−313 |
| 250 | 280 | +620<br>+300 | +320<br>+190 | +137<br>+56 | +69<br>+17 | +52<br>0 | +81<br>0 | +130<br>0 | +310<br>0 | +16<br>−36 | −14<br>−66 | −36<br>−88 | −138<br>−190 | −295<br>−347 |
| 280 | 315 | +650<br>+330 | | | | | | | | | | | −150<br>−202 | −330<br>−382 |

续表

| 公称尺寸/mm | | 公差带 | | | | | | | | | | | |
|---|---|---|---|---|---|---|---|---|---|---|---|---|---|
| | | C | D | F | G | H | | | | K | N | P | S | U |
| 大于 | 至 | 11 | 9 | 8 | 7 | 7 | 8 | 9 | 11 | 7 | 7 | 7 | 7 | 7 |
| 315 | 355 | +720 +360 | +350 +210 | +151 +62 | +75 +18 | +57 0 | +89 0 | +140 0 | +360 0 | +17 −40 | −16 −73 | −41 −98 | −169 −226 | −369 −426 |
| 355 | 400 | +760 +400 | | | | | | | | | | | −187 −244 | −414 −471 |
| 400 | 450 | +840 +440 | +385 +230 | +165 +68 | +83 +20 | +63 0 | +97 0 | +155 0 | +400 0 | +18 −45 | −17 −80 | −45 −108 | −209 −272 | −467 −530 |
| 450 | 500 | +880 +480 | | | | | | | | | | | −229 −292 | −517 −580 |

注: 其他公称尺寸及公差带的孔的极限偏差数值, 可查阅相关标准。

附表 25　轴的极限偏差数值 (GB/T 1800.2—2009)　　　　(单位: μm)

| 公称尺寸/mm | | 公差带 | | | | | | | | | | | |
|---|---|---|---|---|---|---|---|---|---|---|---|---|---|
| | | c | d | f | g | h | | | | k | n | p | s | u |
| 大于 | 至 | 11 | 9 | 7 | 6 | 6 | 7 | 9 | 11 | 6 | 6 | 6 | 6 | 6 |
| — | 3 | −60 −120 | −20 −45 | −6 −16 | −2 −8 | 0 −6 | 0 −10 | 0 −25 | 0 −60 | +6 0 | +10 +4 | +12 +6 | +20 +14 | +24 +18 |
| 3 | 6 | −70 −145 | −30 −60 | −10 −22 | −4 −12 | 0 −8 | 0 −12 | 0 −30 | 0 −75 | +9 +1 | +16 +8 | +20 +12 | +29 +17 | +31 +23 |
| 6 | 10 | −80 −170 | −40 −76 | −13 −28 | −5 −14 | 0 −9 | 0 −15 | 0 −36 | 0 −90 | +10 +1 | +19 +10 | +24 +15 | +32 +23 | +37 +28 |
| 10 | 14 | −95 −205 | −50 −93 | −16 −34 | −6 −17 | 0 −11 | 0 −18 | 0 −43 | 0 −110 | +12 +1 | +23 +12 | +29 +18 | +39 +28 | +44 +33 |
| 14 | 18 | | | | | | | | | | | | | |
| 18 | 24 | −110 −240 | −65 −117 | −20 −41 | −7 −20 | 0 −13 | 0 −21 | 0 −52 | 0 −130 | +15 +2 | +28 +15 | +35 +22 | +48 +35 | +54 +41 |
| 24 | 30 | | | | | | | | | | | | | +61 +48 |
| 30 | 40 | −120 −280 | −80 −142 | −25 −50 | −9 −25 | 0 −16 | 0 −25 | 0 −62 | 0 −160 | +18 +2 | +33 +17 | +42 +26 | +59 +43 | +76 +60 |
| 40 | 50 | −130 −290 | | | | | | | | | | | | +86 +70 |

续表

| 公称尺寸/ mm | | 公差带 | | | | | | | | | | | |
|---|---|---|---|---|---|---|---|---|---|---|---|---|---|
| | | c | d | f | g | h | | | | k | n | p | s | u |
| 大于 | 至 | 11 | 9 | 7 | 6 | 6 | 7 | 9 | 11 | 6 | 6 | 6 | 6 | 6 |
| 50 | 65 | −140<br>−330 | −100<br>−174 | −30<br>−60 | −10<br>−29 | 0<br>−19 | 0<br>−30 | 0<br>−74 | 0<br>−190 | +21<br>+2 | +39<br>+20 | +51<br>+32 | +72<br>+53 | +106<br>+87 |
| 65 | 80 | −150<br>−340 | | | | | | | | | | | +78<br>+59 | +121<br>+102 |
| 80 | 100 | −170<br>−390 | −120<br>−207 | −36<br>−71 | −12<br>−34 | 0<br>−22 | 0<br>−35 | 0<br>−87 | 0<br>−220 | +25<br>+3 | +45<br>+23 | +59<br>+37 | +93<br>+71 | +146<br>+124 |
| 100 | 120 | −180<br>−400 | | | | | | | | | | | +101<br>+79 | +166<br>+144 |
| 120 | 140 | −200<br>−450 | −145<br>−245 | −43<br>−83 | −14<br>−39 | 0<br>−25 | 0<br>−40 | 0<br>−100 | 0<br>−250 | +28<br>+3 | +52<br>+27 | +68<br>+43 | +117<br>+92 | +195<br>+170 |
| 140 | 160 | −210<br>−460 | | | | | | | | | | | +125<br>+100 | +215<br>+190 |
| 160 | 180 | −230<br>−480 | | | | | | | | | | | +133<br>+108 | +235<br>+210 |
| 180 | 200 | −240<br>−530 | −170<br>−285 | −50<br>−96 | −15<br>−44 | 0<br>−29 | 0<br>−46 | 0<br>−115 | 0<br>−290 | +33<br>+4 | +60<br>+31 | +79<br>+50 | +151<br>+122 | +265<br>+236 |
| 200 | 225 | −260<br>−550 | | | | | | | | | | | +159<br>+130 | +287<br>+258 |
| 225 | 250 | −280<br>−570 | | | | | | | | | | | +169<br>+140 | +313<br>+284 |
| 250 | 280 | −300<br>−620 | −190<br>−320 | −56<br>−108 | −17<br>−49 | 0<br>−32 | 0<br>−0.52 | 0<br>−130 | 0<br>−320 | +36<br>+4 | +66<br>+34 | +88<br>+56 | +190<br>+158 | +347<br>+315 |
| 280 | 315 | −330<br>−650 | | | | | | | | | | | +202<br>+170 | +382<br>+350 |
| 315 | 355 | −360<br>−720 | −210<br>−350 | −62<br>−119 | −18<br>−54 | 0<br>−36 | 0<br>−0.57 | 0<br>−140 | 0<br>−360 | +40<br>+4 | +73<br>+37 | +98<br>+62 | +226<br>+190 | +426<br>+390 |
| 355 | 400 | −400<br>−760 | | | | | | | | | | | +244<br>+208 | +471<br>+435 |

续表

| 公称尺寸/ mm | | 公差带 | | | | | | | | | | | |
|---|---|---|---|---|---|---|---|---|---|---|---|---|---|
| | | c | d | f | g | h | | | | k | n | p | s | u |
| 大于 | 至 | 11 | 9 | 7 | 6 | 6 | 7 | 9 | 11 | 6 | 6 | 6 | 6 | 6 |
| 400 | 450 | −440<br>−840 | −230<br>−385 | −68<br>−131 | −20<br>−60 | 0<br>−40 | 0<br>−63 | 0<br>−155 | 0<br>−400 | +45<br>+5 | +80<br>+40 | +108<br>+68 | +272<br>+232 | +530<br>+490 |
| 450 | 500 | −480<br>−880 | | | | | | | | | | | +292<br>+252 | +580<br>+540 |

注：其他公称尺寸及公差带的轴的极限偏差数值，可查阅相关标准。

### 四、零件工艺结构

**（一）零件倒圆与倒角（GB/T 6403.4—2008）**

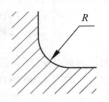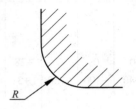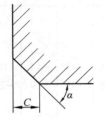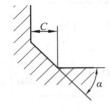

1. 倒圆倒角型式

$\alpha$ 一般采用 45°，也可采用 30°或 60°。

$R$、$C$ 尺寸系列：0.1，0.2，0.3，0.4，0.5，0.6，0.8，1.0，1.2，1.6，2.0，2.5，30，4.0，5.0，6.0，8.0，10，12，16，20，25，32，40，50。

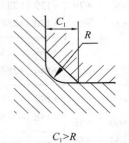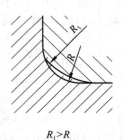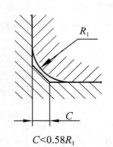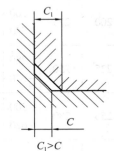

$C_1 > R$　　　　　$R_1 > R$　　　　$C < 0.58R_1$　　　　$C_1 > C$

2. 内角、外角分别为倒圆、倒角（倒角为45°）的装配型式

$C_1 > R$　$R_1 > R$　$C < 0.58R_1$　$C_1 > C$

注：上述关系在装配时，内角与外角取值要适当，外角的倒圆或倒角过大会影响零件工作面，内角的倒圆或倒角过小会产生应力集中。$C_{\max}$ 与 $R_1$ 的关系见附表26。

附表26　内角倒角、外角倒圆时 $C$ 的最大值 $C_{max}$ 与 $R_1$ 的关系　　（单位：mm）

| $R_1$ | 0.1 | 0.2 | 0.3 | 0.4 | 0.5 | 0.6 | 0.7 | 1.0 | 1.2 | 1.6 | 2.0 |
|---|---|---|---|---|---|---|---|---|---|---|---|
| $C_{max}$ | — | 0.1 | 0.1 | 0.2 | 0.2 | 0.3 | 0.4 | 0.5 | 0.6 | 0.8 | 1.0 |
| $R_1$ | 2.5 | 3.0 | 4.0 | 5.0 | 6.0 | 8.0 | 10 | 12 | 16 | 20 | 25 |
| $C_{max}$ | 1.2 | 1.6 | 2.0 | 2.5 | 3.0 | 4.0 | 5.0 | 6.0 | 8.0 | 10 | 12 |

附表27　与直径 $\phi$ 相应的倒角 $C$、倒圆 $R$ 的推荐值　　（单位：mm）

| $\phi$ | <3 | >3~6 | >6~10 | >10~18 | >18~30 | >30~50 |
|---|---|---|---|---|---|---|
| $C$ 或 $R$ | 0.2 | 0.4 | 0.6 | 0.8 | 1.0 | 1.6 |
| $\phi$ | >50~80 | >80~120 | >120~180 | >180~250 | >250~320 | >320~400 |
| $C$ 或 $R$ | 2.0 | 2.5 | 3.0 | 4.0 | 5.0 | 6.0 |
| $\phi$ | >400~500 | >500~630 | >630~800 | >800~1 000 | >1 000~1 250 | >1 250~1 600 |
| $C$ 或 $R$ | 8.0 | 10 | 12 | 16 | 20 | 25 |

（二）砂轮越程槽（GB/T 6403.5—2008）

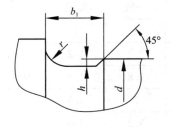

磨外圆

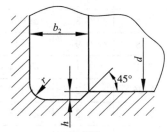

磨内圆

附表28　回转面及端面砂轮越程槽的尺寸　　（单位：mm）

| $b_1$ | 0.6 | 1.0 | 1.6 | 2.0 | 3.0 | 4.0 | 5.0 | 8.0 | 10 |
|---|---|---|---|---|---|---|---|---|---|
| $b_2$ | 2.0 | 3.0 | | 4.0 | | 5.0 | | 8.0 | 10 |
| $h$ | 0.1 | 0.2 | | 0.3 | | 0.4 | 0.6 | 0.8 | 1.2 |
| $r$ | 0.2 | 0.5 | | 0.8 | | 1.0 | 1.6 | 2.0 | 3.0 |
| $d$ | ~10 | | | >10~50 | | >50~100 | | >100 | |

注：1. 越程槽内与直线相交处，不允许产生尖角。
2. 越程槽深度 $h$ 与圆弧半径 $r$，要满足 $r \leq 3h$。

## (三) 普通螺纹退刀槽和倒角（GB/T 3—1997）、紧固件外螺纹零件末端（GB/T 2—2016）

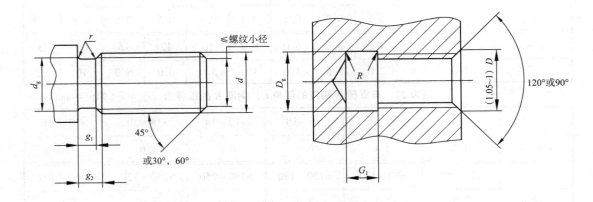

**附表 29　普通螺纹退刀槽**　　　　　　　　　　　　（单位：mm）

| 螺距 $P$ | 外螺纹 | | | | 内螺纹 | | | |
|---|---|---|---|---|---|---|---|---|
| | $g_{1,\max}$ | $g_{2,\min}$ | $d_g$ | $r \approx$ | $G_1$ 一般 | $G_1$ 短的 | $D_g$ | $R \approx$ |
| 0.5 | 1.5 | 0.8 | $d-0.8$ | 0.2 | 2 | 1 | | 0.2 |
| 0.6 | 1.8 | 0.9 | $d-1$ | 0.4 | 2.4 | 1.2 | | 0.3 |
| 0.7 | 2.1 | 1.1 | $d-1.1$ | 0.4 | 2.8 | 1.4 | $D+0.3$ | 0.4 |
| 0.75 | 2.25 | 1.2 | $d-1.2$ | 0.4 | 3 | 1.5 | | 0.4 |
| 0.8 | 2.4 | 1.3 | $d-1.3$ | 0.4 | 3.2 | 1.6 | | 0.4 |
| 1 | 3 | 1.6 | $d-1.6$ | 0.6 | 4 | 2 | | 0.5 |
| 1.25 | 3.75 | 2 | $d-2$ | 0.6 | 5 | 2.5 | | 0.6 |
| 1.5 | 4.5 | 2.5 | $d-2.3$ | 0.8 | 6 | 3 | | 0.8 |
| 1.75 | 5.25 | 3 | $d-2.6$ | 1 | 7 | 3.5 | | 0.9 |
| 2 | 6 | 3.4 | $d-3$ | 1 | 8 | 4 | | 1 |
| 2.5 | 7.5 | 4.4 | $d-3.6$ | 1.2 | 10 | 5 | | 1.2 |
| 3 | 9 | 5.2 | $d-4.4$ | 1.6 | 12 | 6 | $D+0.5$ | 1.5 |
| 3.5 | 10.5 | 6.2 | $d-5$ | 1.6 | 14 | 7 | | 1.8 |
| 4 | 12 | 7 | $d-5.7$ | 2 | 16 | 8 | | 2 |
| 4.5 | 13.5 | 8 | $d-6.4$ | 2.5 | 18 | 9 | | 2.2 |
| 5 | 15 | 9 | $d-7$ | 2.5 | 20 | 10 | | 2.5 |
| 5.5 | 17.5 | 11 | $d-7.7$ | 3.2 | 22 | 11 | | 2.8 |
| 6 | 18 | 11 | $d-8.3$ | 3.2 | 24 | 12 | | 3 |

注：1. $d_g$ 公差为：h13（$d>3$ mm）、h12（$d \leqslant 3$ mm）

2. 短退刀槽仅在结构受限制时采用。
3. $D_g$ 公差为 H13。

### (四) 紧固件通孔及沉孔尺寸

#### 1. 紧固件通孔 (GB/T 5277—1985)

附表30　螺栓和螺钉通孔尺寸　　　　（单位：mm）

| 螺纹规格 $d$ | | 3 | 4 | 5 | 6 | 8 | 10 | 12 | 14 | 16 | 18 | 20 | 22 | 24 | 27 | 30 | 36 |
|---|---|---|---|---|---|---|---|---|---|---|---|---|---|---|---|---|---|
| 通孔直径 | 精装配 | 3.2 | 4.3 | 5.3 | 6.4 | 8.4 | 10.5 | 13 | 15 | 17 | 19 | 21 | 23 | 25 | 28 | 31 | 37 |
| | 中等装配 | 3.4 | 4.5 | 5.5 | 6.6 | 9 | 11 | 13.5 | 15.5 | 17.5 | 20 | 22 | 24 | 26 | 30 | 33 | 39 |
| | 粗装配 | 3.6 | 4.8 | 5.8 | 7 | 10 | 12 | 14.5 | 16.5 | 18.5 | 21 | 24 | 26 | 28 | 32 | 35 | 42 |

注：1. 螺纹规格 $d$=M1～M150，表中未列入的尺寸，可查阅相关标准。
2. 精装配系列：H12；中等装配系列：H13；粗装配系列：H14。

#### 2. 沉头螺钉用沉孔 (GB/T 152.2—2014)

附表31　沉头螺钉用沉孔尺寸　　　　（单位：mm）

| 螺纹规格 $d$ | 1.6 | 2 | 2.5 | 3 | 3.5 | 4 | 5 | 6 | 8 | 10 |
|---|---|---|---|---|---|---|---|---|---|---|
| $d_h$ | 1.8 | 2.4 | 2.9 | 3.4 | 3.9 | 4.5 | 5.5 | 6.6 | 9 | 11 |
| $D_c$ | 3.6 | 4.4 | 5.5 | 6.2 | 8.3 | 9.4 | 10.4 | 12.6 | 17.3 | 20 |
| $t \approx$ | 0.95 | 1.05 | 1.35 | 1.55 | 2.25 | 2.55 | 2.58 | 3.13 | 4.28 | 4.65 |

注：按 GB/T 5277—1985 中等装配系列的规定，公差带为 H13。

#### 3. 圆柱头用沉孔 (GB/T 152.3—1988)

附表32　圆柱头用沉孔尺寸　　　　（单位：mm）

| 螺纹规格 $d$ | | | 4 | 5 | 6 | 8 | 10 | 12 | 14 | 16 | 20 |
|---|---|---|---|---|---|---|---|---|---|---|---|
| 用于内六角圆柱头螺钉的沉孔 | $d_2$ | 8 | 10 | 11 | 15 | 18 | 20 | 24 | 26 | 33 |
| | $t$ | 4.6 | 5.7 | 6.8 | 9 | 11 | 13 | 15 | 17.5 | 21.5 |
| | $d_3$ | — | — | — | — | — | 16 | 18 | 20 | 24 |
| | $d_1$ | 4.5 | 5.5 | 6.6 | 9 | 11 | 13.5 | 15.5 | 17.5 | 22 |
| 用于开槽圆柱头螺钉的沉孔 | $d_2$ | 8 | 10 | 11 | 15 | 18 | 20 | 24 | 26 | 33 |
| | $t$ | 3.2 | 4.0 | 4.7 | 6 | 7 | 8 | 9 | 10.5 | 12.5 |
| | $d_3$ | — | — | — | — | — | 16 | 18 | 20 | 24 |
| | $d_1$ | 4.5 | 5.5 | 6.6 | 9 | 11 | 13.5 | 15.5 | 17.5 | 22 |

注：1. 用于内六角圆柱头螺钉的沉孔螺纹规格为 $d$=M1.6～M36，表中未列入的尺寸，可查阅相关标准。
2. 尺寸 $d_1$、$d_2$ 和 $t$ 的公差带均为 H13。

**4. 六角头螺栓和六角螺母用沉孔（GB/T 152.4—1988）**

附表33 六角头螺栓和六角螺母用沉孔尺寸　　　　　　　　（单位：mm）

| 螺纹规格 $d$ | | 4 | 5 | 6 | 8 | 10 | 12 | 14 | 16 | 18 | 20 | 22 | 24 | 27 | 30 | 36 |
|---|---|---|---|---|---|---|---|---|---|---|---|---|---|---|---|---|
| | $d_2$ | 10 | 11 | 13 | 18 | 22 | 26 | 30 | 33 | 36 | 40 | 43 | 48 | 53 | 61 | 71 |
| | $d_3$ | — | — | — | — | 16 | 18 | 20 | 22 | 24 | 26 | 28 | 33 | 36 | 42 | |
| | $d_1$ | 4.5 | 5.5 | 6.6 | 9 | 11 | 13.5 | 15.5 | 17.5 | 20 | 22 | 24 | 26 | 30 | 33 | 39 |

注：1. 螺纹规格 $d$ = M1.6~M64，表中未列入的尺寸，可查阅相关标准。
2. 对尺寸 $t$，只要能制出与通孔轴线垂直的圆平面即可。
3. 尺寸 $d_1$ 的公差带为H13；尺寸 $d_2$ 的公差带为H15。

## 五、常用金属材料

附表34 常用金属材料牌号及应用举例

| 标准 | 名称 | 牌号 | 应用举例 | 说明 |
|---|---|---|---|---|
| GB/T 9439—2010 | 灰铸铁 | HT150 | 多数机床的底座、溜板、工作台、泵壳、阀体、汽车中的变速器、排气管、进气管等 | "HT"为"灰铁"的汉语拼音首字母，后面的数字表示抗拉强度 |
| | | HT200 | 机床立柱、箱体、油缸、泵体、阀体、多数机床床身、气缸盖、轴承盖、阀套、汽轮机、机架、活塞等 | |
| | | HT250 | 炼钢用轨道板、气缸套、齿轮、机床立柱、齿轮箱体、机床床身、油缸、泵体、阀体等 | |
| GB/T 700—2006 | 碳素结构钢 | Q215 | 螺栓、炉撑、拉杆、犁板、短轴、支架、焊接件等 | "Q"为碳素结构钢屈服点"屈"字的汉语拼音首字母，后面的数值表示屈服点的数值 |
| | | Q235 | 销、轴、拉杆、套筒、支架、焊接件等 | |
| | | Q275 | 齿轮、心轴、转轴、键、制动板、农机用机架等 | |

续表

| 标准 | 名称 | 牌号 | 应用举例 | 说明 |
|---|---|---|---|---|
| GB/T 699—2015 | 优质碳素结构钢 | 35 | 轴销、轴、曲轴、横梁、连杆、垫圈、圆盘、螺栓、螺钉、螺母等 | 牌号的两位数字表示钢中平均含碳质量分数的万分数，45号钢即表示平均含碳量为0.45%。当Mn的质量分数在0.7%~1.2%时，需注出"Mn" |
| | | 45 | 空压机、泵的活塞、蒸汽轮机的叶轮，重型及通用机械中的轧制轴、连杆、蜗杆、齿条、齿轮、销等 | |
| | | 60 | 轴、轧辊、离合器、钢丝绳、弹簧垫圈、弹簧圈、减震弹簧、凸轮、各种垫圈等 | |
| | | 65Mn | 耐磨性高的圆盘、衬板、齿轮、花键轴、弹簧、弹簧垫圈等 | |
| GB/T 3077—2015 | 合金结构钢 | 15Cr | 曲柄销、活塞销、活塞环、联轴器、小凸轮轴、活塞、衬套、轴承圈、螺钉、铆钉等 | 钢中加入一定量的合金元素，既提高了钢的力学性能，也提高了钢的淬透性，保证金属在较大截面上获得高的力学性能 |
| | | 40Cr | 齿轮、轴、蜗杆、花键轴、套筒、螺钉、螺母、进气阀、连杆、液压泵转子、滑块等 | |
| | | 20CrMnTi | 齿轮轴、齿圈、齿轮、十字轴、滑动轴承支承的主轴、蜗杆、爪牙离合器等 | |
| GB/T 11352—2009 | 一般工程用铸造碳钢 | ZG230—450 | 轴承盖、底板、阀体、机座、侧架、轧钢机架、箱体等 | "ZG"表示"铸钢"汉语拼音首位字母，后面的数字分别表示屈服点和抗拉强度 |
| | | ZG310—570 | 联轴器、大齿轮、缸体、气缸、机架、制动轮、轴及辊子 | |
| GB/T 5231—2012 | 加工铜及铜合金 | 代号H62 | 销钉、铆钉、垫圈、螺母、导管、气压表弹簧、筛网、散热器零件等 | "H"表示普通黄铜，数字表示含铜质量分数的平均百分数 |
| GB/T 1176—2013 | 铸造铜及铜合金 | ZCuZn38Mn2Pb2 | 铸造锰黄铜，一般用途的结构件，船舶、仪表等使用外形简单的铸件，如套筒、衬套、轴瓦、滑块等 | "ZCu"表示铸造铜合金，合金中其他主要元素用化学符号表示，符号后的数字表示该元素质量分数的平均百分数 |
| | | ZCuSn5Pb5Zn5 | 铸造锡青铜，用于较高负荷、中等滑动速度下的耐磨、耐腐蚀零件，如轴瓦、衬套、缸套、活塞离合器、泵件压盖以及蜗轮等 | |
| | | ZCuAl10Fe3 | 铸造铝青铜，用于要求强度高、耐磨、耐蚀的零件，如轴套、螺母、蜗轮、耐热管配件 | |

续表

| 标准 | 名称 | 牌号 | 应用举例 | 说明 |
|---|---|---|---|---|
| GB/T 3190—2008 | 变形铝及铝合金 | 代号 2A12 | 硬铝,用来制造高负荷零件,如工作温度在150℃以下的飞机骨架、加强框、翼梁、翼肋、蒙皮等 | 第一位数字表示铝及铝合金的组别,"1"表示纯铝,其最后两位数字表示最低铝百分含量中小数点后面的两位;"2"表示以铜为主要合金元素的铝合金 |
| | | 代号 1060 | 工业用纯铝,用于制作电容器、电子管隔离网、电线、电缆防护套、网、线芯等 | |
| GB/T 1173—2013 | 铸造铝合金 | ZAlSi12（代号 ZL102） | 用于铸造形状复杂、承受较低载荷的薄壁铸件,如仪表壳体、机器罩、盖子、船舶零件等 | "ZAl"表示铸造铝合金,合金中其他元素用化学符号表示,符号后的数字表示该元素质量分数的平均百分数 |

# 参 考 文 献

[1] 何铭新，钱可强，徐祖茂. 机械制图 [M]. 7版. 北京：高等教育出版社，2016.
[2] 王丹虹，宋洪侠，陈霞. 现代工程制图 [M]. 2版. 北京：高等教育出版社，2017.
[3] 大连理工大学工程图学教研室. 机械制图 [M]. 7版. 北京：高等教育出版社，2013.
[4] 胡建生. 机械制图 [M]. 北京：机械工业出版社，2017.
[5] 周鹏翔，何文平. 工程制图 [M]. 4版. 北京：高等教育出版社，2013.
[6] 杨裕根，诸世敏. 现代工程图学 [M]. 4版. 北京：北京邮电大学出版社，2017.
[7] 闻邦椿. 机械设计手册 [M]. 6版. 机械工业出版社，2018.
[8] 唐克中，朱同钧. 画法几何及工程制图 [M]. 4版. 北京：高等教育出版社，2009.
[9] 金大鹰. 机械制图（多学时）[M]. 2版. 北京：机械工业出版社，2015.
[10] 谢军，王国顺. 现代机械制图 [M]. 2版. 北京：机械工业出版社，2015.
[11] 孟飞，槐创峰，黄志刚，等. Pro/ENGINEER Wildfire 5.0 中文版机械设计案例实战 [M]. 2版. 北京：机械工业出版社，2011.
[12] 张兰英，盛尚雄，陈卫华. 现代工程制图 [M]. 2版. 北京：北京理工大学出版社，2010.

# 参考文献

[1] 杨晓东, 巩云鹏. 机械设计[M]. 7版. 北京: 高等教育出版社, 2020.
[2] 江洪, 郑小光, 陈燕. 机械制图[M]. 2版. 北京: 机械工业出版社, 2017.
[3] 全国技术产品文件标准化技术委员会. 技术制图[M]. 北京: 中国标准出版社, 2012.
[4] 钱可强. 机械制图[M]. 北京: 化学工业出版社, 2017.
[5] 申永胜. 机械原理教程[M]. 3版. 北京: 清华大学出版社, 2012.
[6] 孙桓, 陈作模, 葛文杰. 机械原理[M]. 8版. 北京: 高等教育出版社, 2013.
[7] 李育锡. 机械设计课程设计[M]. 2版. 北京: 高等教育出版社, 2018.
[8] 濮良贵, 陈国定, 吴立言. 机械设计[M]. 9版. 北京: 高等教育出版社, 2009.
[9] 朱孝录. 齿轮传动设计手册[M]. 2版. 北京: 化学工业出版社, 2015.
[10] 闻邦椿. 机械设计手册[M]. 2版. 北京: 电子工业出版社, 2015.
[11] 王卫兵, 赵宏林. 基于 Pro/ENGINEER Wildfire 6.0 的机械设计课程设计[M]. 2版. 北京: 机械工业出版社, 2014.
[12] 巩云鹏, 田万禄, 张祖立, 黄秋波. 机械设计课程设计[M]. 2版. 沈阳: 东北大学出版社, 2016.